燃气行业管理实务系列丛书

城镇液化天然气厂站应用技术与实务

王传惠 编著

中国建筑工业出版社

图书在版编目(CIP)数据

城镇液化天然气厂站应用技术与实务 / 王传惠编著.
—北京：中国建筑工业出版社，2020.9
（燃气行业管理实务系列丛书）
ISBN 978-7-112-25403-3

Ⅰ.①城… Ⅱ.①王… Ⅲ.①液化天然气－岗位培训－教材 Ⅳ.①TE64

中国版本图书馆CIP数据核字（2020）第163720号

本书共8章，分别是：基本知识；LNG站主要工艺及设备；LNG站设计及施工管理；LNG站运行、操作管理；设备设施维护管理；LNG站安全管理；LNG站安全事故案例分析；LNG站适用的相关法律法规。书后附录汇编了常用的相关方案及检查表格。本书内容丰富、翔实，能够为城镇燃气企业进一步提升LNG厂站建设管理、运行管理及安全管理水平，保障燃气企业安全、可靠供气提供参考。

本书可供燃气行业广大管理人员、技术人员、操作人员使用，也可作为燃气行业职工培训教材使用。同时也可供大专院校师生参考。

责任编辑：胡明安
责任校对：焦　乐

燃气行业管理实务系列丛书
城镇液化天然气厂站应用技术与实务
王传惠　编著

*

中国建筑工业出版社出版、发行（北京海淀三里河路9号）
各地新华书店、建筑书店经销
北京红光制版公司制版
天津安泰印刷有限公司印刷

*

开本：787×1092毫米　1/16　印张：18¾　字数：463千字
2020年10月第一版　2020年10月第一次印刷
定价：**68.00**元
ISBN 978-7-112-25403-3
（36107）

版权所有　翻印必究
如有印装质量问题，可寄本社退换
（邮政编码 100037）

燃气行业管理实务系列丛书
编 委 会

主任：金国平（江苏科信燃气设备有限公司）

副主任：仇　梁（天信仪表集团有限公司）
　　　　　许开军（湖北建科国际工程有限公司）

执行主任：彭知军（华润股份有限公司）

委　　员（按姓氏拼音为序）：
陈晓鹏（南安市燃气有限公司）
陈新松（阳光时代律师事务所）
何　卫（深圳市燃气集团股份有限公司）
何俊龙（深圳市燃气集团股份有限公司）
黄　骞（水发能源集团有限公司）
金国平（江苏科信燃气设备有限公司）
李杰锋（惠州大亚湾华润燃气有限公司）
刘　倩（深圳市燃气集团股份有限公司）
刘晓东（惠州市惠阳区建筑工程质量监督站）
彭知军（华润股份有限公司）
仇　梁（天信仪表集团有限公司）
宋广明（铜陵港华燃气有限公司）
苏　琪（广西中金能源有限公司）
王传惠（中裕城市能源投资控股有限公司）
王鹤鸣（兖州华润燃气有限公司）
王伟艺（北京市隆安（深圳）律师事务所）
伍荣璋（长沙华润燃气有限公司）
许开军（湖北建科国际工程有限公司）
王小飞（郑州华润燃气股份有限公司）
杨常新（深圳市博轶咨询有限公司）

于恩亚（湖北建科国际工程有限公司）
钟　志（深圳市燃气集团股份有限公司）
周廷鹤（南京市燃气工程设计院有限公司）
卓　亮（合肥中石油昆仑燃气有限公司）

法律顾问　王伟艺（北京市隆安（深圳）律师事务所）
秘书长： 伍荣璋（长沙华润燃气有限公司）

本书编写组
主　编：王传惠（中裕城市能源（深圳）投资控股有限公司）

副主编：李景权（香港中华煤气有限公司）
　　　　李杰锋（惠州大亚湾华润燃气有限公司）
　　　　刘士军（连云港新奥燃气有限公司）
　　　　李建华（河南中裕燃气工程设计有限公司）

编委（按姓氏拼音为序）：
陈景义（中裕城市能源（深圳）投资控股有限公司）
高　涛（中裕城市能源（深圳）投资控股有限公司）
李　旭（中裕城市能源（深圳）投资控股有限公司）
刘　斌（中裕城市能源（深圳）投资控股有限公司）
刘晓东（惠州市惠阳区建筑工程质量监督站）
隋亚振（港华投资有限公司）
王鹤鸣（兖州华润燃气有限公司）
周廷鹤（南京市燃气工程设计院有限公司）

前　言

天然气是一种优质的化石能源，在国民经济中具有十分重要的应用价值。液化天然气（LNG）是天然气开发利用的一种重要形式，从20世纪60年代开始商业化至今已有近60年的历史，已经成为当今世界能源供应增长速度最快的领域。目前，随着经济的发展和人民生活水平的提高，对天然气的需求量越来越大，LNG因其使用便捷、运输灵活高效、工艺流程简单、经济安全等特点，在城镇燃气行业得到了广泛应用。

同时，随着国家逐步建立健全燃气应急储备制度，强化天然气储备要求，对城镇燃气企业提出了储气能力要求，因此，城镇燃气液化天然气厂站建设如火如荼展开，目前城市燃气企业投入运行LNG厂站数量超过1000座，无论行业主管部门还是燃气企业都对LNG厂站的设计、施工、运行及安全管理提出了更高的要求。

为此，我们邀请了在行业内有影响力的燃气企业中具有丰富实践经验的专家，一起编写了本书。本书主要阐述了液化天然气的基础知识、基本工艺设计及施工管理、运行维护管理、安全管理以及相关事故案例分析，并汇编了常用的相关方案及检查表格，可为城镇燃气行业广大管理人员、技术人员、操作人员提供全面且实用的专业参考，也可作为行业职工培训教材使用。希望能够为城镇燃气企业进一步提升LNG厂站建设管理、运行管理及安全管理水平，保障安全、可靠供气提供参考。

在资料收集过程中，我们借鉴参考了港华燃气、华润燃气等相关资料；在本书编写过程中，我们得到了彭知军、伍荣璋的大力支持。另外，也参考和引用了有关资料，在此一并向有关各方表示感谢。

由于编者水平有限，书中不妥之处在所难免，敬请广大读者批评指正。

编者

目 录

第1章 基本知识 ... 1
  1.1 天然气基本知识 ... 1
  1.2 液化天然气（LNG）基本性质 ... 3
第2章 LNG站主要工艺及设备 ... 13
  2.1 LNG站工艺介绍 ... 13
  2.2 液化天然气站工艺流程 ... 14
  2.3 LNG站主要工艺设备 ... 16
第3章 LNG站设计及施工管理 ... 22
  3.1 LNG站设计要点 ... 22
  3.2 LNG厂站施工技术及管理 ... 37
第4章 LNG站运行、操作管理 ... 63
  4.1 LNG站运行管理一般规定 ... 63
  4.2 LNG站操作规程 ... 63
第5章 设备设施维护管理 ... 72
  5.1 场站设备设施管理 ... 72
  5.2 场站设备设施巡检管理 ... 73
  5.3 场站设备设施维护保养管理 ... 74
  5.4 LNG场站设备设施的维护保养 ... 77
第6章 LNG站安全管理 ... 94
  6.1 LNG安全分析 ... 94
  6.2 LNG站安全管理 ... 98
  6.3 安全管理制度 ... 101
  6.4 LNG站应急预案体系（以某公司LNG站为例） ... 113
  6.5 LNG站现场应急处置措施 ... 132
第7章 LNG站安全事故案例分析 ... 144
  7.1 LNG站建站事故 ... 145
    7.1.1 施工事故 ... 145
    7.1.2 吹扫及压力试验物体打击、物理爆炸事故 ... 148
    7.1.3 预冷过程物理爆炸和窒息事故 ... 150
    7.1.4 小结 ... 152
  7.2 LNG站运行事故 ... 152
    7.2.1 LNG罐区泄漏、着火爆炸事故 ... 152
    7.2.2 LNG储罐翻滚、分层事故 ... 165

7.2.3	低温损害事故	167
7.2.4	物体打击损伤	171
7.2.5	窒息事故	172
7.2.6	快速相变事故	175
7.2.7	LNG 加气站充装事故	176
7.2.8	泄漏事故	180
7.2.9	雷击事故	183
7.2.10	其他事故危害	185

第8章 LNG 站适用的相关法律法规 ··· 188

8.1 LNG 站建设一般报建程序 ··· 188
- 8.1.1 基本报建程序 ··· 188
- 8.1.2 LNG 新建工程办理相关手续清单 ··· 189

8.2 LNG 站相关国家及各地法规性文件 ··· 194
- 8.2.1 关于加快推进天然气储备能力建设的实施意见 ··· 194
- 8.2.2 国家发展改革委关于加快推进储气设施建设的指导意见 ··· 196
- 8.2.3 天然气基础设施建设与运营管理办法 ··· 198
- 8.2.4 关于加快储气设施建设和完善储气调峰辅助服务市场机制的意见 ··· 203
- 8.2.5 关于统筹规划做好储气设施建设运行的通知 ··· 208
- 8.2.6 陕西省人民政府办公厅转发省发展改革委关于加快构建全省天然气稳定供应长效机制实施意见的通知 ··· 209

附录1：LNG 站储罐吊装方案 ··· 211
附录2：LNG 预冷方案 ··· 217
附录3：LNG 厂站日常巡查记录样表 ··· 221
附录4：LNG 站操作运行记录样表 ··· 224
附录5：LNG 站设备维护记录样表 ··· 235
附录6：LNG 站设备维护保养计划样表 ··· 237
附录7：LNG 站设备台账样表 ··· 260
附录8：LNG 站设备设施定期检定台账样表 ··· 278
附录9：事故报告样表 ··· 280
参考文献 ··· 288
参考标准及规范 ··· 289

第1章 基本知识

1.1 天然气基本知识

近20多年来，世界天然气需求持续稳定增长，天然气将成为未来一次能源消费的主要增量，全球范围内按渐进性推演天然气供需年均增长率为1.7%，即到2040年增长近50%，是唯一和可再生能源一样份额增长的能源。中国是开发利用天然气资源最早的国家。随着中国国民经济的持续发展，工业化程度的不断提高，对清洁能源的需求不断增大；同时，随着我国能源结构向低碳转型的不断推进，天然气在我国一次能源消费结构中将占据愈发重要的地位。为此，国家从能源结构调整、加强环保和可持续发展等基本国策出发，"十三五"将大力发展天然气的开发利用，这将为天然气产业的发展创造良好环境。

1. 天然气组成

天然气是由烃类和非烃类组成的复杂混合物。大多数天然气的主要成分是气体烃类，此外还含有少量非烃类气体。天然气中的烃类基本上是烷烃，通常以甲烷为主，还有乙烷、丙烷、丁烷、戊烷以及少量的己烷以上烃类。天然气中的非烃类气体，一般为少量的氮气、氧气、氢气、二氧化碳、水蒸气、硫化氢，以及微量的惰性气体如氦、氩、氖等。

天然气的组成并非固定不变，不仅不同地区油、气藏中采出的天然气组成判别很大，甚至同一油、气藏的不同生产井采出的天然气组成也会有很大的区别。

（1）根据化学组成的不同分类

1）干性天然气：含甲烷90%以上的天然气。

2）湿性天然气：除主要含甲烷外，还有较多的乙烷、丙烷、丁烷等气体。

（2）根据天然气的来源分类

1）纯天然气：气藏中通过采气井开采出来的天然气称为气井气。这种气体属于干性气体，主要成分是甲烷。

2）油田伴生气：油田气是与石油伴生的，是天然气的一种，从化学组成来说属于湿性天然气。气油比一般在20～500m^3/t。这种气体中含有60%～90%的甲烷，10%～40%的乙烷、丙烷、丁烷和高碳烷烃。

3）凝析气田气：是含有容易液化的丙烷和丁烷成分的富天然气。这种气体通常含有甲烷85%～90%，C3～C5约2%～5%。可采用压缩法、吸附法或低温分离法，将后者分离出去制取液化石油气。

4）矿井气：从井下煤层抽出的矿井气，习惯称为矿井瓦斯气。

2. 天然气燃烧特性

天然气最主要的成分是甲烷，基本不含硫，无色、无臭、无毒、无腐蚀性，具有安全、热值高、洁净和应用广泛等优点，目前已成为众多发达国家的城市必选燃气气源。

城市燃气应按燃气类别及其燃烧特性指数（华白数 W 和燃烧势 CP）分类，并应控制其波动范围。

华白数 W 按式（1-1）计算：

$$W = \frac{Q_g}{\sqrt{d}} \tag{1-1}$$

式中 W——华白数，MJ/m^3（$kcal/m^3$）；

Q_g——燃气高热值，MJ/m^3（$kcal/m^3$）；

d——燃气相对密度（空气相对密度为1）。

燃烧势 CP 按式（1-2）计算：

$$CP = K \times \frac{1.0H_2 + 0.6(C_mH_n + CO) + 0.3CH_4}{\sqrt{d}} \tag{1-2}$$

$$K = 1 + 0.0054 \times O_2^2 \tag{1-3}$$

式中 CP——燃烧势；

H_2——燃气中氢含量,%（体积）；

C_mH_n——燃气中除甲烷以外的碳氢化合物含量,%（体积）；

CO——燃气中一氧化碳含量,%（体积）；

CH_4——燃气中甲烷含量,%（体积）；

d——燃气相对密度（空气相对密度为1）；

K——燃气中氧含量修正系数；

O_2——燃气中氧含量,%（体积）。

天然气按照高位发热量、总硫、硫化氢和二氧化碳含量分为一类和二类。

天然气的质量要求应符合表1-1的规定。

天然气质量要求　　　　　　　　　　　　　　表 1-1

项　目		一类	二类
高位发热量[a,b]（MJ/m^3）	≥	34.0	31.4
总硫（以硫计）[a]（mg/m^3）	≤	20	100
硫化氢[a]（mg/m^3）	≤	6	20
二氧化碳摩尔分数（%）	≤	3.0	4.0

[a] 《天然气》GB 17820—2018标准中使用的标准参比条件是101.325kPa，20℃。

[b] 高位发热量以干基计。

3. 天然气的储运

天然气是以气态使用，但储运方式有管输天然气、压缩天然气、液化天然气等多种形式。另外，目前还在发展天然气水合物。

（1）压缩天然气（CNG）

压缩天然气（CNG）是通过压缩机加压的方式，将天然气压缩至容器并进行运输的方式。一般情况下，天然气经过多级压缩，达到20MPa的高压，在用气时经减压阀降压使用。CNG在生产和利用过程中成本相对较低，能耗低。但是由于采用笨重的高压气瓶，导致CNG单车运输量比较小，运输成本高。因此，一般认为该种方式只适合距离气源地近、用气量小的城市供应燃气。

（2）液化天然气（LNG）

当天然气在大气压下，冷却至约-162℃时，天然气由气态转变成液态，称为液化天然气（Liquefied Natural Gas，缩写为 LNG）。LNG 体积约为同量气态天然气体积的 1/625，密度在 450kg/m³ 左右，便于运输。另外，LNG 的燃点及爆炸极限高，不易发生爆炸，安全性能好。

（3）管输天然气（PNG）

管输天然气是通过管道直接将天然气输运到用户点的一种运输方式，主要针对气源地用户或与气源地通过陆地相连的国家之间天然气运送。管道长度对于 PNG 方式有一定要求。对于距离气源地较远的地区，只有当用气量较大时才会具有较好经济性。

（4）其他技术

除了上述三种已经成熟的天然气存储技术，各国还在积极探寻其他更经济有效方式。其中包括天然气水合物（NGH，Natural Gas Hydrate，简称 Gas Hydrate）和吸附天然气（ANG，Adsorption Natural Gas）等。

天然气水合物资源是世界能源开发的下一个主要目标。海底的天然气水化物资源丰富，其开发利用技术已成为一个国际能源领域的热点。天然气水合物是在一定条件（合适的温度、压力、气体饱和度、水的盐度、pH 值等）下由水和天然气组成的类冰的、非化学计量的、笼形结晶化合物，其遇火即可燃烧。形成天然气水合物的主要气体为甲烷，对甲烷分子含量超过 99% 的天然气水合物通常称为甲烷水合物（Methane Hydrate）。在标准状况下，1 单位体积的气水合物分解最多可产生 164 单位体积的甲烷气体。但是根据目前的发展来看，该技术距离工业应用的成熟水平还有一定的距离。

吸附天然气技术是利用一些诸如活性炭等多孔性固体物质对气体的吸附特性进行储气。由于这种新型的储气方式也要求在一定的压力作用下（通常为 3~4MPa）方能最大限度地提高气体附量（如在储存压力为 3.5MPa 时，理论储气量可达其容积体积的 150 倍），因此从一定意义上讲，该储存方式同属压力储存。但由于储存压力较 CNG 大为降低，因此容器重量相应减轻，安全性相对提高。作为天然气储存的一种方式，由于单位存储介质的吸附量相对较小，尚未得到大规模应用。

1.2 液化天然气（LNG）基本性质

1. 定义

液化天然气（liquefied natural gas，LNG），是一种在液态状况下的无色流体，主要由甲烷组成，组分可能含有少量的乙烷、丙烷、氮或通常存在于天然气中的其他组分。

2. LNG 的物理性质

LNG 的主要成分为甲烷，化学分子式为 CH_4，分子量为 16，还有少量的乙烷 C_2H_6、丙烷 C_3H_8 以及氮 N_2 等其他成分组成。LNG 气液之间的临界温度是 -82.5℃，液固之间的临界温度是 -186℃，沸点取决于其组分，在 0.1MPa 下，通常为 -166~-157℃。还是蒸气压力函数，变化梯度为 $1.25×10^{-4}$℃/Pa。一般商业 LNG 甲烷体积含量高达 92%~98%，所以 LNG 沸点主要取决于甲烷，纯甲烷的沸点 -162.15℃。临界温度为 -83℃，必须采用低温手段才能实现液化。

着火点即燃点，取决于组分，随重烃含量的增加而降低。纯甲烷着火点为650℃。

密度主要取决于LNG的组分，通常为430~470kg/m³。甲烷含量越高，密度越小；还是温度的函数，变化梯度为1.35kg/(m³·℃)。密度可直接测量，一般通过气体色谱仪分析的组分计算。气化后0℃密度约为：0.715kg/m³，20℃密度约为：0.6642kg/m³。相对密度为0.47~0.55，只有空气的一半左右。

热值取决于组分，气态热值为9100kcal/m³，液态热值为12000~15400kcal/kg，1cal≈4.19J。商业LNG热值为37.62MJ/m³。

爆炸范围：上限为15%，下限为5%。

辛烷值ASTM：130（研究法）。

无色、无味、无毒且无腐蚀性。

体积约为同量气态天然气体积的1/625。

气态与空气的相对密度为0.55，液化天然气的重量仅为同体积水的45%左右。

燃烧温度：燃烧范围为6%~13%（体积百分比）一般为1850~2540℃，作为工业焊割气，加增效剂后火焰温度可达3120~3315℃，与乙炔相当。

燃烧速度：天然气最高燃烧速度只有0.3m/s，火焰在可燃气体混合物中的传递速度，也称为点燃速度或火焰传播速度。

沸腾温度：LNG的取决于其组分，在大气压力下通常在-166~-157℃之间。

压缩系数：一般0.740~0.820。

3. LNG的蒸发

（1）蒸发气的物理性质

LNG作为一种沸腾液体，大量的储存于绝热储罐中。任何传导至储罐中的热量都会导致一些液体蒸发为气体，这种气体称为蒸发气。其组分与液体的组分有关。一般情况下，蒸发气包括20%的氮，80%的甲烷和微量的乙烷。其含氮量是液体LNG中含氮量的20倍。

当LNG蒸发时，氮和甲烷首先从液体中气化，剩余的液体中较高相对分子质量的烃类组分增大。

对于蒸发气体，无论是温度低于-113℃的纯甲烷，还是温度低于-85℃含20%氮的甲烷，它们都比周围的空气重。在标准条件下，这些蒸发气体的密度大约是空气密度的0.6倍。

（2）闪蒸

如同任何一种液体，当LNG已有的压力降至其沸点压力以下时，例如经过阀门后，部分液体蒸发，而液体温度也将降到此时压力下的新沸点，此即为闪蒸，较精确地计算闪蒸是复杂的，如计算LNG类多组分液体所产生的气体和剩余液体的数量及组分都是复杂的。应采用有效的热力学计算方法或装置模拟的软件包，结合适当的数据库，可以在计算机上进行闪蒸计算。

（3）LNG的溢出

1）LNG溢出物的特征

当LNG倾倒至地面上时（例如事故溢出），最初会猛烈沸腾，然后蒸发速率将迅速衰减至一个固定值，该值取决于地面的热性质和周围空气供热情况。

如表1-2所示，如果溢出发生在热绝缘的表面，则这一速率将极大地降低。表中的数据是根据实验结果确定的。

不同材质上的蒸发速率　　　　　　　　　　　表1-2

材料	60s后单位面积的速率 [kg/(m² · h)]
骨料	480
湿沙	240
干沙	195
水	190
标准混凝土	130
轻胶体混凝土	65

当溢出发生时，少量液体能产生大量气体，通常条件下1个体积的液体将产生600个体积的气体。

当溢出发生在水上时，水中的对流非常强烈，足以使所涉及范围内的蒸发速率保持不变。LNG的溢出范围将不断扩展，直到气体的蒸发总量等于泄漏产生的液态气体总量。

2）气体云团的膨胀和扩散

最初，蒸发气体的温度几乎与LNG的温度一样，其密度比周围空气的密度大。这种气体首先沿地面上的一个层面流动，直到气体从大气中吸热升温后为止。当纯甲烷的温度上升到约-113℃，或LNG的温度上升到约-80℃（与组分有关），其密度将比周围空气的密度小。然而，当气体与空气混合物的温度增加使得其密度比周围空气的密度小时，这种混合物将向上运动。

溢出、蒸气云的膨胀和扩散是复杂的问题，通常用计算机模型来进行预测，只有在这方面有能力的机构才能进行这种预测。

随着溢出，由于大气中的水蒸气的冷凝作用将产生"雾"云。当这种"雾"云可见时（在日间且没有自然界的雾），此种可见"雾"云可用来显示蒸发气体的运动，并且给出气体与空气混合物可燃性范围的保守指示。在压力容器或管道发生溢出时，LNG将以喷射流的方式洒到大气中，且同时发生节流（膨胀）和蒸发。这一过程与空气强烈混合同时发生。大部分LNG最初作为空气溶胶的形式被包容在气云之中。这种溶胶最终将与空气进一步混合而蒸发。

3）着火和爆炸

4）对于天然气/空气的云团，当天然气的体积浓度为5%~15%时就可以被引燃和引爆。

5）池火

直径大于10m的着火LNG池，火焰的表面辐射功率（SEP）非常高，并且能够用测得的实际正向辐射通量及所确定的火焰面积来计算。SEP取决于火池的尺寸、烟的发散情况以及测量方法。SEP随着烟尘炭黑的增加而降低。

6）压力波的发展和后果

7）没有约束的天然气云以低速燃烧时，在气体云团中产生小于$5×10^3$Pa的低超压。

在拥挤的或受限制的区域（如密集的设备和建筑物），可以产生较高的压力。

8）包容

9）天然气在常温下不能通过加压液化。实际上，必须将温度降低到约-80℃下才能在任意压力下液化。这意味着包容任何数量的 LNG，例如在两个阀门之间或无孔容器中，都有可能随着温度的提高使压力增加，直到导致包容系统遭到破坏。因此，成套装置和设备都应设计有适当尺寸的排放孔或泄压阀。

4. 其他物理现象

(1) 翻滚

翻滚是指大量气体在短时间内从 LNG 容器中释放的过程。除非采取预防措施或对容器进行特殊设计，翻滚将使容器受到超压。

在储存 LNG 的容器中可能存在两个稳定的分层或单元，这是由于新注入的 LNG 与密度不同的底部 LNG 混合不充分造成的。在每个单元内部液体密度是均匀的，但是底部单元液体的密度大于上部单元液体的密度。随后，由于热量输入到容器中而产生单元间的传热、传质及液体表面的蒸发，单元之间的密度将达到均衡并且最终混为一体。这种自发的混合称之为翻滚，而且与经常出现的情况一样，如果底部单元液体的温度过高（相对于容器蒸气空间的压力而言），翻滚将伴随着蒸气逸出的增加。有时这种增加速度快且量大。在有些情况下，容器内部的压力增加到一定程度将引起泄压阀的开启。

早期曾假设，当上层密度大于下层密度时，就会发生翻转，由此产生"翻滚"的名称。较近期的研究表明，情况并非如此，而是如前所述出现快速的混合。潜在翻滚事故出现之前，通常有一个时期其气化速率远低于正常情况。因此应密切监测气化速率以保证液体不是在积蓄热量。如果对此有怀疑，则应设法使液体循环以促进混合。

通过良好的储存管理，翻滚可以防止。最好将不同来源和组分不同的 LNG 分罐储存。如果做不到，在注入储罐时应保证充分混合。

用于调峰的 LNG 中，高含氮量在储罐注入停止后不久也可能引起翻滚。

经验表明，预防此类型翻滚的最好方法是保持 LNG 的含氮量低于 1%，并且密切监测气化速率。

(2) 快速相变（RPT）

当温度不同的两种液体在一定条件下接触时，可产生爆炸力。当 LNG 与水接触时，这种称为快速相变（RPT）的现象就会发生。尽管不发生燃烧，但是这种现象具有爆炸的所有其他特征。

LNG 洒到水面上而引发的 RPT 是罕见的，而且影响也有限。

与实验结果相符的通用理论可简述如下。当两种温差很大的液体直接接触时，如果较热液体的热力学（开氏）温度大于较冷液体沸点的 1.1 倍时，后者温度将迅速上升，其表层温度可能超过自发核化温度（当液体中产生气泡时）。在某些情况下，过热液体将通过复杂的链式反应机制在短时间内蒸发，而且以爆炸的速率产生蒸气。

例如，将 LNG 或液态氮置于水上的实验中，液体之间能够通过机械冲击产生密切接触并引发快速相变。许多研究项目正在进行中，以便更好地理解 RPT，量化此现象的烈度以及确定正确的预防措施。

(3) 沸腾液体膨胀蒸气爆炸（BLEVE）

任何液体处于或接近其沸腾温度，并且承受高于某一确定值的压力时，如果由于压力系统失效而突然获得释放，将以极高的速率蒸发。已经有记录如此猛烈的膨胀曾将整个破裂的容器抛出几百米。这种现象叫作沸腾液体膨胀蒸气爆炸。

沸腾液体膨胀蒸气爆炸在LNG装置上发生的可能性极小。这或者是由于储存LNG的容器将在低压下发生破坏，而且蒸气产生的速率很低；或者是由于LNG是在绝热的压力容器和管道中储存和输送，这类容器和管道具有内在的防火保护能力。

5. 建筑材料

（1）LNG工业中应用的材料

最常用的建筑材料暴露在极低温度条件下时，将因脆性断裂而失效。尤其是碳钢的抗断裂韧性在LNG温度下（－160℃）是很低的。因此用于与LNG接触的材料应当验证其抵抗脆性断裂性能。

与LNG直接接触而不会变脆的主要材料及其一般应用列于表1-3中。

正常操作下不直接接触LNG的材料，在正常操作下用于低温状态但不与LNG直接接触的主要材料列于表1-4中。

用于直接接触LNG的主要材料及其一般应用　　　　表1-3

材　料	一般应用
不锈钢	储罐、卸料臂、螺母与螺栓、管道和附件、泵，换热器
镍合金，镍铁合金	储罐、螺母与螺栓
铝合金	储罐、换热器
铜和铜合金	密封件、磨损面料
混凝土（预应力）	储罐
石棉[a]，弹性材料	密封件、垫片
环氧树脂	泵套管
Epoxy（silerite）	电绝缘
玻璃钢	泵套管
石墨	密封件、填料盒
氟乙烯丙烯（FEP）	电绝缘
聚四氟乙烯（PTFE）	密封件、填料盒、磨损面
聚三氟一氯乙烯（Kel F）	磨损面
斯太立特硬质合金[b]	磨损面

[a] 石棉不宜用于新装置中。
[b] 斯太立特硬质合金（Stellite）：Co 55%，Cr 33%，W 10%，C 2%。

在正常操作下用于低温状态但不与LNG直接接触的主要材料　　　表1-4

材　料	一般应用
低合金不锈钢	滚珠轴承
预应力钢筋混凝土	储罐
胶体混凝土	围堰
木材（轻木，胶合板，软木）	热绝缘

续表

材　料	一般应用
合成橡胶	涂料，胶粘剂
玻璃棉	热绝缘
玻璃纤维	热绝缘
分层云母	热绝缘
聚氯乙烯	热绝缘
聚苯乙烯	热绝缘
聚氨酯	热绝缘
聚异氰脲酸酯（Polyisocyanurate Foam）	热绝缘
沙	围堰
硅酸钙	热绝缘
硅酸玻璃	
泡沫玻璃	热绝缘、围堰
珍珠岩	热绝缘

（2）其他

由于铜、黄铜和铝的熔点低且遇到溢出的 LNG 着火时将失效，因此倾向于使用不锈钢或含镍 9% 的钢材。铝材常用于换热器。液化装置的管式、板式换热器使用冷箱（钢制）加以保护。铝材还可用于内罐的吊顶。

经过特别设计用于液态氧或液态氮的设备，通常也适用于 LNG。

根据设计结果，能够在 LNG 处于较高的压力和温度条件下正常操作的设备，也应设计成能够承受 降压情况下液体温度的下降。

6. 热应力

用于 LNG 设施的大多数低温制冷装置将承受从周围环境温度到 LNG 温度的快速冷却。在此冷却过程中产生的温度梯度将产生热应力，该热应力是瞬态的、周期性的，而且其值在与 LNG 直接接触的容器壁为最大。

这种应力随着材料厚度的增加而增加，当其厚度超过约 10mm 时，应力值将很大。对于一些特殊的临界点，临界或冲击应力可以应用公认的方法进行计算，并用于脆性断裂的检验。

7. 健康与安全

（1）置身于低温环境中

LNG 造成的低温能对身体暴露的部分产生各种影响，如果对处于低温环境的人体未能适当地加以保护，则其反应和能力将受到不利的影响。

1）操作中的冷灼伤

LNG 接触到皮肤时，可造成与烧伤类似的灼伤。从 LNG 中漏出的气体也非常冷，并且能致灼伤。如暴露于这种寒冷气体中，即使时间很短，不足以影响面部和手部的皮肤，但是，像眼睛一类脆弱的组织仍会受到伤害。人体未受保护的部分不允许接触装有 LNG 而未经隔离的管道和容器，这种极冷的金属会粘住皮肉而且拉开时将会将其撕裂。

2）冻伤

严重或长时间地暴露在寒冷的蒸气和气体中能引起冻伤。局部疼痛经常给出冻伤的警示，但有时会感觉不到疼痛。

3）寒冷对肺部的影响

较长时间在极冷的环境中呼吸能损伤肺部。短时间暴露可引起呼吸不适。

4）体温过低（hypothermia）

10℃以下的低温都可以导致体温过低的伤害。对于明显地受到体温过低影响的人，应迅速地从寒冷地带移开并用热水洗浴使体温恢复，水温应在40～42℃。不应该用干热的方法提升体温。

（2）推荐使用的防护服

当处理LNG时，如果预见到将暴露于LNG的环境之中，则应使用合适的面罩或安全护目镜以保护眼睛。操作任何物品时，如其正在或已经与寒冷的液体或气体接触，则应一直戴上皮手套。应戴宽松的手套并在接触到溅落的液体时能够迅速脱去。即使戴上手套，也只应短时间握住设备。防护服或者类似的服装应是紧身的，最好是没有口袋也没有卷起的部分。裤子也应穿在鞋或靴子的外面。当防护服被寒冷的液体或蒸气附着后，穿用者在进入狭窄的空间或接近火源之前应对其做通风处理。

防护服只是在偶然出现LNG溅落时起保护作用，应避免与LNG接触。

（3）置身于天然气环境中

1）毒性

LNG和天然气是无毒的。

2）窒息

天然气是一种窒息剂。氧气通常占空气体积的20.9%。大气中的氧气含量低于18%时，会引起窒息。在空气中含高浓度天然气时由于缺氧会产生恶心和头晕。然而一旦从暴露环境中撤离，则症状会很快消失。在进入可能存在天然气的地方之前，应测量该处大气中氧气和烃类的含量。

注：即使氧气含量足够多，不会引起窒息，进入前也应进行可燃性检测，而且应使用专用于此目的仪器进行检测。

3）火灾的预防和保护

在处理LNG失火时，推荐使用干粉（最好是碳酸钾）灭火器。与处理LNG有关的人员应经过对液体引发的火灾使用干粉灭火器的训练。

高倍数泡沫材料或泡沫玻璃块可用于覆盖LNG池火并能极大地降低其辐射作用。必须保证水的供应以用于冷却目的，或在设备允许的情况下用干泡沫的产生。但是水不可用于灭此类火。

4）气味

LNG蒸气是无气味的。

8. LNG主要优点

与其他燃料相比，天然气具有能在空气中迅速扩散（在常温常压下密度仅为空气的55%）、可燃范围窄（在空气中的浓度低于5%时，由于浓度不足而不能燃烧；大于15%时，由于氧气量不足而不能燃烧）、热值高（是人工管道燃气的2.5倍）、燃烧过程中产生有害物质（主要是氮化物、一氧化碳、可吸入悬浮微粒等）少、温室效应低（如果将天然气的温室效应系数假定为1，则石油为1.85，煤为2.08）等特点，因此，LNG是公认的绿色能源和石化原料，具有安全、环保、经济、高效等特点，分别介绍如下：

（1）安全：LNG属于低温常压储存，气瓶内部压力非常低，气态饱和后气压为0.5～1MPa，而LPG为0.8～1.8MPa，CNG为20MPa高压存储；LNG的燃点比较高，LNG燃点高于650℃，而LPG为466℃，汽油为427℃，柴油为260℃；LNG的爆炸极限为5%～15%，且气化后密度很低，只有空气的55%左右，泄漏后挥发较快，不容易积聚。而LPG的爆炸极限为2.4%～9.5%，且气化后密度大于空气，泄漏后不易挥发；汽油爆炸极限为1.0%～7.6%，柴油爆炸极限为0.5%～4.1%。由此可见，LNG汽车比LPG、CNG、汽油、柴油汽车更安全可靠。

（2）环保：组分纯，排放性能好，有利于减少污染，保护环境。LNG由于脱除了硫和水分，其组成比CNG更纯净，燃烧后生成二氧化碳和水，燃烧完全，因而LNG汽车的排放性能要优于CNG汽车。与燃油车相比，LNG汽车的有害排放降低约85%左右，被称为真正的环保汽车。

（3）经济：投资少，经济性强。LNG作为优质的车用燃料，与汽油相比，天然气抗爆性能好，辛烷值高达130，可增大发动机的压缩比，充分发挥其热值，增加动力性。而且LNG成分稳定，燃气装置容易调试，发动机性能稳定。LNG不含有硫化物、水分等腐蚀性物质，发动机和装置的寿命较长，燃料费用低。目前，LNG重型卡车比柴油重型卡车可节约燃料费25%，LNG公交车比柴油客车节约燃料费35%。且LNG价格相对稳定，LNG汽车维修费比汽柴油机汽车维修费用少，故障率低。成品油价格随国际油价的不断上涨将会不断攀升，更加凸显了使用LNG的经济性。

（4）高效：液化天然气占用空间远小于天然气。在不适合发展地下储存设施的地理条件下，液化天然气为高需求的天然气储存提供了机会。$625m^3$的天然气能够转换成$1m^3$的液化天然气。利用特殊设计的储罐能够实现液化天然气的长途运输，储存、运输方便，可以实现天然气进口，利于我国天然气供应的扩大化和多样化。LNG储存效率高，占地少。投资省，$10m^3$的LNG储存量就可供1万户居民1天的生活用气。LNG气化潜热高，液化过程中的冷量可回收利用。LNG汽车续驶里程长，同样容积的LNG车用储罐装载的天然气是CNG储气瓶的2.5倍。目前国外大型LNG货车一次加气可连续行驶1000～1300km，非常适合长途运输的需要。国内410L钢瓶加气一次在市区可连续行驶约400km，在高速公路加气一次可连续行驶约700km以上。由于是液态，LNG便于经济可靠地远距离运输，建设LNG汽车加气站不受天然气管网的制约。在陆上，通常用20～50m^3（相当于12000～30000m^3天然气）的汽车槽车像运输汽油、柴油那样将LNG远送到LNG汽车加气站，也可根据需要用火车槽车。在海上，通常用大致12万～13万m^3的LNG轮船，进行长途运输。

9. LNG主要用途

（1）作代用汽车燃料使用。采用LNG作为汽车发动机燃料，发动机仅需作适当变动，运行不仅安全可靠，而且噪声低污染小，特别是在排放要求日益严格的今天，以LNG作为燃料的汽车，排气明显改善。据资料报道：与压缩天然气（CNG）比较，在相同的行程和运行时间条件下，对于中型和中重型车辆而言，LNG汽车燃料成本要低

20%,重量要轻 2/3,同时,供燃系统装置的成本也至少低 2/3。可以证明,将天然气液化并以液态储运是促使它在运输燃料中应用的最经济有效的方法。

(2) LNG 用作清洁燃料还可以气化后供城市居民使用,具有安全、方便、快捷、污染小的特点。

(3) LNG 冷量回收利用,作为冷源用于生产速冻食品,以及塑料,橡胶的低温粉碎等,也可用于海水淡化和电缆冷却等。

(4) 作为工业气体燃料,用于玻壳厂,工艺玻璃厂等。

(5) 解决边远地区的能源供应和能源回收问题。

(6) 天然气管网调峰和事故调峰。

(7) 生产 LNG 副产品。

10. LNG 的生产、运输、储存

(1) LNG 的生产

由地层内开采出来的天然气,通过管道输送到 LNG 加工厂。在那里,先把比较容易分离的 C5 和 C6 等组分的碳氢化合物分离出来,然后脱去水分、二氧化碳和其他杂质,剩下的烃类通过深冷技术把气相的天然气和以 C3 和 C4 为组分的 LPG 分离出来,然后在低温下液化成 LNG,一般的 LNG 冷凝温度在 $-162℃$ 左右,它的主要成分是甲烷和乙烷,还有少量的丙烷和极少量的丁烷。LNG 的生产工艺一般分以下三种:一是阶式混合制冷工艺,二是混合阶式制冷工艺,三是压缩、膨胀制冷工艺。LNG 工厂主要设备有压缩机、膨胀机、换热器、分离器、低温储罐、低温泵、低温槽车等。

(2) LNG 的运输

LNG 的运输方式主要有轮船、火车、汽车槽车等方式。在 $500 \sim 800 km$ 经济运输半径范围内,采用汽车槽车运输 LNG 是比较理想的方式。槽车罐体采用双壁真空粉末绝热,配有操作阀安全系统及输液软管等。国内低温液体槽车的制造技术比较成熟,槽车使用安全。

1) 船舶运输 将天然气液化后装入专用轮船,通过海洋、河流进行全球运输,到岸后经处理,进入管网。特点:LNG 输送容量大,安全可靠。

2) 铁路运输 通过铁路进行 LNG 运输,目前我国没有,只有少数发达国家利用铁路运输 LNG。

3) 公路运输 目前我国已是世界上 LNG 陆上运输市场最发达的国家,新疆广汇等公司用 LNG 槽车把 LNG 从新疆运输到 4000km 以外的广东、福建等地,作为国家西气东输的有效补充,建立了罐箱和管网协同的天然气市场。

(3) LNG 的储存

1) LNG 的储存方式

储罐是 LNG 站的主要设备,直接影响气化站的正常生产,也占有较大的造价比例。按结构形式可分为地下储罐、地上金属储罐和金属预应力混凝土储罐。对于 LNG 储罐,现有真空粉末绝热型储罐、正压堆积绝热型储罐和高真空层绝热型储罐,中、小型气化站一般选用真空粉末绝热型低温储罐。储罐分内、外两层,夹层填充珠光砂并抽真空,减小外界热量传入,保证罐内 LNG 日气化率低于 0.3%。

2) LNG 储存要求

由于LNG储配库的储量巨大，其介质的特殊性，一旦储罐出现事故，造成的危害是十分巨大的。因此，大型低温LNG储罐需满足以下技术要求：

耐低温。常压下液化天然气的沸点为$-160℃$。

安全性高。API、BS等规范都要求储罐采用双层壁结构，运用封拦理念，确保储存安全。

材料特殊性能。LNG储罐内罐用低温材料选用是其设计与建造的技术关键之一。低温LNG储罐内罐材料须具有强度高、低温韧性好、焊接性能好的特点。

保温性能好。由于罐内外温差最高可达200℃，要使罐内温度保持在$-160℃$，罐体就要具有良好的保冷性能。用于低温储罐的保温绝热材料应满足导热系数小、密度低、吸湿率与吸水率小、抗冻性强、耐火性好、有一定强度，且环保、耐用和便于施工等要求，罐底保冷材料还要有足够的承压性能。

抗震性能好。储罐必须具有良好的抗震性能。在合理选址和提高抗震设防等级的基础上采取足够的安全措施，确保在给定地震烈度下罐体不损坏。

抗外力破坏性强。储罐应具备较高的抗压、抗拉能力，能抵御一般坠落物的打击。

第2章 LNG站主要工艺及设备

2.1 LNG站工艺介绍

城镇燃气主要是以液化天然气气化站、瓶组气化站形式接收气源、储存、灌装、气化、调压计量、加臭、气量分配等。

(1) 液化天然气气化站工艺

液化天然气气化站接收气源一般是从液化天然气生产基地或液化天然气码头、储配站等地，将液化天然气盛装在低温储罐中通过槽车送到液化天然气气化站储存。并将储存的液化天然气进行气化或再经加热器升温，将气化后的天然气进行过滤、计量、调压，至中压或按所需的压力输往城市管网，天然气进入管网前应进行加臭处理，到住宅小区或用户进行调压至用户所需要的压力并送至用户燃气具前，工艺流程如图2-1所示。

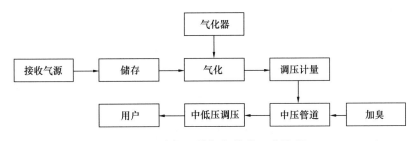

图 2-1 液化天然气气化站工艺流程

若出站后需要送至高压管网，宜在气化前以低温泵升压。

(2) 液化天然气瓶组气化站

液化天然气瓶组气化站主要是供应管道燃气涉及不到的住宅小区、公共福利用户、小型工业等中、小型用户。

液化天然气瓶组气化站接收气源一般是从邻近的液化天然气储配站或气化站，将液化天然气充装进杜瓦瓶，通过汽车运送到液化天然气瓶组气化站储存。瓶组气化站一般具有接收气源后进行储存、气化，将气化后的天然气调压至中压或按所需的压力输往管道，到住宅小区或用户处进行调压至用户所需要的压力并送至用户燃气具前，也可从瓶组气化站直接降压至用户所需压力而输往用户燃气具前，工艺流程如图2-2所示。

液化天然气气化后向城镇管网供应的天然气应进行加臭，加臭量应符合《城镇燃气设计规范》GB 50028现行规范的相关规定。

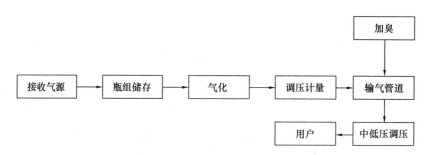

图 2-2 液化天然气瓶组气化站工艺流程

2.2 液化天然气站工艺流程

LNG 通过公路运至贮存气化站，在卸气台通过增压器对槽车增压，利用压差将 LNG 送至贮存气化站贮罐。低温 LNG 自流进入空温式气化器，与空气换热后转化为气态并升高温度，满设计负荷状态出口温度一般比环境温度低－10℃；当空温式气化器出口的天然气温度达不到 5℃以上时，通过水浴式加热器升温。最后经加臭、计量后进入输配管网送入各类用户。

整体流程可见图 2-3：

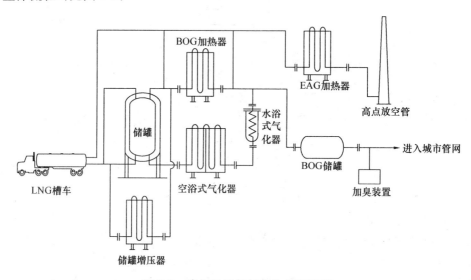

图 2-3 液化天然气气化站工艺流程

具体工艺流程主要如下：

(1) 卸车工艺（图 2-4）

采用槽车自增压方式。槽车利用卸车增压器给槽车增压，利用压差将 LNG 通过液相管线送入气化站储罐，并利用 BOG 气相管线回收槽车内的低温气体。卸车工艺管线包括液相管线、气相管线、气液连通管线、安全泄压管线、氮气吹扫管线以及若干低温阀门。

(2) 储罐增压工艺

在 LNG 气化供应工作流程中，需要经过从 LNG 储罐增压出液、气化、加臭等程序，最后进入供气管网。

城镇燃气LNG站常用的增压方式通常是增压气化器结合自力式增压调节阀方式；该增压系统由储罐增压器（空温式气化器）及若干控制阀门组成。工艺流程图如图2-5。

当LNG贮槽压力低于升压调节阀设定开启压力时，调节阀开启，LNG进入空温式气化器，气化为NG后通过储罐顶部的气相管进入罐内，贮槽压力上升；当LNG贮槽压力高于设定压力时，调节阀关闭，空温式气化器停止气化，随着罐内LNG的排出，贮槽压力下降。通过调节阀的开启和关闭，从而将LNG贮槽压力维持在设定压力范围内。

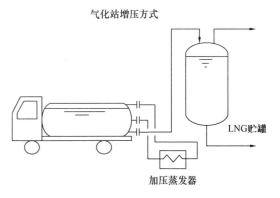

图2-4 液化天然气气化站卸车工艺流程

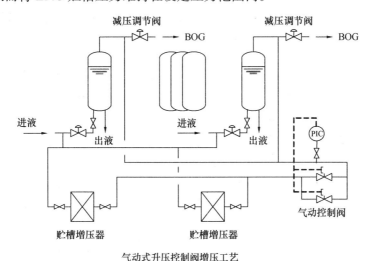

图2-5 液化天然气气化贮存增压工艺流程

（3）气化加热工艺

采用空温式和水浴式相结合的串联流程，夏季使用自然能源，冬季用热水，利用水浴式加热器进行增热，满足站内的生产需要。

空温式气化器分为强制通风和自然通风两种，本书介绍自然通风空温式气化器。自然通风式气化器需要定期除霜、定期切换。在两组空温式气化器的入口处均设有气动切断阀，正常工作时两组空温式气化器通过气动切断阀在控制台处的定时器进行切换，切换周期为8h/次。当出口温度低于设定温度时，低温报警并连锁切换空温式气化器。

水浴式加热器根据热源不同，可分为热水加热式、电加热式等。一般采用热水加热式，利用热水炉生产的热水与低温NG换热，冬季NG出口温度低于设定温度时，低温报警并启动水浴加热器。

（4）BOG处理工艺

由于吸热或压力变化造成LNG的一部分蒸发为气体（Boil Off Gas），BOG气体包括：

LNG 储罐吸收外界热量产生的蒸发气体、LNG 卸车时槽车由于压力、气相容积变化产生的蒸发气体、进入储罐的 LNG 与原储罐内温度较高的 LNG 接触产生的蒸发气体、卸车时进入储罐内气相容积相对减少产生的蒸发气体、进入储罐内压力较高时进行减压操作产生的气体、槽车内的残余气体等（图 2-6）。

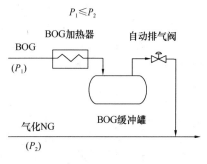

图 2-6 BOG 处理工艺

回收的 BOG 的处理采用调压输出的方式，排出的 BOG 气体为高压低温状态，且流量不稳定。因此需设置 BOG 加热器及调压输出系统并入用气管网。

（5）安全泄放工艺

天然气为易燃易爆物质，在温度低于－120℃左右时，天然气密度重于空气，一旦泄漏将在地面聚集，不易挥发；而常温时，天然气密度远小于空气密度，易扩散。根据其特性，按照规范要求必须进行安全排放，设计采用集中排放的方式。安全泄放工艺系统由安全阀、爆破片、EAG 加热器、放散塔组成。

设置 EAG 加热器，对放空的低温 NG 进行集中加热后，经阻火器后通过放散塔高点排放，EAG 加热器采用空温式加热器。常温放散 NG 直接经阻火器后排入放散塔。

为了提高 LNG 储罐的安全性能，采用降压装置、压力报警手动放空、安全阀（并联安装爆破片）起跳三层保护措施。

在一些可能会形成密闭的管道上，设置手动放空加安全阀的双重措施。

（6）计量加臭工艺

气化后的气体进入计量段，计量完成后经过加臭处理，输入用气管网。

计量采用流量计，应满足最小流量和最大流量时的计量精度要求。流量计设旁路，在流量计校验或检修时可不中断供气。

加臭设备根据流量计或流量计积算仪传来的流量信号按比例地加注臭剂，也可在按固定的剂量加注臭剂，臭剂为四氢噻吩。具有运行状态显示，定时报表打印等功能，运行参数可设定。

2.3 LNG 站主要工艺设备

1. 主要设备概况

LNG 站的主要设备介绍见表 2-1。

液化天然气气化站主要设备　　　　　表 2-1

序号	名称	作　用
1	低温储罐	LNG 的储存
2	储罐增压器	使储罐内压力升高，实现 LNG 流向空浴式气化器
3	空浴式气化器	将 LNG 气化成气态，向管网供应
4	水浴式加热器	空浴式气化器出口的天然气温度达不到要求时，使用该设备加热

续表

序号	名称	作用
5	BOG储罐	储罐静置过程中,由于热交换有部分LNG气化,形成BOG。为了防止储罐内压力过高,将BOG输送到BOG储罐
6	BOG加热器	使BOG在进入管网之前加热
7	EAG加热器	用于蒸发气放散前的加热,避免天然气放散温度低,密度高,不易散去
8	放散塔	用于天然气的放散
9	加臭装置	天然气本身无味,需要在出站前加入臭剂,便于用户检漏和安全使用

2. 主要设备及技术特点

(1) 立式LNG金属罐

立式LNG金属罐又称为立式双层金属罐。指内罐和外壳均采用金属材料,内罐采用耐低温的不锈钢或铝合金,外壳采用碳钢。内罐通过吊带支撑措施悬挂于外罐内,内、外罐均由筒体和封头焊接而成,一般为立式。其主体结构及接管示意图如图2-7所示。

常用的单罐公称容积为150m³、100m³和50m³的圆筒形双金属LNG储罐,通常采用真空粉末绝热方式。在LNG储罐内外罐之间的夹层中填充粉末(珠光砂),然后将该夹层抽成高真空。通常用蒸发率来衡量储罐的绝热性能。

以某LNG站的金属单罐为例:储罐最高工作压力0.5MPa,最低工作温度-196℃。单台净几何水容积100m³,内罐直径3000mm,材质0Cr18Ni9;外罐直径3500mm,材质16MnR。

其技术参数如表2-2所示。

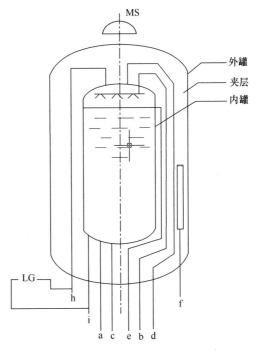

图2-7 LNG储罐主体结构及接管示意图

a—罐底进液管口;b—罐顶进液管口;c—罐底出液管口;d—罐顶气相出口;e—测满管口;f—测真空度、抽真空关口;h—液位计及压力计气相接口;i—液位计及压力计液相接口;MS—防爆装置;LG—液位计

某LNG站100m³储罐的技术参数表　　表2-2

项目	内罐	外罐	项目	内罐	外罐
容器类别	三类		工作温度(℃)	-162	—
储存介质	LNG	—	几何容积(m³)	106	
最高工作压力(MPa)	0.50		有效容积(m³)	100	
设计压力(MPa)	0.75		内径(mm)	3000	3450
安全阀起跳压力(MPa)	0.55		主体材质	0Cr18Ni9	16MnR
设计温度(℃)	-196		满质量(kg)	85000	
封结真空度(Pa)	≤5		日静态蒸发率	≤0.2%	

立式LNG金属罐能适应储存低温介质LNG的要求，具有较好的耐低温和抗LNG冲击性能。外罐为碳素钢，即能保证强度又经济。真空粉末绝热方式的保冷效果较好。所有的接管设在储罐下部，即便于操作又利于维护，在国内得到了很好的应用。

(2) 立式LNG子母罐

子母罐是将多个子罐并列组装在一个大型外罐即母罐之中。通常指拥有多个（三个以上）子罐并联组成的内罐，可满足低温液化天然气较大容量储存的要求。多只子罐并列组装在一个大型外罐（即母罐）之中。子罐通常为立式圆筒形，外罐为立式平底拱盖圆筒形。由于外罐形状尺寸过大等原因不耐外压而无法抽真空，外罐为常压罐。保冷方式为粉末（珠光砂）绝热保冷。

子罐通常是在压力容器制造厂制造完工后运抵现场吊装就位，外罐则加工成零部件运抵现场后，在现场进行组装。

单只子罐的有效容积通常在 $100 \sim 250 m^3$ 之间，单只子罐的容积不宜过大，过大会导致运输吊装困难。子罐的数量通常为 $3 \sim 10$ 只，因此可以组建 $300 \sim 2500 m^3$ 的大型储槽。以 $2500 m^3$ 的子母罐举例，其结构如图2-8所示。

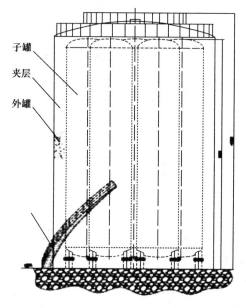

图 2-8　$2500 m^3$ LNG 子母罐结构图

子罐的设计压力可根据使用压力要求来确定，目前国内子母罐的最大工作压力通常为 $0.2 \sim 1.0 MPa$。

以 $2500 m^3$ 子母罐设计为例，该子母罐内部设置10只子罐，结构为立式、圆柱形式，底部为支腿支撑。单个子罐贮存容积为 $250 m^3$，工作压力为 $0.6 MPa$，主体材质为 0Cr18Ni9；外罐为平底拱盖结构，材质为 16MnR。其技术参数如表2-3所示。

在子罐上、下部分别设置可远传的测温点，对子罐进行观测、监控，及时检测LNG贮存的分层情况。在母罐底部设置测温点，顶部设置测温点，对母罐进行观测、监控。同时还有一套完善的就地压力、液位指示系统，并远传中控室，对储罐的压力、液位进行就地观测和远程监控。

子罐设有顶部进液和底部进液2条管线。顶部进液管线采用喷淋装置，以保证内罐均匀冷却，避免局部温差引起翻沸。子罐所设的排液管线满足LNG排量，排液管线还设有专用气封补偿结构，由封头下部引出，以保证液体排尽。子罐上还设有两套安全阀，并配备三通切换阀，保证使用过程中的安全性，并满足安全监督检查的要求。

罐体上部引出管道的温差应力补偿均采用不锈钢π形管道和波纹管补偿器。所有液相引出外壳管道均采用真空绝热管道，最大限度地减少冷损。

外罐顶部设置了珠光砂填充以确保珠光砂填充均匀；顶部和侧面各设置人孔，便于检修时人员的出入；外罐还设有珠光砂出口，以满足维修的要求。同时外罐还设有呼吸阀和防爆装置。罐上有气相、液相分析阀,可对罐内LNG纯度进行分析。罐上有测满阀和控制贮槽压力的自动放空管线,并联手动放空阀。

夹层充微正压干氮气以保证珠光砂的干燥,保证其绝热效果。氮气系统采用自力式调节阀控制(带旁通),保证夹层压力恒定。

储罐还设有导静电接地接口、防雷设施和消防水喷淋管道等,以最大限度地保证储罐使用过程中的安全性。

2500m³ 子母罐技术参数表 表 2-3

序号	技术参数名称	单台子罐	母罐	备注
1	工作压力	0.6MPa	2.0kPa	
2	设计压力	0.66MPa	3.0kPa	
3	气压性试验压力	0.76MPa	3.75kPa	
4	有效容积(m³)	2500	—	充满率95%
5	几何容积(m³)	2640	5040(夹层)	
6	贮存介质	LNG	珠光砂充氮(夹层)	
7	直径(mm)	φ3800	φ19338	
8	壁厚(mm)	10/12	8×10×12	壁厚沿高度变化
9	母罐底板厚度(mm)		8~15	
10	高度(mm)	23880	27195	
11	材质	0Cr18Ni9	16MnR	
12	地震烈度	7度		
13	设计风速(m/s)	—	29	
14	设计温度(℃)	-196	-19	
15	日蒸发率	≤0.2%		环境温度20℃
16	射线探伤比例	100%射线Ⅱ级	按照国家相关标准	
17	腐蚀裕量	0	1	
18	焊缝系数	1	0.8	
19	单台子罐净重(t)	约34		
20	子母罐空重(t)	约897		
21	子母罐满重(t)	约1962		
22	设计寿命	15年		

子母罐的优势:

1)依靠容器本身的压力可采用压力挤压的办法对外排液,而不需要输液泵排液。由此可获得操作简便和可靠性高的优点。

2)容器具备承压条件后,可采用带压贮存方式,减少贮存期间的排放损失。

3)子母罐的制造安装较球罐容易实现,制造安装成本较低。

子母罐的不足之处

1)由于外罐的结及尺寸原因夹层无法抽真空,夹层厚度通常选择800mm以上,导致保温性能与真空粉末绝热球罐相比较差。

2) 由于夹层厚度较厚,且子罐排列的原因,设备的外形庞大。
3) 子母罐夹层容积过大,珠光砂充满所有的夹层空间,绝热材料使用过多浪费较大。

(3) LNG 气化器

空温式气化器:空温式气化器的导热管是将散热片和管材挤压成型的,导热管的横截面为星形翅片。空温式气化器由蒸发部和加热部构成。蒸发部由端板管连接并排的导热管构成,加热部由用弯管接头串联成一体的导热管组成。

气化器设计 LNG 入口温度:－162℃;

LNG 出口温度:环境温度－10℃;

操作压力:0.3～0.7MPa;

气化器结构形式及材料:由于气化器进口是液化天然气,这就要求气化器的材质必须是耐低温(－162℃)的,目前国内常用的材料为铝合金(F21)。

(4) 储罐增压气化器

为了使储罐中的 LNG 能够自流进入气化器,必须保证储罐的压力高于气化器。为此设置的储罐自增压气化器,当储罐压力低于设定值时,自力式升压调节阀开启,LNG 进入自增压气化器,气化后的天然气回到储罐顶部,达到储罐增压的目的。

(5) BOG 处理装置

BOG(Boil Off Gas)是储罐及槽车蒸发气体。低温真空粉末绝热储罐和低温槽车的日蒸发率一般为 0.3%,这部分气化的气体如不按时排出,会使出罐上部气相空间的压力升高。为保证出罐的安全,装有降压调节阀,可根据压力自动排出 BOG。因此在设计中设置了 BOG 加热器,将加热后的 BOG 送入燃气管网。

BOG 加热器为 BOG 空温式气化器;按工艺技术要求,在 BOG 处理装置上需设置进、出气附管、安全放散、压力指示接口。

(6) 安全放散气体(EAG)加热器

LNG 是以甲烷为主的液态混合物,常压下的沸点温度为－161.5℃,常压下储存温度为－162.3℃,密度约 430kg/m³。当 LNG 气化为气态天然气时,其临界温度为－107℃。当气态天然气温度高于－107℃时,气态天然气比空气轻,将从泄漏处上升飘走。当气态天然气温度低于－107℃时,气态天然气比空气重,低温气态天然气会向下积聚,与空气形成可燃性爆炸物。为了防止安全阀放空的低温气态天然气向下积聚形成爆炸性混合物,设置空温式气体加热器,放散气体先通过该加热器加热,使其密度小于空气,然后再引入高空放散。

(7) 卸车增压气化器

由于 LNG 槽车上不配备增压装置,卸车增压气化器将罐车压力增高。

(8) 调压、计量及加臭

1) 调压段

调压器要求通过能力大、调压精度高,内置超压自动切断装置,并具有将切断信号远传至控制室计算机显示的功能,具有较宽的压力输出范围和高效的降噪消声结构。调压器调压精度±1%,关闭精度不大于±10%,当某一调压回路发生超压切断时,自动切换到其他调压回路,以确保不发生供气中断,系统在紧急情况下,可快速切断,确保不发生超压事故。

2) 计量段

计量仪表是结算的重要装置，计量设备应带有温度和压力补偿以及信号远传功能。

3) 加臭段

计量完成后经过加臭处理，输入用气管网。天然气属易燃易爆气体，当设备发生故障或使用不当，造成漏气时有可能引起爆炸、火灾和人身伤害；因此，当发生燃气泄漏时能及时被人们能及时察觉而消除燃气泄漏是很有必要。

燃气中臭味剂的最小量应符合《城镇燃气设计规范》GB 50028 的规定：当燃气泄漏到空气中，在达到允许的有害浓度之前应能察觉。可选择隔膜式计量泵，根据流量信号自动控制加臭量，将臭味剂——四氢噻吩注入燃气管道中。加臭剂采用四氢噻吩。

(9) 管材及附件

1) 低温管道及管件

管道：材质为奥氏体不锈钢，钢号为 0Cr18Ni9，符合《流体输送用不锈钢无缝钢管》GB/T 14976。规格包括 $DN10$、$DN15$、$DN25$、$DN40$、$DN50$、$DN65$、$DN80$。配管采用《流体输送用无缝钢管》GB/T 8163 或《石油化工钢管尺寸系列》SH/T 3405（壁厚系列为 SCH10s 标准）；

管件：与 LNG 输送管道相同（或相匹配）技术要求；

法兰：材质 0Cr18Ni9；

密封垫片：不锈钢金属缠绕垫片。

2) 常温管道及管件

管道：材质 20 号/SMLS，符合《流体输送用无缝钢管》GB/T 8163。规格包括 $DN40$、$DN80$、$DN100$、$DN150$、$DN200$。仪表用短管采用焊接钢管，方便套丝。

管件：与管道相同（或相匹配）技术要求；

法兰：平焊（光）$PN1.6$，$PN2.5$；

密封垫片：聚四氟乙烯 $PN1.6$，$PN2.5$。

第3章 LNG站设计及施工管理

3.1 LNG站设计要点

1. 一般规定

（1）所有组件应按现行相关标准设计和建造，物理、化学、热力学性能应满足在相应设计温度下最高允许工作压力的要求，其结构应在事故极端温度条件下保持安全、可靠。

（2）设计单位应具有相应的专业资质和丰富的设计经验。

2. 规模和储存量

（1）液化天然气气化站的规模应以城镇总体规划为依据，根据供应用户类别、户数和用气量指标等因素确定。

（2）液化天然气站的规模还应考虑当地的应用类别，如主气源、过渡气源、补充气源、紧急备用气源等。

（3）液化天然气气化站的储存量，还应根据供气量、应用类别，并结合气源运距、气源情况及经济效益等因素确定，宜按4～7日计算月最大日用气量考虑。

（4）液化天然气瓶组气化站主要是供应城区管网不能涉及的用户，采用气瓶组作为储存及供气设施，其储存量宜按1.5d计算月最大日用气量确定。

3. 站址选择

（1）液化天然气气化站的站址应符合城镇总体规划的要求。

（2）站址应选在人口密度较低且受自然灾害影响小的地区。

（3）站址应远离下列设施：

1）大型危险设施（例如，化学品、炸药生产厂及仓库等）。

2）大型机场（包括军用机场、空中实弹靶场等）。

3）与本工程无关的输送易燃气体或其他危险流体的管线。

4）运载危险物品的运输线路（水路、陆路和空路）。

5）地震带、地基沉陷、废弃矿井和雷区等地区。

6）城区居住区、村镇、学校、医院、影剧院等人员聚集的场所。

4. 站址选择还应考虑以下因素

（1）应考虑与场站外建构筑物间最小净间距的规定，并满足相关国家规范。

（2）人员应急疏散通道和消防通道应全天候畅通。

（3）应考虑在实际操作的极限内，场站抗自然力的程度。

（4）应考虑可能影响场站人员和周围公众安全涉及具体位置的其他风险因素。评定这些因素时，应对可能发生的事故和在设计或操作中采取的安全措施，作出整体评价。

（5）无损于城市景观、历史文物、重要建筑物。

(6) 具有适宜的工程地质、供电、给水排水、通信、交通条件。

5. 区域布置

(1) 站场总平面应根据站的生产流程及各组成部分的生产特点和火灾危险性，结合地形、风向等条件，按功能分区集中布置。

(2) 液化天然气气化站内总平面应分区布置，即分为生产区（包括储罐区、气化及调压等装置区）和辅助区。生产区宜布置在站区全年最小频率风向的上风侧或上侧风侧。液化天然气气化站应设置高度不低于2m的不燃烧体实体围墙。

(3) 液化天然气气化站占地面积指标可按设计规模参照表3-1考虑。

液化天然气气化站占地面积指标　　　　　　　　　　　　　　表3-1

气化站储罐总容积（m^3）	≤50	>50~≤100	>100~≤200	>200~≤400	>400~≤600	>600~≤1000	>1000~≤1500	>1500~≤2000
气化站占地面积指标（m^2）	10000	10000~12000	12000~14000	14000~16000	16000~18000	18000~20000	20000~25000	25000~28000

注：1. 用地面积指标按储罐与站外建筑物防火间距以及生产用房、集中放散及消防水池、消防通道必需的土地面积计算。
　　2. 当储罐总容积＞2000m^3，占地面积应根据《石油天然气工程设计防火规范》GB 50183的要求确定。

(4) 液化天然气瓶组气化站占地面积指标，宜根据设计规模参照表3-2考虑。

液化天然气瓶组气化站占地面积指标　　　　　　　　　　　　　　表3-2

瓶组站瓶组总容积（m^3）	≤2	>2~≤4
占地面积指标（m^2）	1100	1100~1800

注：用地面积指标按瓶组与站外建筑物防火间距及空温式气化设备占地、生产用房必需的土地面积计算。

(5) 液化天然气气化站（总储存容积不超过2000m^3）的液化天然气储罐、集中放散装置的天然气放散总管与站外建、构筑物的防火间距不应小于表3-3的规定。

液化天然气气化站的液化天然气储罐、天然气放散总管与站外建、构筑物的防火间距（m）　　　　　　　表3-3

名称项目	储罐总容积（m^3）							集中放散装置的天然气放散总管
	≤10	>10~≤30	>30~≤50	>50~≤200	>200~≤500	>500~≤1000	>1000~≤2000	
居住区、村镇、影剧院、体育馆、学校等重要公共建筑（最外侧建、构筑物外墙）	30	35	45	50	70	90	110	45
工业企业（最外侧建、构筑物外墙）	22	25	27	30	35	40	50	20
明火、散发火花地点和室外变、配电站	30	35	45	50	55	60	70	20
民用建筑，甲、乙类液体储罐，甲、乙类生产厂房，甲、乙类物品仓库，稻草等易燃材料堆场	27	32	40	45	50	55	65	25

续表

名称项目		储罐总容积（m³）							集中放散装置的天然气放散总管
		≤10	>10~≤30	>30~≤50	>50~≤200	>200~≤500	>500~≤1000	>1000~≤2000	
丙类液体储罐，可燃气体储罐，丙、丁类生产厂房，丙、丁类物品仓库		25	27	32	35	40	45	55	20
铁路线（中心线）	国家线	40	50	60	70		80		40
	企业专用线	25			30		35		30
公路、道路（路边）	高速、I、II级，城市快递	20			25				15
	其他	15			20				10
架空电力线（中心线）		1.5倍杆高					1.5倍杆高，但35kV以上架空电力线不应小于40m		2.0倍杆高
架空通信线（中心线）	I、II级	1.5倍杆高	30		40				1.5倍杆高
	其他	1.5倍杆高							

注：1. 居住区、村镇系指1000人或300户以上者。以下者按本表民用建筑执行。
2. 与本表规定以外的其他建、构筑物的防火间距应按现行国家标准《建筑设计防火规范》GB 50016（2018年版）执行。
3. 间距的计算应以储罐的最外侧为准。

（6）设计时应按平面布置的大型设施（如：液化天然气储罐、气化器及消防水池等），对地质进行全面勘察，以确定设施基础的设计数据。

（7）总储存容积大于2000m³的液化天然气气化站的液化天然气储罐、集中放散装置的天然气放散总管与站外建、构筑物的防火间距，应根据现场条件、周边环境、设施安全防护程度评价确定，并不低于《石油天然气工程设计防火规范》GB 50183的规定。

（8）液化天然气气化站（总容积不超过2000m³）的液化天然气储罐、集中放散装置的天然气放散总管与站内建、构筑物的防火间距不应小于表3-4的规定。

液化天然气气化站的液化天然气储罐、天然气放散总管与站内建、构筑物的防火间距（m） 表3-4

名称项目	储罐总容积（m³）							集中放散装置的天然气放散总管
	≤10	>10~≤30	>30~≤50	>50~≤200	>200~≤500	>500~≤1000	>1000~≤2000	
明火、散发火花地点	30	35	45	50	55	60	70	30
办公、生活建筑	18	20	25	30	35	40	50	25
变配电室、仪表间、值班室、汽车槽车库、汽车衡及其计量室、空压机室、汽车槽车装卸台柱（装卸口）、钢瓶灌装台	15	18	20	22	25	30		25

续表

名称项目		储罐总容积（m³）							集中放散装置的天然气放散总管
		≤10	>10~≤30	>30~≤50	>50~≤200	>200~≤500	>500~≤1000	>1000~≤2000	
汽车库、机修间、燃气热水炉间		25			30		35	40	25
天然气（气态）储罐		20	24	26	28	30	31	32	20
液化石油气全压力式储罐		24	28	32	34	36	38	40	25
消防泵房、消防水池取水口		30			40			50	20
站内道路（路边）	主要	10				15			2
	次要	5				10			
围墙		15			20			25	2
集中放散装置的天然气放散总管		25							—

注：自然蒸发气的储罐（BOG罐）与液化天然气储罐的间距按工艺要求确定。与本表规定以外的其他建、构筑物的防火间距应按现行国家标准《建筑设计防火规范》GB 50016（2018年版）执行，间距的计算应以储罐的最外侧为准。

（9）总储存容积大于2000m³的液化天然气气化站的液化天然气储罐、集中放散装置的天然气放散总管与站内建、构筑物的防火间距应符合现行国家标准《石油天然气工程设计防火规范》GB 50183的规定。

（10）站内兼有灌装液化天然气钢瓶功能时，站区内设置储存液化天然气钢瓶（实瓶）的总容积不应大于2m³。

（11）液化天然气气化站生产区应设置消防车道，车道宽度不应小于3.5m。当储罐总容积小于500m³时，可设置尽头式消防车道和面积不应小于12m×12m的回车场。

（12）液化天然气气化站的生产区和辅助区至少应各设1个对外出入口。当液化天然气储罐总容积超过1000m³时，生产区应设置2个对外出入口，其间距不应小于30m。

（13）在可能有液化天然气泄漏的地方应采取有效的措施，避免泄漏到站外。

（14）液化天然气气化站应设围堰（拦蓄区），并应符合下列规定：

当罐组内的储罐已采取了防低温或火灾的影响措施时，围堰内的有效容积应不小于罐组内一个最大储罐的容积；当储罐未采取防低温或火灾的影响措施时，围堰区内的有效容积应为罐组内储罐的总容积。

（15）液化天然气储罐和储罐区的布置应符合下列要求：

1）储罐组内的储罐不应超过两排，若有需要，可增加为一储罐组。单罐容积不超过256m³时，每排储罐个数不宜超过12个，总容积不应超过3000m³。

2）储罐之间的净距应略大于相邻储罐直径之和的1/4，且不应小于1.5m。

3）储罐组四周必须设置周边封闭的不燃烧体实体防护墙，防护堤的设计应保证在接触液化天然气时不应被破坏。

4）防护堤内的有效容积不应小于防护墙内所有储罐的总容积。

5）防护堤内不应设置其他可燃液体储罐；

6）严禁在储罐区防护墙内设置液化天然气钢瓶灌装口。

7）容积超过 0.5m³ 的液化天然气储罐不应设置在建筑物内。

8）多台储罐并联安装时，为便于接近所有切断阀，必须留有 0.9m 的净距。

9）在储罐的周围应设有自然流入的引水渠及集液池，并通过人工的排水系统。引水渠应设有疏水的渠盖，集液池应设有防意外坠下的围栏。

10）集液池的容积为某单一事故泄漏源在 10min 内最大可能的泄漏量。

11）防护堤内不应采用水封井的形式排水。

12）储罐间距应符合《石油天然气工程设计防火规范》GB 50183 第 10.3.4、10.3.5、10.3.6 条的规定。

（16）气化器、低温泵设置应符合下列要求：

1）环境气化器和热流媒体为不燃烧体的远程间接加热气化器、天然气气体加热器可设置在储罐区内，气化器与站外建、构筑物的防火间距应符合现行国家标准《建筑设计防火规范》GB 50016（2018 年版）中甲类厂房的规定。

2）气化器的布置应满足操作维修的要求。

（17）液化天然气集中放散装置的汇集总管，应经加热将放散物加热成比空气轻的气体后方可排入放散总管；放散总管管口高度应高出距其 25m 内的建、构筑物 2m 以上，且距地面不得小于 10m。

（18）液化天然气罐区邻近江河、海岸布置时，应采取措施防止泄漏液体流入水域。

（19）整体式加热气化器到建筑红线的距离不应小于 30m，与下列设施的距离不应小于 15m：

1）任何拦蓄的 LNG、易燃制冷剂或易燃液体或这类流体在其他事故排放源与拦蓄区之间的运输通道。

2）LNG、易燃液体、易燃制冷剂或可燃气体储罐，这类流体的无明火工艺设备或用于转运这类流体的装卸接头。

3）控制室、办公室、车间和其他有人的或重要场站设施。

（20）远距离加热气化器、环境气化器和工艺气化器到建筑红线的距离，不应小于 30m。

（21）气化器之间的净间距，不应小于 1.5m。

（22）空温式气化器若以一排布置，进液侧宜在上风侧；若以两排布置，进液宜布置在气化器组的外侧。

（23）LNG 的装卸接头到不受控制的火源、工艺区、储罐、控制室、办公室、车间和其他被占用的或重要场站设施的距离，不应小于 15m。

（24）液化天然气气瓶组应在站内固定地点露天（可设置罩棚）设置。气瓶组与建、构筑物的防火间距不应小于表 3-5 的规定。

气瓶组与建、构筑物的防火间距（m） 表 3-5

项目	气瓶总容积（m³）	
	≤2	>2~≤4
明火、散发火花地点	25	30
民用建筑	12	15

续表

项目	气瓶总容积（m³）	≤2	>2～≤4
重要公共建筑、一类高层民用建筑		24	30
道路（路边） 主要		10	10
道路（路边） 次要		5	5

注：气瓶总容积应按配置气瓶个数与单瓶几何容积的乘积计算。单个气瓶容积不应大于410L。

（25）液化天然气瓶组站中设置在露天（或罩棚下）的空温式气化器与气瓶组的间距应满足操作的要求，液化天然气气化站的卸（装）台附近应留有足够的回车场地。

6. 工艺

（1）液化天然气气化站、瓶组气化站主要是接收气源、储存、灌装、气化、调压计量、加臭、气量分配等。

（2）液化天然气气化站接收气源一般是从液化天然气生产基地或液化天然气码头、储配站等地，将液化天然气盛装在低温储罐中通过槽车送到液化天然气气化站储存。并将储存的液化天然气进行气化或再经加热器升温，将气化后的天然气进行过滤、计量、调压，至中压或按所需的压力输往城市管网，天然气进入管网前应进行加臭处理，到住宅小区或用户进行调压至用户所需要的压力并送至用户燃气具前，工艺流程如图3-1所示。

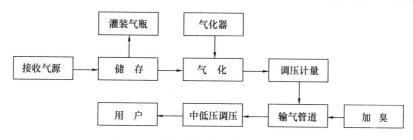

图 3-1 液化天然气气化站工艺流程

（3）若出站后需要送至高压管网，宜在气化前以低温泵升压。

（4）液化天然气瓶组气化站主要是供应管道燃气涉及不到的住宅小区、公福用户、工业食堂等中、小型用户。液化天然气瓶组气化站接收气源一般是从邻近的液化天然气储配站或气化站，将液化天然气充装进钢瓶，通过汽车运送到液化天然气瓶组气化站储存。瓶组气化站一般具有接收气源后进行储存、气化，将气化后的天然气调压至中压或按所需的压力输往管道，到住宅小区或用户外进行调压至用户所需要的压力并送至用户燃气具前，也可从瓶组气化站直接降压至用户所需压力而输往用户燃气具前，工艺流程如图3-2所示。

（5）液化天然气气化后向城镇管网供应的天然气应进行加臭，加臭量应符合《城镇燃气设计规范》GB 50028现行规范的相关规定。

图 3-2 液化天然气瓶组气化站工艺流程

7. LNG 储罐

（1）液化天然气气化站的储罐设计总容积应根据其储存量确定。液化天然气储罐充装量宜控制在储罐有效容积的 20%～90%。

（2）液化天然气储罐、设备的设计温度应按－168℃计算，当采用液氮等低温介质进行置换时，应按置换介质的最低温度计算。

（3）液化天然气储罐和容器本体及附件的材料选择和设计应符合现行国家标准《压力容器［合订本］》GB 150.1～GB 150.4 和《固定式压力容器安全技术监察规程》TSG 21、《移动式压力容器安全技术监察规程》TSG R0005 的规定。如果是执行美国 ASME 标准的储罐，应符合 ASME《锅炉和压力容器规范》第Ⅷ卷的规定。

（4）液化天然气储罐及其拦蓄系统设计中，应充分考虑地震载荷，并进行抗震计算设计。

（5）宜根据土层剪切波速确定场地土的类型和特征周期。

（6）应收集区域地震和地质资料、预期重现率和已知断层和震源区的最大震级、现场位置及其关系、后源影响、地下条件的特点等。

（7）对于金属储罐，在受拉条件下，应力不应超过屈服值。在受压条件下，应力不应超过扭曲极限。

（8）LNG 储罐及其附件的设计应结合动态分析，动态分析包括液体晃动和约束液体的影响。在确定储罐的响应时，应包括储罐的挠性和剪切变形。对于不放在基岩上的储罐，应包括土壤与结构的相互作用。对于采用桩帽支撑的储罐，分析中应考虑桩帽系统的挠性。

（9）LNG 储罐设计中应考虑风荷载和雪荷载。

（10）储罐的外部绝热层应不可燃，应含有或应是一种防潮材料，应不含水，耐消防水冲刷。如果外壳用于保持松散的绝热层，则外壳应采用钢材或混凝土建造。

（11）内罐和外罐之间的绝热层，应与 LNG 和天然气相适应，并为不可燃材料。外罐外部着火时，绝热层不得因熔融、塌陷等而使绝热层的导热性明显变差。承重的底部绝热层的设计和安装，热应力和机械应力产生的开裂，应不危及储罐的整体性。

（12）设计操作压力超过 100kPa 的储罐，应配套装置防止储罐装满液体或储罐内压达到放空装置定压时液体没过放空装置入口。

（13）储罐与工艺设备的支架必须耐火和耐低温。

（14）LNG 储罐应在易靠近的位置加上耐腐蚀铭牌进行标识，铭牌应符合《压力容器安全技术监察规程》中产品铭牌与注册铭牌的规定。

（15）对储罐的所有接口，宜标出其接口功能，在结霜情况下，应能看得见标记。

（16）液化天然气储罐安全阀的设置应符合下列要求：

1）必须选用奥氏体不锈钢弹簧封闭全启式；

2）单罐容积为 100m³ 或 100m³ 以上的储罐应设置 2 个或 2 个以上安全阀；

3）安全阀应设置放散管，其管径不应小于安全阀出口的管径。放散管宜集中放散；

4）安全阀与储罐之间应设置切断阀，优先选用独立的切断阀。

（17）液化天然气储罐应设置放散管和溢流管，溢流管应串联设置双阀（根部阀和操作阀）。

(18) 液化天然气储罐仪表的设置，应符合下列要求：
1) 应设置两个液位计（就地液位表及液位变送器），并应设置液位上、下限报警和连锁装置。子母罐及常压罐应设置两组独立液位计。
2) 应设置压力表，并应在有值班人员的场所设置高压报警显示器，取压点应位于储罐最高液位以上。
(19) 采用真空绝热的储罐，真空层应设置真空表接口。
(20) 液位计和压力表的设置高度应满足运行维护的要求。
(21) LNG站的储罐宜采用立式LNG金属罐（不宜采用卧式）和LNG子母罐。

8. 气化器和加热器

(1) 气化器分为加热、环境和工艺等三类。
(2) 加热气化器是指从燃料的燃烧、电能或废热取热的气化器。又分为整体加热气化器（热源与气化换热器为一体）和远程加热气化器（热源与气化换热器分离，通过中间热媒流体作为传热介质）两种。
(3) 环境气化器是指从天然热源（如大气、海水或地热水）取热的气化器。从大气取热的气化器称为空温式气化器。
(4) 工艺气化器是指从另一个热力或化学过程取热，或储备或利用LNG冷量的气化器。
(5) 气化器的设计压力至少应等于进料LNG泵的最大排出压力或加压储罐系统压力，取两者较大值。
(6) 并联气化器，各气化器进口和出口应有切断阀。
(7) 各气化器出口阀及出口阀上游的管件和安全阀的设计温度应按－168℃计算，当采用液氮等低温介质进行置换时，应按置换介质的最低温度计算。
(8) 环境式气化器、热流媒体为不燃烧体的远程加热式气化器和复热器可设置在储罐区内，设在储罐区的天然气加热器应具备环境式或采用热媒为不燃流体的远程加热气化器的结构条件。与站外建（构）筑物的防火间距应符合现行国家标准《建筑设计防火规范》GB 50016（2018年版）中甲类厂房的规定。气化器的布置应满足操作维修的要求。
(9) 气化器距建筑界限应大于30m，整体式加热气化器距围堰区、导液沟、工艺设备应大于15m；间接加热气化器和环境式气化器可设在按规定容量设计的围堰区内。其他设备间距可参考《石油天然气工程设计防火规范》GB 50183中表5.2.1的有关规定。
(10) 设置在露天（或罩棚下）的瓶组站的气化器安全防火间距应符合表3-6的规定。

气化器与建、构筑物的安全防火间距（m） 表3-6

项目	安全防火间距（m） ≤2
明火、散发火花地点	25
民用建筑	12
重要公共建筑、一类高层民用建筑	24
道路（路边）主要	10
道路（路边）次要	5

(11) 气化器应设置自控设备,防止进入配气系统的 LNG 或气化气体温度,高于或低于输出系统的设计温度。该自控设备应与其他流体控制系统独立,而且应包括紧急情况专用的干线阀。

(12) 安装在 LNG 储罐 15m 内的任何环境气化器或加热气化器,其进液管线上应配备自动紧急切断阀。该阀的位置应离气化器至少 3m。

(13) 远距离加热气化器如果使用了易燃的热媒流体,热媒流体系统的冷管道和热管道上应设置切断阀。这些阀的控制点应离气化器至少 15m。

(14) 液化天然气气化器或其出口管道上必须设置安全阀,安全阀的泄放能力应满足下列要求:

(15) 环境气化器的安全阀泄放能力必须满足在 1.1 倍的设计压力下,泄放量不小于气化器设计额定流量的 1.5 倍。

(16) 加热气化器的安全阀泄放能力必须满足在 1.1 倍的设计压力下,泄放量不小于气化器设计额定流量的 1.1 倍。

(17) 液化天然气气化器和天然气气体加热器的天然气出口应设置测温装置并应与相关阀门连锁;热媒的进口应设置能遥控和就地控制的阀门。

9. 管道系统和组件

(1) 管道材料的选用必须依据管道的使用条件(设计压力、设计温度、流体类别)、经济性、腐蚀性、焊接及加工等性能等。

(2) 管道的规格和性能,包括化学成分、物理和力学特性、制造工艺方法、热处理、检验等应符合国家现行标准的规定。

(3) 管道系统应保证在使用温度,特别是低温下材料的适用性和可靠性。

(4) 对于使用温度低于 $-20℃$ 的管道应采用奥氏体不锈钢无缝钢管,其技术性能应符合现行国家标准《流体输送用不锈钢无缝钢管》GB/T 14976 的规定。

(5) 对于使用温度高于和等于 $-20℃$ 的管道可选用碳素钢、低合金钢、中合金钢和高合金铁素体钢,并应符合现行国家标准《工业金属管道设计规范》GB 50316(2008 版)的规定。

(6) 管道金属材料应有较好的低温韧性,其低温冲击试验要求和方法应符合现行国家标准《工业金属管道设计规范》GB 50316(2008 版)和《金属材料夏比摆锤冲击试验方法》GB/T 229 的规定。

(7) 制造厂已做过冲击试验的材料,但加工后经过热处理时,应进行低温冲击试验。

(8) 管道应根据设计条件进行柔性计算,柔性计算的范围和方法应符合现行国家标准《工业金属管道设计规范》GB 50316(2008 版)的规定。

(9) 管道设计中宜采用自然补偿方式,即利用管道自身的弯曲或扭转产生的变位来达到热胀或冷缩时的自补偿。不宜采用补偿器进行补偿。

(10) 管道系统和组件设计应考虑系统所承受的热循环引起的疲劳影响。应特别注意管道、附件、阀和组件间壁厚变化处。

(11) 液态天然气管道上的两个切断阀之间必须设置安全阀,放散气体宜集中放散。

(12) 液态天然气卸车口的进液管道应设置止回阀。液态天然气卸车软管应采用奥氏体不锈钢金属软管,其设计爆裂压力不应小于系统最高工作压力的 5 倍。

(13) 环境式气化器出口至第一道阀门间的管道建议采用不锈钢管连接，并应考虑环境气温，低温探测点宜靠近气化器出口设置，并与气化器液相来源切断连锁等措施，确保连接管道的安全。

(14) 管道宜采用焊接连接。公称直径不大于50mm的管道与储罐、容器、设备及阀门可采用法兰、螺栓连接；公称直径大于50mm的管道与储罐、容器、设备及阀门连接应采用法兰或焊接连接；法兰连接采用的螺栓、弹性垫片等紧固件应确保连接的紧密度。阀门应能适用于液化天然气介质，液相管道应采用加长阀杆和能在线检修结构的阀门（液化天然气钢瓶自带的阀门除外），连接宜采用焊接。

(15) 气化站内所有的低温管道及天然气压力管道的环形对接焊缝应进行100%的射线拍片检测。所有角焊缝应进行100%液体渗透法检测或磁粉检测。

(16) 所有的管材及其垫片等附属材料，应与装卸的液体和气体一起在整个温度范围内使用。

(17) 加长阀阀帽应用填料密封，安装的位置可防止结冰引起的泄漏或误动作。如果安装在低温管道上的加长阀阀帽向上偏离正垂线超过45°，应证明安装在这样的位置能保证操作。

(18) 应谨慎保证全部螺栓连接的紧密度。应根据需要采用弹性垫片或类似的装置补偿螺栓连接的收缩。

(19) 支撑管道的管架应耐火、耐溢出的冷流体或加以保护。

(20) 管道系统应设置放空短管和扫线头（吹扫接口），以利于置换整个工艺和易燃气体管道。

(21) 管道系统应布置减压安全装置使管道或附件失效的可能性最小。安全阀排放应对向对人员和其他装备危险最小的方向，并宜集中放散。

(22) 在储存、施工、制造、试验和使用的过程中，应保护奥氏体不锈钢，使腐蚀性大气和工业品引起的腐蚀和点蚀减到最小。不应使用对管道或管道组件有腐蚀性的包装材料。如果绝热材料会引起不锈钢腐蚀，应使用缓蚀剂或防水层。

(23) 按照国家现行标准制造、弯曲后的弯管，其外侧减薄处厚度不应小于直管的计算厚度加上腐蚀附加量之和。弯曲后截面不圆度要符合任一横截面上最大外径与最小外径之差不应超过名义外径的8%。

(24) 采用圆弧弯头，其弯曲半径宜大于等于3D。严禁采用斜接弯管。

(25) 直接在主管上开孔与支管连接，其开孔削弱部分可按等面积补强，当支管的公称直径小于或等于50mm时，可不补强。当支管外径大于或等于1/2主管内径时，宜采用标准三通件。

(26) 天然气工艺管道系统宜采用对焊法兰。

10. 其他设备及系统基本要求

(1) LNG、易燃制冷剂和可燃气体工艺设备，应符合下列要求：
1) 室外安装，应便于操作，便于人工灭火和便于疏散事故排放液体和气体。
2) 室内安装，应安装在符合要求的建筑物内。

(2) 低温泵和压缩机的材料，应满足设计温度和压力条件的要求。

(3) 阀门设置应使各泵或压缩机维修时能隔断。如果泵或离心式压缩机并联安装，各排出管线应设置一个止回阀。

（4）泵和压缩机的出口应设置卸压装置以限制压力达到壳体、下游管线和设备的最大安全工作压力，除非壳体、下游管线和设备按泵和压缩机的最大排出压力设计。

（5）各泵应设置排放口、安全阀或两个都设，防止最大速度冷却时泵壳体承压过高。

（6）应设置与储罐安全阀分开的气化和闪蒸气控制系统，以安全排放工艺设备和LNG储罐中产生的蒸气。

（7）如果在任何管道、工艺容器或其他设备内可能形成真空，与真空有关设施的设计，应能承受真空。或应采取措施，防止设备内产生真空造成危害。

（8）撬装设备宜露天设置，在雨雪较多的地区可考虑增加顶棚保护。

（9）电子汽车衡宜设置在LNG站入口处，以便称重计量。

（10）LNG站应设置加臭装置，加臭剂的最小量应达到天然气泄漏到空气中，达到爆炸下限的20%时，应能察觉。

（11）加臭装置应设置控制系统，保证在燃气流量允许的范围内加臭剂浓度的均匀稳定。

（12）LNG站可根据下游管网的用气情况设置接收LNG储罐内自然蒸发气体（BOG）的储罐。储罐的容积按照LNG储罐规模、LNG蒸发量及卸车时回收LNG量等情况来确定。储罐应按照现行国家标准《压力容器［合订本］》GB 150.1~GB 150.4进行设计，本体应设置相应接管和安全防护装置。

（13）当LNG站作为调峰用或备用气源时，应校核与主气源的互换性。设置热值平衡装置时，应科学计算掺混比例，掺混后气体应达到与主气源的互换要求，华白数指数应符合现行国家规范《城镇燃气设计规范》GB 50028的规定。热值仪的取样系统应采取有效措施缩小反应时间。

（14）根据LNG站的规模选择调压装置，并设置计量装置。

11. 仪表和自控

（1）LNG储罐应设置两个液位计（就地液位表及液位变送器），仪表选型时应考虑密度的变化。设计和安装应使其更换不影响储罐操作，并应设置液位上、下限报警和连锁装置。子母罐应设置两组独立液位计。子母罐中应配备两个高液位警报器，可以是液位计的一部分，它们应相互独立。在设置警报时应让作业者有充分的时间来中止液流，避免液位超出最大允许充装高度，且警报器应安装在充装作业者能听见的位置。

（2）LNG储罐应设置压力表，并应在有值班人员的场所设置高压报警显示器，取压点应位于储罐最高液位以上。

（3）LNG储罐应配备高液位溢流切断装置，它们应与全部计量仪器分开设置。

（4）在有真空夹套的设备上，应配备仪器或接口以便检查在环形空间中的绝对压力。

（5）储罐上应配备温度检测装置，以便在储罐投入使用时控制温度，或作为检查和标定液位计的一种辅助手段。

（6）在气化器上应配备温度指示器，监测LNG、气化气及热媒流体的进、出口温度，以确保传热面的效率。

（7）低温容器和设备的加热基础。低温容器和设备的基础，可能受到土地结冰或霜冻的不利影响，应配备温度监测系统。

(8) 应设计液化、储存、和气化设备的仪表，在电力或仪表风的供应发生故障时，能让系统回到并保持在安全的状态，直到操作人员采取适当措施或者重新启动此系统，或者保护系统。

(9) 液化天然气气化站内应设置事故切断系统，事故发生时，应切断或关闭液化天然气或可燃气体来源，还应关闭正在运行可能使事故扩大的设备。

(10) 液化天然气气化站内设置的事故切断系统应具有手动、自动或手动自动同时启动的性能，手动启动器应设置在事故时方便到达的地方，并应与所保护设备的间距不小于15m。手动启动器应具有明显的功能标志。

12. 电气和防雷

(1) 液化天然气气化站的供电系统设计应符合现行国家标准《供配电系统设计规范》GB 50052 中"二级负荷"的规定。

(2) 液化天然气气化站爆炸危险场所的电力装置设计应符合现行国家标准《爆炸危险环境电力装置设计规范》GB 50058 的有关规定。

(3) 液化天然气气化站及瓶组站等具有爆炸危险的建、构筑物的防雷设计，应符合现行国家标准《建筑物防雷设计规范》GB 50057 中"第二类防雷建筑物"的有关规定。

(4) 电气设备和配线的类别和设置应符合现行国家标准《爆炸危险环境电力装置设计规范》GB 50058 中有关处于危险区域中的规定。

(5) 在易燃液体系统和电气配线系统之间，包括工艺仪表的接口，整个阀执行机构、基础的加热线圈，罐装泵及吹风机，应加以密封或隔离以防止易燃液体进入电气设备。

(6) 各种密封、隔离或其他方式应能防止易燃液体沿着配管、串接管和电缆流动。

(7) 在易燃液体系统和电气配管配线之间，应设置主密封。主密封失灵会使易燃液体通向另一部分配管或配线，为防止主密封失灵允许采取辅助密封、隔离或其他手段。

(8) 主密封部位应能承受工作环境的操作条件。辅助密封或隔离及连接应能承受主密封失效时的温度和压力，另有可靠手段能做到这一点者除外。

(9) 装置有辅助密封时，在主密封与辅助密封之间应与大气保持良好地通风。在潜液泵所用的双联一体的主密封体系里，也要做到类似的要求。

(10) 规定的密封应满足现行国家标准《爆炸危险环境电力装置设计规范》GB 50058 中对密封的要求。

(11) 在设置了主密封之后，仍然要设置排液、通风或其他装置，以便检测可燃流体是否存在及是否有泄漏。

(12) 考虑到这些液体或气体的性质及有着火的可能性，电气配管的通风必须要尽可能地减少危害到人员及设备的可能性。

(13) 液化天然气气化站及瓶组站应接地和采取屏蔽措施。静电接地设计应符合现行国家标准《化工企业静电接地设计规程》HGJ 28 现行规范的规定。

(14) 如果在加载和卸载的系统中可能有杂散电流存在或常见外加电流（例如阴极保护），应采取保护措施。

13. 消防和安防系统

(1) 液化天然气站场内的液化天然气的火灾危险性应划为甲A类。

(2) 液化天然气站场爆炸危险区域等级范围，应根据释放物质的相态、温度、密度变化、释放量和障碍等条件按国家现行标准的有关规定确定。

(3) 液化天然气设施应配置防火设施。其防护程度应根据防火工程原理、现场条件、设施内的危险性，结合站界内外相邻设施综合考虑确定。

(4) 消防设施的安全审查至少应包含：

1) 检测和控制明火、LNG、易燃制冷剂、可燃气体泄漏和溢出需要的设备类型、数量和地点。

2) 检测和控制潜在的非工艺和电气着火需要的设备类型、数量和地点。

3) 为保护设备和结构免受暴露明火的影响的必要的方法。

4) 消防水系统。

5) 灭火和其他消防设施。

6) 应纳入事故切断（ESD）系统的设备和工艺分析，包括子系统的分析，以及当火灾时特殊储罐或设备卸压的必要性分析。

7) 需要自动起动事故切断系统或其子系统的传感器的类型和地点。

8) 当事故时厂内人员的个人作用和责任和外部配合人员的作用。

9) 厂内人员个人所需防护设备、专门培训和资格，明确其有关应急责任。

(5) 液化天然气气化站在同一时间内的火灾次数应按一次考虑，其消防水量应按储罐区一次消防用水量确定。

(6) 液化天然气储罐消防用水量应按其储罐固定喷淋装置和水枪用水量之和计算，其设计应符合下列要求：

总容积超过 $50m^3$ 或单罐容积超过 $20m^3$ 的液化天然气储罐或储罐区应设置固定喷淋装置。喷淋装置的供水强度不应小于 $0.15L/(s·m^2)$。着火储罐的保护面积按其全表面积计算，距着火储罐直径（卧式储罐按其直径和长度之和的一半）1.5 倍范围内（范围的计算应以储罐的最外侧为准）的储罐按其表面积的一半计算。

(7) 水枪宜采用带架水枪。水枪用水量不应小于表 3-7 的规定。

水枪用水量　　　　　　　　　　　　　　　表 3-7

总容积（m^3）	≤200	>200
单罐容积（m^3）	≤50	>50
水枪用水量（L/s）	20	30

注：1. 水枪用水量应按本表总容积和单罐容积较大者确定。
2. 总容积小于 $50m^3$ 且单罐容积小于等于 $20m^3$ 的液化天然气储罐或储罐区，可单独设置固定喷淋装置或移动水枪，其消防水量应按水枪用水量计算。

(8) 液化天然气立式储罐固定喷淋装置应在罐体上部和罐顶均匀分布。

(9) 消防水池的容量应按火灾连续时间 6h 计算确定。但总容积小于 $220m^3$ 且单罐容积小于或等于 $50m^3$ 的储罐或储罐区，消防水池的容量应按火灾连续时间 3h 计算确定。当火灾情况下能保证连续向消防水池补水时，其容量可减去火灾连续时间内的补水量。

(10) 液化天然气气化站的消防给水系统中的消防泵房，给水管网和供水压力要求等设计应符合现行国家标准《城镇燃气设计规范》GB 50028 的有关规定。

(11) 液化天然气气化站生产区防护墙内的排水系统应采取防止液化天然气流入下水

道或其他以顶盖密封的沟渠中的措施。

（12）站内具有火灾和爆炸危险的建、构筑物、液化天然气储罐和工艺装置区应设置小型干粉灭火器，其设置数量除应符合表3-8的规定外，还应符合现行国家标准《建筑灭火器配置设计规范》GB 50140的规定。

干粉灭火器的配置数量表 表3-8

场　　所	配置数量
储罐区	按储罐台数，每台储罐设置8kg和35kg，各1具
汽车槽车装卸台（柱、装卸口）	按槽车车位数，每个车位设置8kg，2具
气瓶灌装台	设置8kg，不少于2具
气瓶组（4m³）	设置8kg，不少于2具
工艺装置区	按区域面积，每50m²设置8kg，1具，且每个区域不少于2具

注：8kg和35kg分别指手提式和手推式干粉型灭火器的药剂充装量。

（13）扑救液化天然气储罐区和工艺装置内可燃气体、可燃液体的泄漏火灾，宜采用干粉灭火。子母罐和常压罐通向大气的安全阀出口管应设置固定干粉灭火系统。

（14）严禁用水灭火。在灭火的同时应对未着火的储罐、设备和管道进行隔热、降温保护。

（15）LNG设施应设置事故切断（ESD）系统，当该系统运行时，就会切断或关闭LNG、易燃液体、易燃制冷剂或可燃气体来源并关闭继续运行将加剧或延长事故的设备。

（16）ESD系统应具有失效保护设计，当正常控制系统故障或事故时，失效的可能最小。

（17）ESD系统应能手动、自动或手动自动同时起动。手动起动器应位于事故时能到达的地区，至少离所保护设备15m，并应显著地标出其设计功能。

（18）火灾和气体泄漏检测装置，应按以下原则配置：

1）装置区、罐区以及其他存在潜在危险需要经常观测处，应设火焰探测报警装置。相应配置适量的现场手动报警按钮。

2）装置区、罐区以及其他存在潜在危险需要经常观测处，应设连续检测可燃气体浓度的探测报警装置。

3）装置区、罐区、集液池以及其他存在潜在危险需要经常观测外，应设连续检测液化天然气泄漏的低温检测报警装置。

4）探测器和报警器的信号盘应设置在保护区的控制室或操作室内。

（19）液化天然气气化站应配有移动式高倍数泡沫灭火系统。储罐总容量大于或等于2000m³的场站，集液池应配固定式全淹没高倍数泡沫灭火系统，并应与低温探测报警装置连锁。系统设计应符合现行国家标准《高倍数、中倍数泡沫灭火系统设计规范》GB 50196的有关规定。

（20）驶进场站的汽车应至少配备1台手提干粉灭火器，其容量不能少于8kg。

（21）液化天然气气化站应设计带有监控的安全防护系统（红外、CCTV），以防止未授权人员进入。安全防护的主要场站设施如下：

1) LNG 储罐。
2) 室外工艺设备场地。
3) 工艺或控制设备车间。
4) 地上装卸设施。

(22) 液化天然气气化站的保护围墙附近和有必要保证设施安全的区域，应设计照明。

14. 土建

(1) 液化天然气气化站建、构筑物的防火、防爆和抗震设计，应符合现行国家标准《城镇燃气设计规范》GB 50028 第 8.9 节的有关规定

(2) 设有液化天然气工艺设备的建、构筑物应有良好的通风措施。通风量按房屋全部容积每小时换气次数不应小于 6 次。在蒸发气体比空气重的地方，应在蒸发气体聚集最低部位设置通风口。

(3) 液化天然气气化站内的地基及基础设计应符合现行国家标准《建筑地基基础设计规范》GB 50007 的有关规定。

(4) LNG 储罐、管道和管架及其他低温装置的设计和施工，应能防止这些设施和设备因土壤冻结或霜冻升沉而受到损坏，应采取相应措施，防止形成破坏力。

(5) 对于北方区域的 LNG 站应采取防冰雪坠落保护措施，保护人员和设备免遭堆积在设施高处的冰雪坠落袭击。

(6) 用于建造 LNG 储罐的混凝土，应符合现行国家标准《混凝土结构工程施工质量验收规范》GB 50204 的要求。

(7) 与 LNG 正常或定期接触的混凝土结构，应能承受设计荷载、相应环境荷载和预期温度的影响。

(8) 其他混凝土结构，应研究可能与 LNG 接触时受到的影响。这类结构如果与 LNG 接触会受到损坏，从而产生危险条件或恶化原有危急条件，对其应加以适当保护，尽可能减少与 LNG 接触产生的影响。

(9) 在 LNG 储罐的基础设计和施工前，应由有资质的岩土工程单位进行地下调查，应按照现行国家标准《岩土工程勘察规范》GB 50021 的有关规定，确定场站土层类别和物理性质。对于 LNG 储罐，预冷前后应检查基础的沉降量及垂直度，偏差值应在规范和设计技术文件的许可范围内。

(10) 在设施寿命期，包括施工、静水试验、试运和操作期间，应对 LNG 储罐基础是否发生沉降进行定期监视。对任何超过设计规定的沉降应进行调查并根据需要采取调整措施。

(11) 供装运 LNG、和可燃气体的建构筑物，应为用非承重墙的轻型不燃建筑。

(12) 卸车区、灌装区、瓶组气化站瓶组区地面宜采用不发火材料。其技术要求应符合国家现行规范的规定。

15. 给水排水系统

(1) 站内给水系统应满足生产和生活等用水的用量、压力及卫生等要求。

(2) 液化天然气站生产区防护墙内的排水系统应采取防止液化天然气流入下水道或其他以顶盖密封的沟渠中的措施。

(3) 液化天然气站储罐区应设置集液池人工排水设施。

（4）站内排水管道设计应按照国家现行规范的规定进行，并宜与站外市政排水管网连通。

16. 管道标识

（1）管道应该用有颜色的代码、油漆或标签标识。

（2）可参考现行国家标准《工业管道的基本识别色、识别符号和安全标识》GB 7231的规定结合实际和现有做法进行标识。

（3）LNG储罐外壁着色宜为白色。

3.2 LNG厂站施工技术及管理

1. 一般规定

（1）施工前必须做出详尽的施工方案，并经有关部门审查通过后方可进行施工，对于重要的施工项目，如储罐设备的吊装、设备及工艺管道预冷应做专项施工技术方案。各种设备、仪器、仪表的安装及验收应按设计要求、产品说明书和有关规定进行。

（2）工程施工所用设备、管道组成件等，应符合国家现行有关产品标准和设计技术要求的规定，且必须具有生产厂质量检验部门的产品合格文件。

（3）承担燃气钢质管道、设备焊接的人员，必须具有锅炉压力容器、压力管道特种设备作业人员证、（焊接）焊工作业证书，且在证书的有效期内，达到相应的作业级别及从事焊接工作。

（4）工程施工必须按设计文件进行，如发现施工图有误或燃气设施的设置不能满足现行国家标准时，不得自行更改，应及时向建设单位和设计单位提出变更设计要求。修改设计或材料代用应经设计部门同意。

（5）在入库和进入施工现场安装前，应对管道组成件进行检查，其材质、规格、型号应符合设计文件及合同的规定，并应按现行的国家产品标准进行外观检查；对外观质量有异议、设计文件或规范要求时应进行有关质量检验，不合格者不得使用。

（6）压力容器的安装应符合国家相关监察规程和技术标准的规定，应按照程序进行安装告知申请，并由法定单位进行安装监检。安全阀、检测仪表应按有关规定单独进行检定。阀门等设备、附件压力级别应符合设计要求。

（7）工艺管道、设备基础、设备安装的施工及验收应按国家各现行标准执行。

（8）消防、电气、供暖与卫生、通风与空调等配套工程的施工与验收应符合国家有关标准的要求。

（9）参与工程项目的各方在施工过程中，应遵守国家和地方有关安全、文明施工、劳动保护、防火、防爆、环境保护和文物保护等有关方面的规定。

2. 施工前准备工作

1）施工图纸会审后至场站投入运行前，应在规划、建设、消防、安全生产、环保、气象、质量技术监督等部门办理相关报建（报审）、报验手续。由于工程建设规模和当地的政府部门要求不同，所涉及的相关部门有所增减。

2）一般的报建（报审）、报验程序可参照表3-9的内容。

第3章 LNG站设计及施工管理

场站报建（报审）、报验程序　　　　　　　　　表 3-9

部门	报建（报审）、报验内容
规划	1. 开工前办理建设工程规划许可手续。 2. 工程完工后办理规划验收手续
建设	1. 初步设计和施工图设计后，应报当地审图中心进行图纸审查； 2. 办理建设工程安全生产监督注册和施工许可； 3. 施工过程中质量安全监督部门现场监检； 4. 通过消防、气象、质检等部门单项验收合格后，建设单位向建设主管部门提出总体验收申请，建设主管部门召集规划、消防、质检、环保等部门进行竣工验收； 5. 验收合格后，建设单位向建设主管部门申请备案
消防	1. 消防工程设计图报当地消防部门审查，由消防部门出具图纸审查意见； 2. 工程完工后，消防部门对消防系统进行验收，并出具消防验收报告
环保	1. 办理《环境影响评价报告》，经当地环保部门审批后取得《建设项目环境影响批准证》，方可开工建设； 2. 建设项目竣工后，经环保部门验收合格，在当地《建设项目环境保护管理册》签署同意投产批复
安监局	1. 建设单位必须严格按照国家安全生产、职业健康相关法律法规，技术规范及《安全预评价报告》中的安全对策设计施工； 2. 建设项目竣工后，经安监局验收合格投产运行
质检局	1. 首先应办理特种设备的安装告知； 2. 检验机构进行现场施工监检； 3. 设备及管道安装完成后，经检验机构检验合格后出具压力设备或压力管道安全检验报告书
气象	1. 若气象部门有要求，工程设计相关图纸应报当地气象部门审查，由当地气象部门出具审查意见； 2. 防雷、静电接地系统完成后，经气象部门检测合格后出具防雷检测报告书
档案	工程竣工验收合格后，应对工程资料进行归档，如当地档案管理部门有要求的，应按其要求存档

3. 监理、施工及采购招标

（1）一般要求

1）根据当地有关部门的规定和各公司的具体情况可采用公开招标或邀请招标方式。由于LNG站工程建设专业性强、产品种类多的特点，推荐采用邀请招标的方式。

2）招标前应对投标人资格预审，符合要求的投标人方可参与竞标。

3）评标应重视技术评审的重要性，技术、质量、服务等方面评审应作为重点。

4）中标的监理、施工单位应到当地建设主管部门办理备案手续。

（2）工程监理招标

1）投标人资质等级应符合有关要求。

2）投标人在近3年内宜有同等或类似工程监理的业绩。

3）监理机构的监理人员应包括总监理工程师、专业监理工程师和监理员。可根据监理合同规定的服务内容、服务期限、工程类别、场站规模、技术复杂程度、工程环境等因素确定监理成员。总监理工程师应具有3年以上同类工程监理工作经验的人员担任；专业监理工程师应具有1年以上同类工程监理工作经验的人员担任。必要时可配备总监理工程师代表。

4）项目监理人员应专业配套、数量满足工程项目监理工作的需要。

5）当总监理工程师需要调整时，监理单位应征得建设单位同意并书面通知建设单位；当专业监理工程师需要调整时，总监理工程师应书面通知建设单位。

（3）工程施工招标

1）投标人资质等级应符合有关要求。

2）投标人在近3年内宜有同等或类似工程施工的业绩。

3）委派的项目经理具有同等或类似工程业绩。当项目经理需要调整时，施工单位应征得建设单位同意并书面通知建设单位。

（4）设备招标

1）低温储罐、气化器、低温阀门、低温泵、调压设备等设备的招标应符合国家及当地的招投标规定，并符合企业内部要求。

2）投标人的生产（代理）许可证、经营范围、注册资金、银行资信等，不符合要求的不应参与竞标。

3）投标人的产品质量、业绩、客户反馈信息、售后服务等方面是评标的重要因素。

（5）施工组织设计应符合下列要求

1）施工组织设计是施工单位在开工前编制用于施工的组织和管理方案，其内容应包括：工程概况，施工部署，施工准备，主要施工方法，施工进度计划，施工机械需用计划，劳动力计划，临建设施规划，技术管理措施，质量保证措施，工期保证措施，健康安全环保（HSE）方案，物资供应及保证措施，特殊气候环境施工技术措施，工程保修及服务承诺等。

2）监理单位（建设单位）应在开工前对施工组织设计审查，通过后施工单位依据施工组织设计进行施工，监理单位（建设单位）做好施工监督和管理工作。

（6）监理规划及监理实施细则应符合下列要求

1）监理规划应根据项目的实际情况明确监理机构的工作目标，确定具体的监理工作制度、程序、方法和措施，并应具有可操作性。

2）编制监理规划应依据：建设工程的相关法律、法规及项目审批文件；与项目有关的标准、设计文件、技术资料；监理大纲、委托监理合同文件等。

3）监理规划应包括的主要内容有：工作范围、内容、目标、依据、项目监理机构的组织形式、人员配备计划、岗位职责、工作程序、方法措施、制度和设施等。

4）对中型及以上LNG站项目应编制监理实施细则，监理实施细则应符合监理规划的要求。

5）监理实施细则应包括的主要内容有：工程特点、工作流程、控制要点及目标值、工作的方法及措施。

6）设计交底、图纸会审与技术交底。

（7）设计交底

1）设计单位应在工程开工前，向建设单位、监理单位进行设计交底，设计交底前，施工单位、监理单位及有关部门，尤其是施工单位应熟悉设计文件，对设计文件中存在的问题和疑问做好记录，在设计交底时向设计单位提出，由设计单位解答。

2）设计交底的要点

① 设计单位对施工图全面交底，说明设计意图，解释设计文件。

② 施工单位的质疑问题。

③ 各有关单位就其职责及图纸存在的问题。

3) 设计交底由建设单位组织，交底记录由各单位主管负责人会签后存档。

(8) 图纸会审

1) 设计交底后应组织建设、设计、监理、施工等单位进行图纸会审，图纸会审会议由建设或监理主持，主持单位应做好会议记录及参加人员签字。

2) 会审时，施工、监理单位及有关部门应针对发现的问题或对图纸的优化建议汇报给会审人员讨论。

3) 各单位提出的问题或优化建议在会审会议上必须经过讨论作出明确结论；对需要再次讨论的问题，在会审记录上明确最终答复日期。

4) 图纸会审记录应由监理负责整理并分发各个相关单位执行、归档。

(9) 技术交底

1) 施工前，监理单位宜组织由编制该工程技术的人员向其单位项目操作和管理人员阐明工程概况、特点、设计意图、采用的施工方法和技术措施，并应邀请业主和监理单位应参加。

2) 技术交底应包括施工组织设计交底、新工艺新技术交底、分项工程施工技术交底等。

3) 技术交底应明确项目技术负责人、管理人员、操作人员等的责任。

4. "三通一平"

(1) "三通一平"是基本建设项目开工的前提条件，一般由建设单位协调完成，具体指：通水、通电、通路和平整场地。

(2) 通水一般指场站供水。

1) 根据设计供水量和供水压力要求，向自来水公司申请开户并办理供水手续。

2) 采用打井或从河流、湖泊取水的，一般应得到有关部门的许可。若为生活用水应进行水质化验，符合标准后方可饮用。

(3) 通电一般分为施工临时用电和生产用电两部分。

1) 由于工程建设的紧迫性，必要时应到供电公司办理临时用电手续。其供电能力应与施工用电的负荷相适应。

2) 根据设计供电量的要求到供电公司办理用电手续。

3) 供电工程安装完成后，一般由电力部门组织验收，合格后方可通电。为了不影响正常用电，可以将配电设备安装委托给专业电力安装公司。

4) 若有备用发电设备，应避免自备电力进入市政电网。

(4) 通路指开通场站与市政道路的连接道路，分为临时性道路和永久性道路。

1) 临时性道路应满足施工期间车辆通行要求，在制定临时性道路施工方案时应考虑大型设备如LNG储罐超长、超宽、超重等因素对道路宽度、转弯半径、承载能力等技术要求。

2) 永久性道路应符合城镇道路规划的要求。

3) 进场道路与市政道路接驳开口时应获得有关部门的许可。

(5) 平整场地指拟建建筑物及条件现场基本平整,无需机械平整,人工简单平整即可进入施工的状态。

1) 平整条件:地面附属物如房屋、构筑物等办理了拆迁手续后已拆除;农田、池塘补偿后,完成清淤回填工作;山坡、丘陵土地根据设计要求进行了挖填方处理。

2) 平整后的场地应符合规划设计标高的要求。

3) 平整场地时应分层碾压,其密实度检测结果应符合设计要求。

5. 设备、材料采购

(1) 采购特点

1) 设备、材料类型和规格多,涉及化工、电气、仪表、建筑、给水排水、暖通等多个系统。

2) 单个产品采购数量较少。

3) 个别重要设备如,低温储罐、进口阀门、仪表、低温泵等的采购周期较长,为了不影响工程计划的实施,应提前进行采购。

(2) 采购原则

1) 小型站宜采用集成化设备或撬装式设备。

2) 主要设备和关键设备如,储罐、低温阀门、气化器、电缆、仪表、低温泵等宜由建设单位采购。

3) 建筑材料如水泥、沙子、钢材等可委托施工单位采购。

4) 建设单位和监理应监督检查施工单位采购的材料和设备的质量及性能,不合格的设备和材料不得进行施工。

(3) 建设单位采购的设备

1) 设备、材料可按各公司物料采购程序执行。

2) 工艺设备材料的质量和技术参数应符合设计文件的要求。集成化或撬装等设备应对撬内的主要设备的质量和技术参数提出具体要求。

6. 现场施工

(1) 土建工程

1) 一般要求

① 施工单位应依据国家现行的关于土建施工方面的法律、法规、技术规范、设计图纸及技术合同编制科学合理的施工组织设计,并经建设单位和监理单位审批同意后方可组织施工。

② 建设单位应向施工单位提供总专业图、基础平面图、竖向设计图、办公楼图纸等相关设计蓝图。

③ 建设单位应向施工单位提供施工现场的自然条件和地质勘察报告。

④ 任何材料包括来自指定产地的材料,进场前必须进行验证试验,验证试验可由承包人工地试验室承担,或委托其他有资质的单位承担。验证试验结果合格后方可组织采集或进场。

⑤ LNG储罐主体混凝土除进行强度试验外,并按设计图纸要求,还应进行抗冻、抗渗试验。

2) 工程测量

① 工程测量可委托当地勘察院进行。如根据勘察院提供的平面坐标、高程坐标成果进行工程测量应由勘察院进行复核。

② LNG储罐、气化器等生产设备基础、办公楼、厂房等建筑物的控制测量应符合现行国家标准《工程测量规范》GB 50026的规定。

3）工程放线

① LNG站的土建工程施工放线，应具备下列资料：

A. 总平面图；

B. 建筑物的设计与说明；

C. 建筑物、构筑物的轴线平面图；

D. 建筑物的基础平面图；

E. 设备的基础图；

F. 土方的开挖图；

G. 建筑物的结构图；

H. 管网图。

② 施工单位应按照勘察院的测量成果，按照现行国家标准《工程测量规范》GB 50026相关技术要求将LNG储罐、气化器等生产设备基础、办公楼、厂房等建筑物进行工程放线。

③ 坐标及标高成果取值，均应精确至1cm。

4）土方开挖与回填

① 土方工程施工前应进行挖、填方的平衡计算，综合考虑土方运距最短、运程合理和各个工程项目的合理施工程序等，做好土方平衡调配，减少重复挖运。土方平衡调配应尽可能与城市规划和农田水利相结合将余土一次性运到指定弃土场，做到文明施工。

② 当土方工程挖方较深时，施工单位应采取措施，防止基坑底部土的隆起并避免危害周边环境。措施应经监理单位审批。

③ 在挖方前，应做好地面排水和降低地下水位工作。

④ 平整场地的表面坡度应符合设计要求，如设计无要求时，排水沟方向的坡度不应小于2‰。平整后的场地表面应逐点检查。检查点为每100~400m²取1点，但不应少于10点；长度、宽度和边坡均为每20m取1点，每边不应少于1点。

⑤ 土方工程施工，应经常测量和校核其平面位置、水平标高和边坡坡度。平面控制桩和水准控制点应采取可靠的保护措施。定期复制和检查。土方不应堆在基坑边缘。

⑥ 土方开挖工程的质量检验标准应符合现行国家标准《建筑地基基础工程施工质量验收标准》GB 50202的规定。

⑦ 土方回填前应清除基底的垃圾、树根等杂物，抽除坑穴积水、淤泥，验收基底标高。如在耕植土或松土上填方，应在基底压实后再进行。

⑧ 填方施工过程中应检查排水措施，填筑厚度及压实遍数应根据土质、压实系数及所用机具确定。

⑨ 填方施工结束后，应按照现行国家标准《建筑地基基础工程施工质量验收标准》GB 50202检查标高、边坡坡度、压实程度等。

⑩ 基槽等开挖后应组织相关单位进行验槽。

⑪ 土方开挖结束后，应安排普探人员按照国家规范进行普探和问题坑处理，并绘制普探平面布置图。

5) 地基基础工程施工

① LNG 储罐、气化器等生产设备基础、办公楼、厂房等建筑物的地基基础施工应具备下述资料

A. 岩土工程勘察资料

B. 邻近建筑物和地下设施类型、分布及结构质量情况

C. 工程设计图纸、设计要求及需达到的标准、检验手段

② 砂、石子、水泥、钢材、石灰、粉煤灰等原材料的质量、检验项目、批量和检验方法，应符合现行国家标准的规定。

③ 地基施工结束，宜在一个间歇期后，进行质量验收，间歇期由设计确定。

④ 地基加固工程，应在正式施工前进行试验段施工。

⑤ 对灰土地基、砂和砂石地基、土工合成材料地基、粉煤灰地基、强夯地基、注浆地基、预压地基，其竣工后的结果（地基强度或承载力）必须达到设计要求的标准。检验数量，每单位工程不应少于 3 点，1000m^2 以上工程，每 100m^2 至少应有 1 点，3000m^2 以上工程，每 300m^2 至少应有 1 点。每一独立基础下至少应有 1 点，基槽每 20m 应有 1 点。

⑥ 对水泥土搅拌桩复合地基、高压喷射注浆桩复合地基、砂桩地基、振冲桩复合地基、土和灰土挤密桩复合地基、水泥粉煤灰碎石桩复合地基及夯实水泥土桩复合地基，其承载力检验，数量为总数的 0.5%～1%，但不应小于 3 处（比例不好控制）。有单桩强度检验要求时，数量为总数的 0.5%～1%，但不应少于 3 根。

6) 混凝土结构工程

① 模板及其支架应根据工程结构形式、荷载大小、地基土类别、施工设备和材料供应等条件进行设计。模板及其支架应具有足够的承载能力、刚度和稳定性，能可靠地承受浇筑混凝土的重量、侧压力以及施工荷载。

② 在浇筑混凝土之前，应对模板工程进行验收。

③ 模板及其支架拆除的顺序及安全措施应按施工技术方案执行。

④ 模板安装应满足现行国家标准《混凝土结构工程施工质量验收规范》GB 50204 的相关规定。

⑤ 固定在模板上的预埋件、预留孔和预留洞均不得遗漏，且应安装牢固，其偏差应符合现行国家标准《混凝土结构工程施工质量验收规范》GB 50204 的相关规定。

⑥ 钢筋进场时，应按现行国家标准《钢筋混凝土用钢 第 1 部分：热轧光圆钢筋》GB/T 1499.1、《钢筋混凝土用钢 第 2 部分：热轧带肋钢筋》GB/T 1499.2、《钢筋混凝土用钢 第 3 部分：钢筋焊接网》GB/T 1499.3 等的规定抽取试件作力学性能检验，其质量必须符合有关标准的规定。

⑦ 钢筋应平直、无损伤、表面不得有裂纹、油污、颗粒状或片状老锈。

⑧ 受力钢筋的弯钩和弯折应符合现行国家标准《混凝土结构工程施工质量验收规范》GB 50204 的相关规定。

⑨ LNG 储罐混凝土强度，应执行现行国家标准《混凝土强度检验评定标准》GB/T 50107 的相关规定。

⑩ 施工单位应按现行国家标准《混凝土结构工程施工质量验收规范》GB 50204 的相关规定制作混凝土试件，并委托专业检测机构检验根据设计技术要求评定混凝土的强度、抗冻及抗渗等性能参数。

⑪ 混凝土运输、浇筑及间歇的全部时间不应超过混凝土的初凝时间。同一施工段的混凝土应连续浇筑，并应在底层混凝土初凝之前将上一层混凝土浇筑完毕。当底层混凝土初凝后浇筑上一层混凝土时，应按施工技术方案中对施工缝的要求进行处理。

⑫ 混凝土设备基础现浇结构不应有影响结构性能和使用功能的尺寸偏差。不应有影响结构性能和设备安装的尺寸偏差。

⑬ 现浇结构和混凝土设备基础拆模后的尺寸偏差应按现行国家标准《混凝土结构工程施工质量验收规范》GB 50204 的相关规定。

7. 设备安装

1) 单体低温压力储罐安装

① 施工准备

A. 施工单位应根据设计施工图和设备供应商的安装技术要求，提供设备吊装方案，做好施工人员、机具、量具、用料及消耗材料的准备工作。

B. 立式储罐基础制作时，设备地脚螺栓应采用一次浇筑混凝土的方法安装，其定位模板应由设备供应商提供，设备吊装前供应商应派技术人员对基础进行复核。

② 设备吊装前必须办理基础中间交验手续，同时提供下列资料：

A. 施工质量合格证及中心、标高、外形尺寸实测记录。

B. 基础沉降观测点位置及沉降观测记录，进行外观检查，并应满足下列要求：基础施工完毕后，由建设单位、监理、施工单位共同对基础的外观及几何尺寸进行检查，检查基础的表面是否有空洞、蜂窝，检查基础表面的标高和水平度，地脚螺栓的伸出长度、垂直度、中心距，外露螺纹是否有损坏、锈蚀以及保护措施等。特别是设备滑动基础上（如卧罐）表面的标高及水平度应符合技术要求。

③ 设备到货检验

A. 设备到货后，由建设单位、监理、施工单位有关人员共同进行到货检验。

B. 主要检查设备的有关技术文件和资料，如产品合格证、产品质量证明书、制造竣工图，压力容器制造监检报告等。

C. 设备外观是否有撞伤、划痕、严重锈蚀，法兰面上是否有影响密封的损伤。

D. 设备的根部阀应处于关闭状态，并挂"勿开启"的标志牌。

④ 设备吊装应符合国家有关机械设备吊装的规定，具体参照附件"LNG 储罐的吊装方案"。

⑤ 设备安装流程

A. 将固定端基础铲出麻面，放置垫铁，垫铁的高度要保证设备的安装标高，垫铁层数要符合规范要求。

B. 将设备吊装就位后，利用垫铁调整设备的标高、水平度、垂直度。

C. 设备找正后，点焊垫铁组，做好垫铁隐蔽工程记录。

D. 经建设单位、监理检查合格后进行灌浆抹面。

⑥ 设备的安装还应注意以下事项：

A. 设备支座底标高以基础平面坐标为基准。
B. 设备中心线和管口方位应以基础平面坐标和中心线为基准。
C. 立式设备的垂直度应以设备表面上0°、90°、180°、270°的母线为基准。
D. 卧式设备的水平度应以设备两侧的中心线为基准。
E. 设备安装找正、找平的允许偏差见表3-10。

设备安装找正、找平的允许偏差　　　　表3-10

检查项目	允许偏差（mm）	
	立式	卧式
中心线位置	$D \leqslant 2000$ 时，±5 $D > 2000$ 时，±10	±5
标　高	±5	±5
铅垂度	$\leqslant h/1000$，且不超过50	—
方位	沿底座环周围测量：$D \leqslant 2000$ 时，$\leqslant 10$；$D > 2000$ 时，$\leqslant 15$	—

注：D—设备外径；L—卧式设备两支座间距；h—立式设备两端部测量点间距。

⑦ 储罐安装就位后的检查及修复项目

A. 储罐的防腐层是否有破裂、脱落现象。若有应及时除锈及补救。
B. 储罐外表面有无裂纹，变形等现象，特别要注意检查在罐体安装焊接过程中，存在焊接返修部位是否有异常现象。
C. 储罐的接管焊缝、受压组件有无泄漏。
D. 紧固螺栓是否完好，有无松动现象。基础有无下沉、倾斜异常现象。
E. 静电接地线是否完好，有无腐蚀、断裂。
F. 储罐基础是否完好，有无异常情况。

2）低温泵安装

① 安装低温泵时，泵的零部件必须用溶剂洗涤干净，干燥后再进行装配，严禁沾上水和油脂。

② 低温泵本身和泵的吸入管线均须有保冷措施，以防在运行中从外界吸入热量使液体汽化，影响泵的吸入功能。

③ 低温泵及其装置在投入运行前需清洗干净，然后用干燥的氮气等进行清扫，除去泵内的水分和空气，并进行预冷。

④ 低温泵的吸入口和吸入管路应有排气装置，使泵在运行前或运行中能及时排除逐渐积存的气体，保证低温泵可靠地工作。

3）气化器的安装

① 气化器应考虑与储罐吊装同时，在吊装时应防止翅片变形。对于大型气化器应采用两台吊车吊装。

② 为了保证运输和吊装时气化器不被损坏的保护钢架在气化器安装后应拆除，防止保护钢架在运行时由于温差应力造成气化器变形。

③ 气化器安装就位、找正时，应进行水平度和垂直度测量。

④ 气化器内管道接口较多，材料抗拉强度低，在运输和安装容易发生焊口裂纹，安

装完成后,应进行独立设备的气密性试验。

8. 管道系统安装

(1) 一般要求

1) 管道安装应具备下列条件:

① 与管道有关的土建工程已检验合格,满足安装要求,并已办理交接手续。

② 与管道连接的设备已找正合格,固定完毕。

③ 管道组成件及管道支承件等具有制造厂的质量证明书,其质量不得低于国家现行标准的规定,并已检验合格。

④ 管子、管件、阀门等,内部已清理,无杂物。

2) 合金钢管道(不锈钢管道)组成件应采用光谱分析或其他方法对材质进行复查,并应做标记。合金钢阀门的内件材质应进行抽查,每批次(同制造厂、同规格、同型号、同时到货)抽查数量不得少于1个。

3) 法兰、焊缝及其他连接件的设置应便于检修,并不得紧贴墙壁、楼板或管架。

4) 管道穿越道路、墙或构筑物时,应加套管或砌筑涵洞保护。

5) 埋地管道试压防腐后,应及时回填,分层夯实,并填写"隐蔽工程(封闭)记录",办理隐蔽工程验收。

(2) 管道组对

1) 施工单位进行管道组对时,应清除管内的所有杂物。

2) 焊接管道、管件组对时,应检查坡口的质量,坡口表面不得有裂纹、夹层等缺陷。并应对坡口及其两侧 10mm 内的油、漆、锈、毛刺污物进行清理,清理合格后应及时施焊。

3) 焊接管道、管件组对时,内壁应平齐,内壁错边量不宜超过管壁厚度的 10%,且不应大于 2mm。

4) 除焊接及成型管件外的其他管子对接焊缝的中心到管子弯曲起点的距离不应小于管子外径,且不应小于 100mm,管子对接焊缝与支、吊架之间的距离不应小于 50mm。同一直管段上两对接焊缝中心面间的距离:当公称直径大于或等于 150mm 时不应小于 150mm;公称直径小于 150mm 时不应小于管子外径。不宜在管道焊缝及其边缘上开孔。

5) 施工单位要确保焊接管道的坡口是适合焊接工艺评定中的焊接坡口要求。

6) 在组对时,可能要用手锤敲击管道以作微调,施工单位要确保手锤的物料不会对管道造成破坏或凹陷。不锈钢管道安装时,不得用铁质工具敲击。

7) 应利用合适的工具作组对调教,例如,管夹、对口器等。

8) 为防止焊接管道焊缝出现裂纹及减少内应力,管道不得采用强行组对。

(3) 管道连接(焊接)

1) 不锈钢管材及管件应采用氩弧焊焊接形式,碳钢管材及管件采用手工电弧焊或氩弧焊焊接形式。

2) 当焊件表面潮湿、覆盖有冰雪,或在下雨、下雪刮风期间,焊工及焊件无保护措施时,不应进行焊接。

3) 焊接的程序必须按经审定合格的焊接工艺评定进行。

4) 施工单位必须配备足够的后备资源及机械设备,以确保不会因机械故障、资源或人手不足而停工。

5) 建设单位和监理单位有权对任何一个已焊接的焊口进行破坏性测试，如测试合格，有关测试及修复费用建设单位方负责，否则应由施工单位负责。

6) 管道焊接所采用的焊材应根据设计要求及焊接工艺情况确定。

7) 根据焊材特性，制定相应的焊条烘干及保管制度。

8) 焊条应无破损，药皮无裂纹，脱落，锈蚀弯折，油漆等。干燥度应满足工艺规程的要求，施焊时焊条应放入保温筒内，随用随取。

9) 对含铬量大于或等于3%或合金元素总含量大于5%的焊件，氩弧焊打底焊接时，焊缝内侧应充氩气或其他保护气体，或采取其他防止内侧焊缝金属被氧化的措施。

10) 配制一定数量的焊接防护棚，其大小应能保证焊工所需作业空间；施焊前应用石棉布包裹焊口两侧300～500mm的范围，以免飞溅烫伤防腐层。

11) 施焊时严禁在坡口以外管材表面引弧，焊道焊完后，尽快进行热焊道焊接。间隔时间不宜超过5min，更换焊条要迅速，应在熔池未冷却前继续进行焊接。

12) 焊条接头点应略加打磨，相邻两层焊缝接头点应错开20mm以上。

13) 每日收工前将管线端部管口临时封堵好，防止异物进入。

14) 在未完全完成该个焊口的焊接时，不能以任何方式搬动该焊口相连的两根管以致该焊口承受压力。

15) 法兰连接时，应检查法兰密封面及密封垫片，不得有影响密封性能的划痕、斑点等缺陷，法兰应与管道同心，并应保证螺栓自由穿入。连接螺栓使用同一规格，安装方向应一致。

16) 螺纹接头密封材料宜选用聚四氟乙烯带。拧紧螺纹时，不得将密封材料挤入管内。

17) 不锈钢管道上不应焊接临时支撑物。

18) 管道上仪表取源部件的开孔和焊接应在管道安装前进行。

(4) 管道焊接后焊缝检查

1) 焊缝应在焊完后立即去除渣皮、飞溅物，清理干净焊缝表面，然后进行焊缝外观检查。

2) 焊缝质量应按现行国家标准《现场设备、工业管道焊接工程施工规范》GB 50236的有关规定执行。

3) 焊缝的无损探伤应符合下列规定：

① 焊缝无损探伤应按现行国家标准《承压设备无损检测[合订本]》NB/T 47013.1～47013.13的有关规定执行。

② 所有工艺管道对接焊缝应进行100%X射线探伤，必要时可采用超声波探伤对焊缝进行复核；角接焊缝应进行100%渗透探伤或磁粉探伤检查。

(5) 阀门安装

1) 试压检验

① 由施工单位准备需要检查的阀门清单，检查清单上的阀门均需符合设计单位所定的编号，如果阀门被证实尚没有编号，则由施工单位自定方便识别的编号，建设及其委派单位有权要求施工单位检验任何站内的阀门。

② 阀门安装前应按其产品标准要求单独进行强度和严密性试验，经试验合格的阀门、附件应做好标记，并应填写试验记录。

③ 试验使用的压力表必须经校验合格，且在有效期内，量程宜为试验压力的 1.5～2.0 倍，阀门试验用压力表的精度等级不得低于 1.5 级。

④ 安全阀必须经法定检验部门检验并铅封。

2) 阀门安装

① 要求有流向的阀门在安装前，应按设计要求核对型号，并严格依照图纸中的介质流向确定其安装方向。

② 所有重新安装的阀门必须更换全新的指定型号垫片。

③ 调压阀安装前应经试压，调试合格，安装时阀体上箭头方向和介质流向应一致。调压阀安装时应用临时盲板垫片，待试压吹扫结束后换正式垫片。

④ 低温承插焊接阀门应抽出阀芯在焊接，防止高温损伤阀门密封面。

(6) 管道安装检查

① 与管道安装有关的构筑物、构架、穿墙洞等均需进行检查，确保稳固及符合管道安装要求。

② 与管道连接的工艺设备已安装合格，并已固定。

③ 管道、管件内部是否有锈蚀及堵塞，清理、修复及更换残旧的部分。

④ 管道组成件（如阀门、法兰）及支撑件是否已稳固安装。

⑤ 管道应使用正式支、吊架，且不应使其重量作用于转动设备和机械上，不得强力对口或以改变垫片厚度来补偿安装误差，安装工作如中断，应及时用专用堵头封闭敞开的管口和阀门。

⑥ 法兰连接应与管道同心，并应保证螺栓可自由穿入，法兰螺栓孔应跨中安装。法兰面应保持平行，不得用强紧螺栓的方法消除歪斜。法兰连接应按设计要求使用统一规格的螺栓，安装方向应一致。

⑦ 穿墙管道应加套管，管道焊缝不得留在套管内。

⑧ 不锈钢管道与支架之间应垫入不锈钢或相应的非金属垫片。

⑨ 管道与转动机械（压缩机、泵等）连接前应将管内清理干净，并加临时盲板，以免脏物进入，待试压吹扫完后再更换正式垫片。

⑩ 管道宜从转动机械一侧开始安装相应的管支架，以避免设备承受设计以外的附加载荷。

⑪ 与转动机械连接的管道及其支、吊架安装完毕后，接管上的法兰螺栓在自由状态下应能顺利通过螺栓孔。

⑫ 管道安装的坐标、标高、水平度及垂直度允许偏差应符合有关管道安装规范要求。

⑬ 与转动机械连接的管道，在连接前应自由状态下检查法兰的平行度和同轴度，其允许偏差应符合有关管道安装规范要求。

⑭ 不锈钢管道法兰用的非金属垫片，其氯离子含量不得超过 50ppm。

⑮ 不锈钢管道与支架之间应垫入不锈钢或非金属隔热垫（氯离子含量不得超过 50ppm）。

(7) 管道吹扫

1）吹扫介质宜采用压缩空气或氮气，严禁采用氧气和可燃性气体。
2）吹扫的管道安装工程除补口、涂漆、预（保）冷外，已按设计图纸全部完成。
3）应由施工单位负责组织吹扫工作，对工艺管道应在吹扫前编制吹扫方案。
4）吹扫管道应与无关系统采取隔离措施，工艺管道与已运行的燃气系统之间必须加装盲板且有明显标志。
5）应按主管、支管的顺序进行吹扫，吹扫出的脏物不得进入已合格的管道。储罐、气化器、调压器、过滤器、流量表等应不参与吹扫，防止脏物进入设备内。
6）吹扫口应设在开阔的安全区域，采取正向和反向吹扫，吹扫出口前严禁站人。
7）吹扫压力不应大于 0.3MPa，吹扫气体流速不宜小于 20m/s。
8）当目测排气无烟尘时，应在排气口设置白布或涂白漆木靶板检验，5min 内靶上无铁锈、尘土等其他杂物为合格。

(8) 管道强度试验
1）强度试验应符合现行国家标准和设计的要求。
2）试压用压力表应在校验有效期内，其量程应为试验压力的 1.5～2 倍，精度等级不低于 1.5 级，每个试压系统压力表不少于 2 个，并应分别安装在试验管道的两端。
3）管道试压前应将待试管道与无关系统以盲板彻底隔离，关闭仪表的隔离阀，拆除安全阀、仪表，隔离有关设备、设置高点放空和低点排凝阀门。
4）采用分段强度试验的方式，试验长度不宜过长。
5）燃气管道的设计压力大于 0.8MPa 时应以水为试验介质，小于等于 0.8MPa 的应以空气为试验介质，其他管道应以液体为试验介质。如其他管道的设计压力小于等于 0.6MPa 的也可采用气体为试验介质，但应采取有效的安全措施。对奥氏体不锈钢管道以水为试验介质的，水中氯离子含量不得超过 25ppm。
6）压力试验完毕，不得在管道上进行修补。
7）试验时，环境温度不宜低于 5℃，当环境温度低于 5℃时，应采用防冻措施。
8）燃气管道的试验压力应为设计压力的 1.5 倍，且不低于 0.4MPa。
9）消防水管设计压力等于或小于 1.0MPa，试验压力应为设计压力的 1.5 倍，并不应低于 1.4MPa；当设计压力大于 1.0MPa 时，试验压力为工作压力加 0.4MPa。其他管线如果以水为试验介质的，试验压力为设计压力的 1.5 倍，且不低于 0.4MPa；如果以气体为试验介质的，试验压力为设计压力的 1.15 倍。
10）强度试验当压力升至试验压力的 50%时，应停止升压，进行初检，如无异常情况继续升压至强度试验压力。在达到试验压力后，稳压 1h，观察压力计不应少于 30min，无压力降，无渗漏为合格。如以气体为试验介质的，试验前必须用气体进行预试验，试验压力宜为 0.2MPa，预试验合格后，应逐步缓慢增加压力，当压力升至试验压力的 50%时，如未发现异状或泄漏，继续按试验压力的 10%逐级升压，每级稳压 3min，直至试验压力后，稳压 1h，观察压力计不应少于 30min，无压力降，无渗漏为合格。

(9) 严密性试验
1）严密性试验应在强度试验合格后进行。
2）试验用压力表量程应在校验有效期内，其量程应为试验压力的 1.5～2 倍，精度等级：量程小于等于 1.6MPa 的精度等级为 0.4 级，最小表盘直径不小于 150mm，最小分格值不小于 0.01MPa；量程大于 1.6MPa 的精度等级为 0.25 级，最小表盘直径不小于 200mm，最小分格值不小于 0.01MPa。

3）试验介质宜采用空气或氮气，燃气管道的试验压力应为设计压力的 1.15 倍，其他管道的试验压力应为设计压力。

4）燃气管道试压时的升压速度不宜过快。对设计压力大于 0.8MPa 的管道试压，压力缓慢上升至 30%和 60%试验压力时，应分别停止升压，稳压 30min，并检查系统有无异常情况，如无异常情况继续升压。管内压力升至严密性试验压力后，待温度、压力稳定后始记录。

5）燃气管道严密性试验稳压的持续时间应不少于 24h，每小时记录不应少于 1 次，当修正压力降小于 133Pa 为合格。修正压力降的确定可参见现行行业标准《城镇燃气输配工程施工及验收规范》CJJ 33 的有关内容。消防水管在稳压持续 24h 时无泄漏为合格，其他管道在试验压力下以发泡剂检验不泄漏为合格。

6）所有未参加严密性试验的设备、仪表、管件，应在严密性试验合格后进行复位，然后按设计压力对系统升压，应采用发泡剂检查设备、仪表、管件及其与管道的连接处，不漏为合格。

（10）管道干燥

1）管道在投产之前必须进行管道内水分的清除和管道干燥。

2）可用干空气或氮气作为介质对管道进行干燥。

3）干燥合格后，对被干燥的管段进行密封。

（11）管道防腐

1）架空管道防腐

① 涂料应有制造厂的质量合格文件。涂漆前应清除表面的铁锈、焊渣、毛刺、油、水等污物。

② 涂料的种类、涂敷次序、层数、各层的表干要求及施工的环境温度应按设计和所选涂料的产品规定进行。

③ 在涂敷施工时，应有相应的防水、防雨（雪）及防尘措施。

④ 涂层应均匀、完整，不得有损坏、流淌，颜色应一致。漆膜应附着牢固，不得有剥落、皱纹、针孔等缺陷。

2）埋地管道防腐

① 防腐前对原材料进行检查，如无出厂质量证明文件或检验证明的；出厂质量证明书的数据不全或对数据有怀疑，且未经复验或复验后不合格的；无说明书、生产日期和储存有效期的不得使用。

② 防腐前应对管材管件逐根进行外观检查和测量，并应符合相应的技术要求。

③ 防腐材料的防腐施工及验收应符合相应的国家现行标准的规定。

④ 管道宜采用喷（抛）射除锈。除锈后的钢管应及时进行防腐，如防腐前钢管出现二次锈蚀，必须重新除锈。

⑤ 管道下沟前必须对防腐层进行 100%的外观检查，回填前应进行 100%电火花检漏，回填后必须对防腐层完整性进行全线检查，不合格必须返工处理直至合格。

⑥ 阴极保护管道应符合现行国家标准《埋地钢质管道阴极保护技术规范》GB/T

21448 的规定。

9. 保冷工程

（1）材料要求

1）保冷层材料的质量，应符合下列规定：

① 保冷层材料应有随温度变化的导热系数方程式或图表。当材料和制品的平均温度小于 300K（27℃）时，导热系数值不得大于 0.064W/(m·K)[0.055kcal/(m·h·℃)]。

② 保冷层材料及其制品，其容重不得大于 220kg/m³。

③ 硬质的保冷制品，其抗压强度不得小于 0.15MPa（1.5kgf/cm²）。

④ 保冷层材料及其制品，应具有耐燃性能、膨胀性能和防潮性能的数据或说明书，并应符合使用要求。

⑤ 保冷层材料及其制品的化学性能应稳定，对金属不得有腐蚀作用，其氯离子含量应符合现行国家标准《工业设备及管道绝热工程施工规范》GB 50126 的规定。

⑥ 用于充装子母罐内外罐间结构空间的散装保冷材料，不得混有杂物及尘土。直径小于 0.3mm 的多孔性颗粒类材料，不宜使用。

2）防潮层材料的质量，应符合下列规定：

① 必须具有良好的防水、防湿性能。

② 应能耐大气腐蚀及生物侵袭，不得发生虫蛀、霉变等现象。

③ 不得对其他材料产生腐蚀或溶解作用。

④ 应具备在气温变化与振动情况下能保持完好的稳定性。

3）保护层材料的质量，除应符合防潮层的质量要求外，尚应符合下列规定：

① 应采用不燃性或阻燃性材料。

② 与液化天然气管道架设在同一支架上或交叉处的其他管道，其保护层必须采用不燃型材料。

③ 应无毒、无恶臭，外表美观，并应便于施工和检修。

④ 保护层表面涂料的防火性能，应符合现行国家有关标准、规范的规定。

4）保冷层材料及其制品，必须具有产品质量证明书或出厂合格证，其规格、性能等技术要求应符合设计文件的规定。

5）供货商应负责对其供应的保冷层材料及其制品、防潮层、防护层材料，按照现行国家标准《工业设备及管道绝热工程施工规范》GB 50126 和设计文件的规定和要求进行复检，材料检验所采用的测试方法及仪器，应符合现行有关国家标准的规定。

（2）施工要求

1）液化天然气气化站的液相管道和液相管道阀门必须进行保冷工程施工，并应在管道的强度试验、气密性试验合格后，预冷后，天然气置换前完成。施工完毕后要用液氮进行过冷试验，过冷试验时要避免跑冷、管道结霜现象发生。

2）当采用 PIR（聚异氰脲酸酯，一种保冷制品）时，保冷层厚度应大于 100mm 时，应分为两层或多层逐层施工，各层的厚度宜接近。当采用两种或多种绝热材料符合结构的绝热层时，每种材料的厚度必须符合设计文件的规定。

3）在保冷层施工时，同层应错缝，上下层应压缝，其搭接的长度不宜小于 50mm，拼缝宽度不应大于 2mm。

4) 在保冷结构中，钩钉或销钉等固定件、支撑件不得穿透保冷层，塑料销钉应用胶粘剂粘贴。支撑件处的保冷层应加厚；保冷层的伸缩缝外面应再进行保冷。

5) 当采用捆扎法对管道进行施工时，保冷层应采用粘胶带捆扎，捆扎的间距不应大于300mm，每块保冷制品上的捆扎件不得少于两道。并不得采用螺旋式缠绕捆扎。

6) 当采用粘贴法对管道进行施工时，低温胶粘剂应满足－196℃设计温度的要求，并应和绝热层材料相匹配。低温胶粘剂在使用前，必须进行实地试验。

7) 粘贴在管道上的保冷制品的内径，应略大于管道外径。保冷制品的缺棱缺角部分，应事先修补完整后粘贴。

8) 粘贴操作时，连续粘贴的层高，应根据固化时间确定。胶粘剂的涂抹厚度，宜为2.5～3mm，并应涂满、挤紧和粘牢。

9) 对于弯头和法兰式、焊接式的阀门、管托等异型保冷施工时，可采用现场浇筑法施工，并应符合下列规定：

① 当采用模具时，其结构和形状应根据保冷层用料情况、施工过程和设备及管道的形状进行设计。

② 模具在安装过程中，应设置临时固定设施。模具应平整，拼缝严密，尺寸准确，支点稳定。

③ 当采用金属护壳代替模具时，金属护壳应结合施工要求分段分片装设。

④ 正式浇筑前应进行试验。并应观测发泡速度，孔径大小，颜色变化，有无裂。

⑤ 配料的用料应准确，并必须符合产品使用规定。

⑥ 浇注的施工表面应保持干燥。

⑦ 当有发泡不良、脱落、发酥发脆、发软、开裂、孔径过大等缺陷时，必须查清原因，再次浇筑直至合格，方可继续施工。

⑧ 阀门的保冷应做成阀门保冷箱形式。先用不小于50mm的保冷板材把阀门包在方箱里，再在箱上面开口，逐次注入现场发泡剂。

⑨ 弯头的保冷分内外两层施工，内层采用保冷成品裁切拼接，外层在施工现场进行浇注发泡。

10) 管道托架可采用160K密度的HDPU高密度聚氨酯材料作为主体材料现场发泡。

11) 对立式罐设备的保冷，应采用真空粉末保冷形式。真空度应符合现行国家标准的规定。

12) 对于大型子母罐设备的保冷，应采用现场充填法并对夹层充氮的施工形式。粒状珠光岩应憎水，当设计无规定时，其充填容重应为产品标准容重的1.2～1.4倍。充填应分层进行，每层高度宜为400～600mm。充填时应边加料，边压实，并施压均匀，致使密度一致。

13) 保冷层外表面应设置防潮层。施工前应确保保冷层外表面干净、干燥并应平整、均匀，无突角、凹坑。

14) 防潮层应采用冷法施工。当采用沥青胶玻璃布防潮层、防水冷胶料玻璃布防潮层或玛瑞脂防潮涂层内衬单层玻璃布施工时，其产品应符合设计文件或产品标准的规定。其环向、纵向缝搭接不应小于50mm，搭接处必须粘贴密实。

15) 保护层宜采用金属保护层材料，可采用镀锌薄钢板、不锈钢薄板或薄铝合金板。

直管段金属保护壳的外圆周长下料，应比保冷层外圆周长加长30~50mm。护壳环向搭接一端应压出凸筋。保护壳厚度应不小于0.5mm。

16) 水平管道金属保护层的环向接缝应沿管道坡向，搭向低处，其纵向接缝宜布置在水平中心线下的15°~45°处，缝口朝下。垂直管道金属保护层的敷设，应由下而上进行施工，接缝应上搭下。

17) 作业现场应改善作业环境或采取严密安全、健康和环保保护措施。粉尘和有害气体的最高允许浓度，应符合现行国家标准《工业企业设计卫生标准》GBZ 1的规定。

18) 保冷工程操作人员，应佩戴专用工作服、专用工作鞋、专用手套、口罩、毛巾等防护用品。

(3) 工程验收

1) 保冷工程施工完成后应进行验收，管道每50m应各抽查三处，其中一处不合格时，应在不合格处附近加倍取点复查，仍有1/2不合格时，应认定该处位不合格。弯头、法兰连接处和阀门处应全部进行检查。

2) 保冷层砌块硬粘结严实，拼缝不得大于2mm。厚度的允许偏差为0~5mm。

3) 防潮层表面平整度偏差不得大于5mm。总厚度不得小于5mm。

4) 金属保护层的允许偏差不应大于4mm。椭圆度不得大于10mm。搭接尺寸不得小于20mm。

5) 保冷工程竣工后，施工单位应按照现行国家标准《工业设备及管道绝热工程施工规范》GB 50126国家现行标准和设计文件的规定向建设单位提交交工文件。

10. 电气工程

(1) 电气工程的范围包括厂区内储罐区、气化区、调压计量区、汽车装卸台、中控室，生产辅助用房，综合楼，门卫，值班室等的电力、照明、防雷接地安装工程。

(2) 检查变压器的型号、规格、参数、附件是否符合设计要求，变压器有无机械损伤，高、低压套管瓷件有无裂纹等缺陷、变压器箱体、油阀等处有无漏油。

(3) 配电盘柜安装

1) 可采用地脚螺栓或断续焊的方式固定在基础钢座上，当以断续焊方式固定时，每个盘柜不少于4处，每处焊缝长约10mm，焊缝应在柜体内侧，校正用垫铁也应焊在基础上。

2) 采用水平测量仪、拉线及直尺测量及校正基础钢座误差，填写校正记录。

3) 柜间采用螺栓固定，螺栓长度应露出螺母2~3扣，接口平放的情况下，螺栓应由下向上穿，其余情况螺母应置于维护侧，确保紧固。

(4) 电缆安装与保护

1) 核对电缆的规格、型号、长度是否符合要求，并检查电缆外观质量。安排相关人员进行电缆的绝缘、通路检查、对于高压电缆还要做直流耐压试验。

2) 明敷电缆管须为横平或竖直，并做适当的支持橡胶皮固定。与各种管线距离要符合规范要求，并列安装时需排列一致，管口平齐。保护管连接时，地下用短套管，套管长度至少为电缆管外径的2.2倍；地上要采用螺纹管接头，每根电缆弯头超过1个或电缆管太长时需采用适当穿线盒。

3) 电缆通过地面或楼板、墙壁及易受机械损伤处，均应装厚壁钢管保护，保护管与建筑物间的空隙,应用阻燃防火胶泥充填堵。

4) 电缆转弯处的弯曲半径不可小于该电缆的规范允许最小弯曲半径。每根电缆须整齐排放,进入电缆沟、保护管、防爆场所电气设备时,出入口要密封严密。

5) 防爆场所电缆沟内需充砂,动力电缆应与信号电缆分开布置。并在适当部位做好固定和加挂标志牌。

6) 检查回路、电缆、用电设备三者是否对应一致,有问题及时调换。用摇表检查电缆的绝缘,有问题及时查明处理。

7) 检查电缆桥架的材质、厚度是符合技术要求,外观有无扭曲变形。

8) 电缆桥架应根据现场情况,尽量使连接处位于桥架支撑处,桥架水平支撑距离应在6m以内,并在水平弯、垂直弯、三通、四通等处装设支撑支架,支撑支架固定要牢固可靠。

9) 桥架局部加工或切割时,需将毛刺打磨光滑,桥架的侧板开孔,应采用电钻,加工时不得使用火焊。

10) 动力配管必须安装在电缆桥架上,并按要求做好接地。防爆区域的电气配管,必须符合防爆规范和设计要求。

11) 保护管弯制时,其弯曲半径和弯曲程度必须符合规范要求。切割后的管口需打磨毛刺。镀锌管锌层剥落处需涂防腐漆。

12) 保护管不应有变形、裂缝,其内部应清洁,无毛刺,管口应光滑无锐边。

13) 保护管的弯曲角度不应小于90°;弯曲半径不应小于保护管外径的6倍;保护管弯曲处不应有凹陷、裂缝和明显的变扁现象;单根保护管的直角弯不宜超过2个。

14) 保护管之间及保护管与连接件之间,采用螺纹连接,管端螺纹的有效啮合长度不应小于6扣,以保护管路的电气连续性。

15) 保护管与检测组件或就地仪表之间采用防爆挠性软管连接,保护管口应低于进线口约250mm,挠管应有防水弯。

16) 明配保护管应排列整齐、横平竖直,支架的间距均匀,且不宜大于1.5m。

17) 保护管穿过楼板和钢平台时,应开孔准确,大小适宜;不得切断板钢筋或平台梁钢;穿过楼板时,应加保护套;穿过钢平台时,应焊接保护套或加防水圈。

(5) 电缆检查

1) 电缆沟开挖及穿墙保护套管安装稳固。

2) 电缆型号、规格等符合设计要求,外观良好无损伤现象;绝缘电阻检查合格。

3) 仪表信号线路、仪表供电线路、安全连锁线路、本质安全型线路以及有特殊要求的仪表信号线路应分别采用各自的保护管。

(6) 照明安装工程

1) 生产区照明配管严格按防爆场所要求施工。钢管连接必须采用丝扣连接,在螺纹部分涂以铅油或磷化膏,螺纹齿合均不少于5扣。

2) 电线穿管要求

① 三相或单相的交流单芯电缆,不得单独穿于钢导管内。

② 不同回路、不同电压等级和交流与直流的电线,不应穿于同一导管内;同一交流回路的电线应穿于同一金属导管内,且管内电线不得有接头。

(7) 仪表防爆和接地

1) 安装在爆炸和火灾危险场所的仪表设备、材料，必须具有符合现行国家或部颁防爆质量标准的技术鉴定文件和"防爆产品出厂合格证书"，其外部应无损伤和裂纹。

2) 保护管间，保护管与接线盒、拉线盒之间采用螺纹连接，螺纹有效啮合部分在6扣以上，连接处应保持良好的电气连续性。

3) 保护管与接线箱连接时，应安装隔离密封接头，先向接头内填入石棉绳，再向接头内灌入密封填料，密封接头与仪表接线口距离不应超过450mm。

4) 中心控制室设独立仪表接地极，接地电阻不大于1Ω。本质回路接地和其他仪表设备接地电阻应符合说明书要求；信号回路负端接地需有工作接地，工作接地需通过接地干线接到单独的接地极上，构成独立的接地回路。

5) 电缆的屏蔽层需有屏蔽接地，接地点应在控制室侧，在现场端的屏蔽层应作绝缘包扎。

6) 接地线应选用多枝铜芯线，采用压接法连接。

(8) 防雷接地工程

检查建筑物机房屋顶及储罐等的避雷装置，电阻不大于10Ω，并必须与电器的接地分开。电机外壳、开关及其操作机构的金属底座，设备金属管道必须可靠接地。接地体采用镀锌扁钢搭接焊连接，搭接长度为2倍的扁钢宽度，且最少二面施焊并做好防腐处理。生产区接地电阻不大于1Ω，如接地电阻达不到要求，则采用换土或使用降阻剂的方法降阻。

(9) 文明与安全施工（安全责任书的补充）

1) 项目负责人应与施工单位、监理单位签署安全责任书。

2) 现场的管理人员和作业人员应在胸前佩戴个人身份标卡。施工人员应穿工作服和安全鞋、佩戴安全帽。

3) 施工场地周围应设蔽，工地内的基坑和高空作业应设安全警示围蔽。

4) 妥善处理好余泥和泥浆的排放。

5) 现场内材料和机具堆放要按施工组织设计统一安排，散料要砌池围筑，材料要立杆设栏，块料要起堆叠放，堆放高度不超过1.5m。

6) 现场办公室、宿舍、仓库、内外墙面要批荡刷白，要求宽敞，明亮，整洁。监理部要在施工现场办公室内墙贴有关证件，如施工许可证、规划许可证、余泥渣土排放证及各种管理制度及图表。

7) 特种作业人员（焊工、起重工、电工等）必须持证上岗，所有施工人员必须熟知本工种、本岗位安全操作规程，安全生产责任制。

8) 各工种按规定穿戴合格的劳动防护用品。如：登高作业系安全带、穿软底鞋，电焊工穿帆布工作服、戴焊工手套等。

9) 现场临时用电做到动力与照明分开设置，"一机一闸"，同时做好设备保护接地，经常检查、维护配电箱、开关箱，定期进行漏电保护器试跳。

10) 脚手架搭设必须按规定搭设，上面的跳板必须用铁丝捆绑牢固，拆除必须用麻绳索绑牢放下。

11) 因交叉作业多，工艺管道施工严禁上抛下掷，所有工具均放置在工具袋内。

12) 凡5m以上高空作业，必须办理登高作业证，持证上岗。

13）起重吊物要拴溜放绳，起吊物不得长时间在高空停留，起重臂下禁止站人。管道吊上管架后及时固定防止滚动。

14）射线作业设计警戒区，确认无人后方可作业，并设专人值班监护。

15）高处动火应清除周围的易燃物，氧气、乙炔瓶间距 5m 以上，距明火 10m 以上，并防止太阳暴晒。

16）做好夏季防暑降温工作，对职工进行防暑知识教育，现场供应茶水，配备防暑药品。

17）保持施工现场环境整洁，材料堆放整齐，保持道路畅通。

11. 调试及验收

(1) 电气系统测试

电气系统测试分类

① 高压的电气设备及继电保护系统，一般是当地供电系统管理，并由当地供电局在投入运行前完成各项试验；

② 使用相应等级兆欧表测量所有电气设备绝缘电阻时，必须符合要求后方可进行下一部测试；

③ 使用相应仪表对电气设备接地电阻和接地（PE）或接零（PEN）导通状态测试，其结果必须符合设备技术要求；

④ 电气设备电缆和继电保护系统的测试；

⑤ 电气设备空载试运行和负荷试运行结果，需符合设备技术及设计要求；

⑥ 使用适配仪表对漏电保护装置动作测试值，并需对结果记录存档；

⑦ 负荷试运行时，配电柜中的大电流接点温升测量用红外线遥测温度仪抽测；

⑧ 需做动作试验的电气装置进行现场动作测试，并将结果记录存档。

(2) 仪表及自控系统测试

1) 仪表测试

仪表在安装和使用前，应进行检查、校准和试验。压力表、温度表、贸易计量流量计、可燃气体探测仪等应有质量技术监督局认可或授权的测试机构/单位出具的合格证书。

① 仪表校准和试验用的标准仪器仪表应具备有效的计量检定合格证明，其基本误差的绝对值不宜超过被校准仪表基本误差绝对值的 1/3，并在允许使用期限内，同时校验人员必须取得相应的校验资质证书。

② 仪表仪器在校验时其校准点应在仪表全量程范围内均匀选取，一般不应少于 5 点。回路试验时，仪表校准点不应少于 3 点。

③ 仪表校准和试验的条件、项目、方法应符合该产品技术文件的规定和设计文件要求，在特殊情况下可使用制造厂提供的专用工具进行测试。

2) 整体自控系统测试

① 整体自控系统测试应在所有仪表仪器完成测试并合格后方可进行。

② 整体自控系统测试验应在本系统安装完毕，供电、照明等有关设施均已投入运行的条件下进行。

③ 整体自控系统测试的硬件试验项目应包括：

A. 盘柜和仪表装置的绝缘电阻测量；

B. 接地系统检查和接地电阻测量；

C. 电源设备和电源插卡各种输出电压的测量和调整；

D. 系统中全部设备和全部插卡的通电状态检查到位；

E. 系统中单独的显示、记录、控制、报警等仪表设备数据与现场进行实际数据核对。

（3）调压及切断设备测试

测试工具：调压器配套调试工具，精密压力表、充气设备等。

试验工质：氮气、空气或者燃气。

1）调压设施的气密性检查

① 试验压力

A. 调压器前为进口压力上限的1.05倍。

B. 调压器后为超高压切断压力的1.05倍。

② 检查指标：保压30min压力表读数不得上升或下降，无不断胀大的气泡。

③ 试验方法

A. 关闭切断阀，向调压器前管路缓慢充气，保压30min检查出口管道中的压力。若调压器前压力下降表示有对外泄漏，可用泡沫法查明泄漏点。若调压器后压力上升表示切断阀关闭不严密。

B. 合格后，开启切断阀，随着试验气体流向调压器下游管路，调压器自动关闭，待压力稳定后，检查下游管道中压力，30min不应上升，若有上升说明调压器关闭不严密。

C. 合格后，向调压器后管路缓慢充气，保压30min内压力表读数不得下降。否则表示有外漏，需用泡沫法查明泄漏点。

如使用燃气作为调试气体则调压器前管道的检查压力只能是进口燃气的工作压力。

2）调压及切断设备的设定与检测

① 检查入口阀门和末端阀门是否关闭，使入口阀门和末端阀门处于关闭状态。不得在打开末端阀门的情况下调试调压系统，避免单向力作用在膜片和阀芯系统上，造成系统的破坏。

② 调试按照从高压至低压的顺序进行，即按照切断阀、放散阀、调压器的顺序进行调试。

③ 检查所有的设备是否在合理的位置以及装置的连接是否正确，并准备好应急的配件。

④ 把调压器压力调节螺钉旋出至出口压力最低，保证调压出口压力不超压。

⑤ 缓慢打开入口阀门和切断阀，给调压器及指挥器（如果有）加压。检查是否有泄漏。

⑥ 缓慢顺时针旋转指挥器的调节螺钉，使调压器的出口压力高于切断阀的低压切断设定值。通过缓慢顺时针旋转调压器压力调节螺钉，使出口压力为工作压力值的1.05倍，以此设定切断阀的切断压力。

⑦ 重复上述动作设定放散阀的放散压力。

⑧ 检查并测试调压器：缓慢打开调压器后手动放散阀并且通过逆时针调整调压器的调整螺钉来降低出口压力，使调节压力达到需要的设定值。用螺母锁紧调节螺钉。当锁紧螺母时，调节螺钉不能随之旋转。关闭手动放空阀，检查调压器的密封性能。在1min

后,出口压力不应再升高。一般调压器的设定压力比管网的设计压力低。调压系统调试完毕。

(4) 消防系统测试

1) 系统测试前,应完成消防设备及管道的安装和压力试验,完成电气仪表系统的安装和调试。关闭系统上所有阀门。

2) 打开消防水池入口阀门向池内注水至设计液位,消防水池及各管道出池接口处应无泄漏。

3) 缓缓打开消防泵入口阀门及出口放气阀门,使消防泵体内充满水,消防泵不应有泄漏。如水泵入口高于水池液位高度且吸水口安装止回阀,应打开泵注水阀门向泵内注满水,止回阀不应有泄漏。

4) 手动盘车不得有卡阻现象。

5) 点动消防泵启动开关,检查电机电流是否符合要求。

6) 打开消防泵启动开关,使泵运转,检查回流系统和出口压力是否符合设计要求。

7) 将消防水带连接在消防栓上,逐一检查消防栓的出水情况。

8) 逐一检查储罐喷淋系统的喷头出水是否均匀及覆盖储罐罐体。

9) 高倍数泡沫发生器调试:启动消防水泵,打开设备进水阀门,进行喷水试验,泡沫发生器进口压力的平均值不应小于设计值,发泡网的喷水状态应正常。

10) 用明火或测试灯按产品技术说明书要求,模拟测试火焰探测器工作是否正常。

11) 调试消防泵的现场、遥控及连锁的紧急启动功能是否正常。

(5) 安防系统调试

1) 红外对射报警系统调试

首先目测发射、接收器是否位于同一水平线上;测试发射、接收器是否同时垂直;否则进行调整。打开发射、接收器的外壳,确认红色滤光片是否盖在接收器光学组件上。调整左右方向,注意要缓慢地从一个方向开始,反复几次,将发射器调整到最佳位置(即读出的电压值最大)。调整受光器内反应调整钮将敏感度、时间间隔调至符合要求。

2) CCTV 监控系统调试

① 摄像机

A. 镜头、防护套、支撑装置、云台安装质量是否合格;

B. 对摄像机通电试验,检查摄像机设置位置、视野范围是否符合设计要求;安装旋转云台的摄像机检查其水平、垂直转动是否有卡阻现象,旋转角度是否符合要求;具备调焦功能的摄像机进行调焦试验;摄像机的照度是否满足摄像机正常工作照度的需要。

② 监视器

A. 对监视器进行通电试验,监视器图像应清晰,不应出现雪花干扰、黑白滚道、跳动、网纹等明显影响视觉的干扰现象。

B. 检查遥控内容与切换路数是否符合设计要求。

C. 测试录像功能,录像存储期限不宜少于一周。

D. 测试报警功能(如果有),报警应灵敏。

12. 预冷和置换

(1) 准备工作

3.2 LNG厂站施工技术及管理

1）预冷前须按设计文件完成工艺管道及设备的安装工程，消防系统、自控系统及配电系统的安装工程，及相应的土建工程等（保冷工程除外）；

2）LNG站所有设备的单项调试以及整个系统的调试已经完成，防雷、防静电等各类测试必须合格；

3）整个工艺系统的强度试验、气密性试验和用洁净无油的压缩空气吹扫须合格；

4）储罐和管道的安全阀、压力表须安装完成且校验合格；

5）LNG储罐真空度由供应商检测合格并提供记录；

6）各设备供应商在预冷和置换期间必须到达现场；

7）建设单位、监理单位和施工单位组织人员根据施工图纸在现场检查施工质量、施工内容，对存在问题及时整改；

8）人员经过培训合格，熟悉掌握预冷、置换工艺流程和执行操作方案的操作步骤和要求等。

（2）制定操作方案

1）建设单位、监理单位和施工单位组织人员应根据预冷和置换范围，制定详细、准确、可行的预冷和置换工艺流程和操作方案；

2）根据实施方案由建设单位和施工单位的人员成立预冷和置换小组，小组由总指挥、副总指挥、现场指挥、操作组、测量组、维修组、后勤保障组、物料采购组、各设备供应商等组别构成；

3）建设单位和施工单位明确预冷和置换小组中各组别人员组成、数量和工作职责。

（3）置换

1）系统投运前，应对储罐、管道系统进行置换。

2）置换时应采用干燥氮气对系统进行吹扫，排出储罐及各管道、阀门中的潮湿空气和固体颗粒，每根管道应轮流排气。

3）吹扫结束后，需将各阀门关闭，且罐内保持5～10kPa的微正压，以免潮湿空气进入罐内。

（4）预冷

1）采用上进液向储罐内缓慢充入液氮对储罐进行预冷。预冷时控制充液速度，储罐降温速度宜控制在50℃/h。

2）充液前必须检查各安全通道是否畅通，各安全装置是否就位，压力表和液位计是否处于工作状态。

3）充液时应完全打开系统手动放空阀，保证储罐压力在允许范围以内。

4）进液过程中，应经常观察储罐压力。当储罐顶部温度低于100℃后方可加大进液速度。预冷后宜保证储罐压力不超过最高工作压力的70%。液氮在罐内观察预冷时间不宜少于2d。

5）储罐预冷时，宜利用储罐内的部分液氮对站内其他低温系统进行预冷，并对常温工艺系统进行置换干燥。

6）置换和预冷时，低温氮气可以通过与其他罐相连的管道，对其他储罐进行置换预冷以节约液氮，一般串联不宜超过3台储罐。

13. 单项及综合验收

(1) 工程竣工验收应依据下列文件

1) 批准的设计文件、施工图纸及说明书。
2) 施工合同。
3) 设备技术说明书。
4) 设计变更通知书。
5) 施工验收规范及质量验收标准等。

(2) 工程竣工验收的基本条件应符合下列要求：

1) 完成工程设计和合同约定的各项内容。
2) 施工单位在工程完工后对工程质量自检合格，并提出《工程竣工报告》。
3) 工程资料齐全。
4) 有施工单位签署的工程质量保修书。
5) 监理单位对施工单位的工程质量自检结果予以确认并提交《工程质量评估报告》。
6) 工程施工中，工程质量检验合格，检验记录完整。

(3) 工程竣工验收的交工主体应是施工单位，验收主体应是建设单位。可按下列程序进行：

1) 工程完工后，施工单位按照要求完成工程竣工验收准备工作后，向监理部门提出验收申请。
2) 监理部门对施工单位提交的《工程竣工报告》、竣工资料及其他材料进行初审，合格后提出《工程质量评估报告》，并向建设单位提出验收申请。
3) 建设单位组织勘察、设计、监理及施工单位对工程进行验收。
4) 验收合格后，各部门签署验收纪要。建设单位及时将竣工资料、文件归档，然后办理工程移交手续。
5) 验收不合格应提出书面意见和整改内容，签发整改通知，限期完成。整改完成后重新验收。整改书面意见、整改内容和整改通知编入竣工资料文件中。

(4) 工程竣工验收应符合下列要求：

1) 审阅验收材料内容，应完整、准确、有效。
2) 按照设计、竣工图纸对工程进行现场检查。竣工图应真实、准确。
3) 工程量符合合同的规定。
4) 设施和设备的安装符合设计的要求，无明显的外观质量缺陷，操作可靠，保养完善。
5) 对工程质量有争议、投诉和检验多次才合格的项目，应重点验收，必要时可开挖检验、复查。
6) 单项工程达到使用条件或满足生产要求。
7) 建设项目能满足建成投入使用或生产要求。

(5) 单项工程竣工验收应符合设计文件和施工图纸要求，满足生产需要或具备使用条件，并符合其他竣工验收条件要求。

(6) 政府文件

工程结束后需向各政府部门办理的相关手续或文件：

1)《重点项目申请批复》、《项目核准通知》。
2)《建设项目选址意见书》。
3)《市建设项目新增用地预申请表》、《工程用地的预审意见》。
4)《环境影响评估报告》、《安全影响评估报告》、《建设工程抗震设防要求审批证书》。
5)《建设用地红线图》、《建设用地规划许可证》。
6)《建设工程规划许可证》、《工程初步设计批复》。
7)《LNG站招投标手续备案的申请》、《LNG站招投标手续备案申请批复》、《建设工程中标通知书》、《项目投标合同备案表》。
8)《建筑工程消防设计审核意见书》。
9)《出让国有土地使用权通知》、《国有土地使用权出让合同》、《土地估价报告》。
10)《建筑工程施工许可证》、《建设工程质量监督证》、《建设工程质量监督通知书》、《建设工程安全监督证》、《建设工程安全生产监督申报表》、《建设工程安全监督交底书》。
11)《电气消防安全检测报告》、《建筑消防设施检测报告》、《建筑工程消防验收意见书》、《防静电检测报告》、《环境保护核准通知》、《白蚁防治合格证》、《建设项目防雷装置竣工验收合格证》。
12)《竣工验收审核意见》。
13)《压力容器使用证》。

(7) 竣工资料

施工单位应按工程竣工验收条件的规定，认真整理工程竣工资料。

竣工资料的收集、整理工作应与工程建设过程同步，工程完工后应及时做还整理移交工作。整体工程竣工资料宜包括下列内容：

1) 工程依据文件：

① 工程项目建议书、申请报告及审批文件、批准的设计任务书、初步设计、技术设计文件、施工图和其他建设文件；

② 工程项目建设合同文件、招投标文件、设计变更通知单、工程量清单等；

③ 建设工程规划许可证、施工许可证、质量监督注册文件、报建审核书、报建图、竣工测量验收合格证、工程质量评估报告。

2) 交工技术文件：

① 施工资质证书；

② 图纸会审记录、技术交底记录、工程变更单（图）、施工组织设计等；

③ 开工报告、工程竣工报告、工程保修书等；

④ 重大质量事故分析、处理报告；

⑤ 材料、设备、仪表等的出厂的合格证明，材质书或检验报告；

⑥ 施工记录：隐蔽工程记录、焊接记录、管道吹扫记录、强度和严密性试验记录、阀门试验记录、电气仪表工程的安装调试记录等；

⑦ 竣工图纸：竣工图应反映隐蔽工程、实际安装定位、设计中未包含的项目、燃气管道与其他市政设施特殊处理的位置等。

3) 检验合格记录：

① 测量记录；

② 隐蔽工程验收记录；

③ 沟槽及回填合格记录；

④ 防腐绝缘合格记录；

⑤ 焊接外观检查记录和无损探伤检查记录；

⑥ 管道吹扫合格记录；

⑦ 强度和严密性试验合格记录；

⑧ 设备安装合格记录；

⑨ 储配与调压各项工程的程序验收及整体验收合格记录；

⑩ 电气、仪表安装测试合格记录；

⑪ 在施工中受检的其他合格记录。

14. 工程移交及投运

（1）工程移交前，建设单位运行部门根据竣工资料按照各专业要求施工单位现场进行核查，配合建设单位进行投运前的准备工作；

（2）建设单位运行部门在投运前制订各设备操作规程、安全管理制度、消费管理制度、岗位职责等；

（3）建设单位运行部门在投运前对运行人员进行设备操作、管理制度方面的培训并进行上岗前的理论和实际操作考核；

（4）建设单位运行部门要制订详细的试运行方案，在试运行期间出现的问题要求施工单位和供应商进行整改。

第4章 LNG站运行、操作管理

4.1 LNG站运行管理一般规定

（1）气站运行管理者应根据各站的工艺设备系统的结构、性能、用途等制定相应的操作规程和管理制度。

（2）气化站应加强站内设备管理，建立健全设备台账，详细记录各种设备的生产厂家、安装日期、维修等内容。

（3）应在站外设置醒目的识别标志，识别标志应包括进站安全须知及报警电话等内容。

（4）在站区内动火或可能产生火花的作业时应办理工作许可证申报手续。

（5）在站内检修而必须排放液化天然气时，宜通过放散塔放散，放散塔的设置应符合相关规定。

（6）应定期对液化天然气装卸的软管及软管与装卸管道之间的防拉断装置进行检查和保养，软管应定期更换。

（7）装载液化天然气的运输车在连接软管前，运输车辆必须处于制动状态；装卸作业过程中，应防止运输车移动，宜设置防滑块。

4.2 LNG站操作规程

1. LNG槽车卸车安全操作规程

（1）LNG槽车卸车前进行过磅并做好相关记录；

（2）指挥LNG槽车至指定卸车位置，确认LNG槽车熄火、手制动动作、车轮安装防滑块，将静电接地装置与LNG槽车连接；

（3）LNG槽车卸车前检查液位、压力，连接相应的装车软管，利用槽车的BOG对装车软管进行置换；

（4）利用增压器对槽车进行增压，槽车压力宜增至0.6MPa；

（5）确认LNG出液储罐和其他储罐的相关阀门的工作状态，利用槽车储罐内的低温BOG预冷进液管线；

（6）进液管线预冷结束后，关闭出液储罐的上进液阀打开下进液阀，开始卸车；

（7）卸车过程中，操作人员不得离开现场，必须巡查各连接部位的泄漏情况，密切观察槽车和储罐的压力、液位变化情况，确保槽车和储罐有一定压差；

（8）卸车结束后停止出液储罐的增压，关闭卸车柱进液阀门、出液储罐下进液阀门，开启出液储罐上进液阀门和BOG管线阀门，不能形成密闭管线段；

(9) 开启卸车柱 BOG 管线阀门，回收卸车软管内余留的气、液混合物，必须保证卸车软管全部化霜和出站流量计流量为零时完成余气回收；

(10) 将卸车软管内压力放散后拆除，同时拆下静电连接线和移去防滑块，LNG 槽车卸车后进行皮重过磅并做好相关记录；

(11) 检查并记录储罐的压力、液位；

(12) 其他

1) 在整个卸车作业过程中，卸车人员严禁离开卸车现场。

2) 开闭阀门作业中，要求始终慢开慢关，严禁快速开闭阀门。

3) 卸车人员应按要求穿戴好劳动安全防护用品。

4) 阀门开关程序的过程中，严禁管道憋压。

5) 卸车作业前，应按槽车检查表对槽车的安全性进行检查，发现有不合格项，应及时处理。

6) 卸车过程中，严禁敲打低温管线。遇到紧急情况时，应立即按下急停按钮，停止作业并排查原因。

7) 卸车过程中，控制室人员要全程监控目标罐的液位及压力，液位、压力不得高于指标要求。

8) 卸下的金属软管应使其处于自然伸缩状态，严禁强力弯曲。

9) 以下情况不得进行卸车作业或必须立即终止卸车作业：

① 雷雨天气。

② 附近有明火或发生火灾。

③ 站内发生泄漏。

④ LNG 槽车压力、液位异常。

⑤ 储罐压力、液位异常。

⑥ LNG 站内其他不安全因素。

2. LNG 储罐安全操作规程

LNG 储罐生产操作规程要点

(1) 根据要求的生产量和储罐储存量情况，确定出液储罐。记录储罐液位、天然气和空气流量计累计流量、出站总流量计累计流量；

(2) 根据生产量，确认开启气化器组数量。确认掺混撬计量路、调压路阀门和气化器组进、出口阀门工作状态，检查出站压力，根据运行情况和环境温度确认加热器（水浴式加热器）是否需运行；

(3) 确认 LNG 出液储罐和其他储罐的相关阀门的工作状态，利用储罐增压器对出液储罐进行增压到运行压力；

(4) 确认空气压缩机和干燥机的运行状态；

(5) 开启出液储罐出液阀门，通过控制出液阀门开启度来控制燃气出站总流量；

(6) 如设有热值平衡装置，开启空气调节阀，根据空气流量计或热值仪监控调节阀工作情况；

(7) 出液储罐内的液位低于 20% 时，宜及时切换储罐；

(8) 气化器出口温度控制在不低于 $-10℃$，当出口温度低于 $-5℃$ 时，应及时切换气

化器;

(9) 结束生产时停止出液储罐增压,确认出液储罐、掺混撬计量路、调压路阀门和气化器组进、出口阀门工作状态;

(10) 出液储罐液位稳定和各流量计累计流量为零时,记录储罐液位和各流量计累计流量,制作生产报表。

3. LNG 储罐倒罐操作规程要点

(1) 确认 LNG 出液、进液储罐和其他储罐的相关阀门的工作状态,利用储罐增压器对出液储罐进行增压到运行压力,对进液储罐进行降压,出液、进液储罐形成一定压差;

(2) 确认进液储罐上进液阀门和出液储罐下进液阀门的工作状态,先采取储罐上进液方式,待进液储罐压力稳定后再采取储罐下进液方式,开始正常倒罐作业;

(3) 倒罐过程中,操作人员不得离开现场,必须巡查各连接部位的泄漏情况,密切观察储罐的压力、液位变化情况,确保储罐间有一定压差;

(4) 当储罐倒罐达到要求后,停止出液储罐的增压和进液储罐的降压,确认出液、进液储罐阀门工作状态,不能形成密闭管线段;

(5) 记录出液、进液储罐的液位和压力。

4. 子母罐操作要点

(1) 子母罐装(卸)车、倒罐、生产操作与双层金属单罐操作相同。

(2) 夹层氮气系统操作要点:

1) 应经常监测液氮储罐的液位及压力,保证液氮有足够的储量。

2) 经常监测氮气气化器出口的温度,保证氮气温度不低于5℃。

3) 控制母罐夹层内氮气压力为 0.5~2kPa,保证向夹层内持续的供应氮气,严禁夹层内形成负压或使空气通过呼(吸)阀进入夹层内影响母罐的保温效果。

(3) 应严格控制子罐内压力,当压力高压报警时储罐 BOG 自动排气阀开始排气,当压力高高报警时,必须手动打开母罐顶部手动排气阀降低子罐压力。为避免自动排气阀连续排气,在子罐压力接近高位报警时宜采取手动打开 BOG 排气阀降低储罐压力。

(4) 经常分析夹层密封气的浓度,当贮存 LNG 时,夹层中如有甲烷时,说明内槽或管路有泄漏,应进行及时检查。

5. LNG 储罐自增压操作规程

(1) 准备工作

1) 确认所需投入增压器。

2) 检查并确认增压器前、后管道所有安全阀前的手动阀门均处于完全开启状态。

3) 检查并确认增压器液相进口、气相出口阀门处于开启状态。

4) 检查并确认被增压储罐气相操作阀均处于开启状态。

(2) 运行操作

1) 自动增压

检查并确认自增压调压阀前后的阀门处于开启状态。

检查并确认自增压调压阀旁通阀门处于关闭状态。

缓慢开启储罐出液阀。

根据所观察的储罐压力变化情况,缓慢调节自增压调压阀开度。

2）手动增压

检查并确认自增压调压阀旁通阀门处于开启状态。

缓慢开启储罐出液阀。

根据所观察的储罐压力上升情况，缓慢调节储罐下部到增压器液相阀门的开度。

（3）停止

1）手动增压操作时，当储罐压力上升至接近额定要求压力时，缓慢关闭储罐出液阀。

2）储罐无须增压操作时，应在确认增压液相管内无残余液体时及时关闭增压器液相进口阀。当增压器无积霜时关闭被增压储罐气相操作阀。

（4）其他

1）当LNG储罐液位接近液位控制低限时，严禁执行LNG储罐自增压作业。

2）储罐压力高于额定运行压力，严禁执行LNG储罐自增压作业。

3）所有阀门的启闭必须缓慢作业，严禁快速开、关阀门。

4）在执行LNG储罐手动增压的整个作业过程中，操作人员严禁离开作业现场。

6. 低温高压泵操作规程

（1）开机前的检查

1）检查所有的管路、配件、螺栓和电接点是否准备就绪。

2）检查所有管路接头部位的密封情况是否达到要求。

（2）启动

1）泵严禁在没有液体的状况下工作。

2）预冷完成后，泵壳内充满液体检查轴的旋转方向是否与叶轮流道方向相符或检查电机轴的旋转方向是否正确。

3）通过观察出口压力是否上升，5s无变化则将电机的三根线中的任意两根交换。

（3）停泵

1）应首先切断的电机电源，打开旁路阀，关闭出液阀；

2）然后关闭进液阀；当泵完全解冻后，关闭旁路阀。

7. 空温式气化器操作规程

（1）空温式LNG气化器的开启

1）检查压力表、液位计、温度计、可燃气体检测器和安全阀是否处于正常工作状态。

2）检查气化器的进出口阀门是否处于开启状态（备用气化器阀门应处关闭状态），以及与EAG管线相通的手动放散阀门是否处于关闭状态。

3）LNG槽车压力应控制在0.65MPa左右。

4）缓慢打开LNG槽车出液阀门，LNG进入空温式气化器进行气化。

5）气化后的天然气经过调压、计量、加臭后，输入天然气中压管网。

（2）空温式气化器的停运

1）关闭LNG槽车出液阀门。

2）观察LNG槽车、出液管的压力和流量的变化。

（3）空温式气化器的切换

1）开启备用的空温式气化器进口阀门。

2）待天然气中压管网压力稳定后，再关闭需切换的空温式气化器进口阀门。

(4) 注意事项

1) 气化器结霜冰是正常,但量不应过大。以不超过对角线为合宜,即不超过 1/2 为佳,正常使用时的出气管不应出现结霜。

2) 在潮湿、寒冷季节,两组气化器交替使用的时间间隔应缩短,以不超过 4h 为宜。

3) 初次使用时,应预先进行预冷。此时不应考虑加大气量,主要以缓慢降温为主。出现咔嚓声的频率不可过高,以免拉裂设备构件。

4) 在紧急情况下开启切断阀。

5) LNG 的气化量由气化器工作台数、阀门开度和压力大小来控制。

6) 空温式气化器出现结霜现象时,禁止用水淋或敲打结霜部位。

7) 气化器的运行中对 LNG 气体的温度做好监测工作,当低于 5℃时需要切换气化器或启动 NG 加热器。

8. 水浴式复热器操作规程

(1) 准备工作

1) 打开水浴式加热器壳程气体排放阀,检查有无气体聚集。若有,则将气体排出,直至有水溢出时,关闭气体排放阀;排污管球阀,排水管球阀应为"关"。

2) 检查并确认水浴式加热器热水进、出口阀门为开启状态。

3) 检查并确认水浴式加热器出口阀门为开启状态(水浴加热器 BOG 出口阀 ND9-01,水浴加热器 NG 出口阀 ND11-01)。

4) 检查并确认水浴式加热器进口阀门为关闭状态(水浴加热器 BOG 进口阀 CD9-01,水浴加热器 NG 进口阀 CD11-01)。

(2) 供气加热

1) 启动锅炉,当水温升至设定工作温度时(55℃),然后缓慢、逐步打开水域加热器进口阀门,关闭水浴加热器旁通阀(BOG 旁通阀 CD9-02,NG 旁通阀 CD11-05)。

2) 加热气化过程中严密监控水浴加热器出气温度,保证其出气温度在 10℃以上,当水浴加热器出口温度低于 10℃且持续下降时,可关小水浴加热器进口阀来调节出气温度。气化过程中还需严密监控气化流量,使其在规定的范围内。

(3) 供气结束

1) 出液气化结束后,关闭水浴加热器 NG 进口阀 CD11-01,打开 NG 旁通阀 CD11-05;对于 BOG 气加热,视实际情况而定,若无需水浴加热,则关闭水浴加热器 BOG 进口阀 CD9-01,打开 BOG 旁通阀 CD9-02。

2) 对于水浴加热器出口阀,保持开启状态,与下游管道连通,以使水浴加热器不会形成密闭空间。

9. 固定式消防泵操作规程

(1) 启动前准备

1) 用手拨转电机风叶,叶轮无喀嚓现象,转动灵活;

2) 全开进口阀口,打开排气阀使液体充满泵腔,然后关闭排气阀;

3) 检查各部位是否正常:轴承润滑情况,各部位螺栓是否紧固,吸入管是否通畅;

4) 如介质温度较高则应进行预热,升温速度为 50℃/h,以确保各部位受热均匀。

(2) 启动与运行

1）全开进口阀门，关闭吐出管路阀口；
2）启动电机；（注意旋向是否正确）
3）待机组转速稳定后调节出口阀门开度，观察压力表、流量表、检查轴封泄漏情况；
4）检查电机、轴承处温升≤70℃，如有异常，应及时处理。

(3) 停车

1）介质温度较高时，应先降温，降温速度为10℃/min，液体温度至70℃以下，方可停车；
2）关闭吐出阀口，同时关闭真空表及压力表旋塞；
3）切断电源；
4）关闭进口阀门；
5）如长期停车应将泵内液体放尽，尤其在环境温度低于0℃时，停车后应立即放尽液体，以防冻坏零部件。

10. 柴油发电机操作规程

(1) 运行前检查

柴油发电机组安装完毕后，即可投入发电运行，在每次开机前，至少进行下列项目的检查：

1）机组表面及周围是否有杂物阻碍；机房进、排风道是否通畅；
2）水箱冷却液面是否正常；空气滤清器是否指示正常；
3）润滑油油位是否在正常范围内；
4）燃油阀是否打开，燃油是否已经正常的供给发电机；
5）电瓶电缆是否连接正确；发电负载设备是否准备好，当发电机直接带负载时，启动前，必须分断空气开关。

(2) 机组运行

1）预热

装有预热器的机组，在启动前，工作人员可根据环境温度决定是否进行预热操作，带预热按钮控制屏可控制发电机启动加热器进行工作，已达到预热目的。

2）上电

将控制屏上按钮从"0"转向"ON"位置，观察到面板上仪表背景灯亮，表示控制屏已上电，同时机组燃油处于打开状态，带电子调速控制器或电喷型机组的控制器也处于工作状态。

3）启动

部分机组控制屏具有怠速/全速转换开关，可根据实际的需要，选择是否怠速启动或者全速一次性启动。通常怠速运行时间不宜超过5min；机组切勿长时间在怠速状态下运行。

按下启动按钮，持续时间最大不超过30s，发动机在启动马达的带动下开始启动，一旦启动成功，即可释放启动按钮，机组进入运行状态。当机组控制屏发生故障时，必须及时对其进行检修后才能开机。

4）运行

机组进入全速运行，发电机电压、频率稳定后，操作人员可将发电空气开关合上。

机组在运行中,操作人员还应经常观察了解机组运行是否正常、控制屏有无预报警、指示燃油箱油位情况等运行参数,并定时对机组运行参数进行记录。

(3) 急停

一旦操作人员发现机组出现严重故障或配电故障时,可按下控制屏急停按钮,对机组进行立即停机。无特殊情况时,不建议随意地通过急停按钮对机组进行停机操作。

(4) 正常停机

机组正常停机前,首先将负载分离(发电空气开关分断),然后将机组空载运行一段时间后(3~5min),让机组得到充分冷却后停机。(冷却运行切勿在急速下进行)。对于安装了停机阀的部分机组,控制屏钥匙开关机组停止的操作是无效的。正确的停机操作,必须在控制屏上电时,按停机按钮才能使机组停止运行。

(5) 运行之后

机组停机之后还有必要进行下列操作:

1) 检查机组有无"三漏"现象(润滑油、燃油、冷却液);关闭燃油阀;

2) 关闭机房进、出排风设施;关闭发电机输出空气开关;

3) 关闭控制屏电源钥匙开关,取出钥匙,妥善保管;

4) 长时间停机或进行机组维护保养时,必须将机组启动电瓶负极电缆拆除,必要时还应放尽燃油和冷却液等。

(6) 运行记录

机组每次运行,用户必须做好运行记录,运行记录形式有多样性。基本内容包含:本次运行时间、机组累计运行时间、运行中发电机油压表、温度表读数、发电电压、频率、最大功率等记录,机组运行情况,机组有无故障报告/停机等。

11. 热水炉操作规程

(1) 使用前的准备工作

1) 检查系统管路连接是否正确、阀门有无泄漏。

2) 检查燃料管路连接是否正确、有无泄漏。

3) 检查控制线路连接是否正确。

4) 新安装或长时间不使用的锅炉,内部有泥沙、锈斑等脏物,须进行冲洗。

5) 检查管路内水有无冻结,气温骤降时,与锅炉直接相连的管路冻结会使锅炉损坏,需予以重视。

6) 以高位水箱作系统定压装置时,高位水箱初始水位宜在1/3处。

7) 检查燃料是否接至燃烧器。

8) 打开烟道挡板。

9) 锅炉房通风应良好。

10) 系统通过补水泵自动补水。

(2) 锅炉启动

系统安装完毕后,关闭备用泵侧的前后阀门、压力管球阀;全部打开运行泵侧的前后阀门、压力管球阀、阻力调节阀、排气阀;启动运行泵,排气阀喷水即关闭,按照锅炉标准水位调节阻力阀,水位平稳即可。调整完毕后,长期不动。

循环泵正常运转后再启动燃烧器,循环系统阀门应打开。禁止先启动燃烧器,待锅水升温后再启动循环泵或突然打开阀门。锅水温度剧变会使锅炉本体受损。

燃烧器宜先小火运行，过一段时间后转入大火运行，避免因温度剧变引起过大热应力，对锅炉本体产生不良影响。

(3) 正常运行

1) 温度调节器上限温度须设定在 60～90℃ 范围内。

2) 燃烧器、循环泵等不能带病运转。

3) 锅炉运行时，请勿停止循环泵运转或完全关闭循环系统主管道阀门。

4) 在寒冷地带，应可靠措施防止因冻结使锅炉受损。

12. 氮气系统操作规程

(1) 液氮充装操作

1) 作业准备

① 将称重计量后的槽车停靠到卸车台，熄火并拔下钥匙，进行刹车制动，并放置三角木和停车指示牌。

② 打开后操作箱门，挂好风钩。检查操作箱内各管道及阀门连接有无泄漏或其他异常情况，如有泄漏或其他异常情况，须修复或排除后方可进行下步操作。

③ 检查金属软管和快装接头是否存在裂纹及其他安全隐患，确认设备完好，如发现问题，须修复或排除故障后方可进行下步操作。

2) 操作过程

① 将槽车充装软管同储罐充装接头连接起来。打开槽车气相阀，再打开充装管排放阀约 1min，用气相使充装软管冷却并得到吹扫，同时检查充装接头连接的气密性。冷却结束后，关闭槽车气相阀和充装管排放阀。

② 通过槽车自增压器给槽车增压，直至压力比储罐压力高至少 0.35MPa，稳定槽车自增压器阀门开度。

注：为保证切断阀气工作正常，卸液氮过程中液氮罐内压不得低于 0.5MPa。

③ 缓慢打开底部充装阀和顶部充装阀进行充装。

④ 充装过程中须观察储罐内的压力变化。由于通过底部充装使上部空间的气体被压缩而使储罐压力升高，通过顶部充装则使上部空间的气体冷却并重新液化而使储罐压力下降，所以可通过调整底部和顶部充装阀的开度使储罐压力保持稳定。

⑤ 充装过程中观察液位表，当显示约 3/4 液位时，微开溢流阀（有气流声音即可）。如有液体从溢流阀溢出，则应立即终止充装，并关闭溢流阀。

3) 作业结束

① 当槽车液位计读数为零或指针回落到某一值并稳定 10min 无变化时，则说明液体已卸完，关闭顶部充装阀和底部充装阀。

② 通过充装管排放阀排放充装软管内的残留液体，释放充装软管内的压力。

③ 拧松充装接头，拆下软管。

④ 关好后操作箱门，移开三角木、停车指示牌，引导槽车司机将槽车开往计量区称重。

(2) 液氮供气操作

1) 作业准备

检查确认液氮罐压力（低于 0.8MPa）和液位（大于 0）正常。

2）作业过程

逐步缓慢开启液体输出阀。此时，储罐自动输出液体，经液氮空温气化器气化、氮气调压器调压后进入氮气缓冲罐（注意对液氮空温气化器及低温管线的预冷）。

根据工艺要求，需要增加气化量时，打开增压器输出阀，再缓慢打开增压器输入阀和并进行调整，使其气化量满足氮气使用要求。

3）作业结束

作业结束后，操作人员应确认液氮气化器出口温度不低于 0℃，方可离开现场。

第5章 设备设施维护管理

LNG 场站的工艺特点为"低温储存、常温使用",场站设备设施对维护保养要求相对较高。燃气企业应明确场站设备设施运行维护管理部门,制定场站设备设施维护管理制度及作业指导书,明确职责划分,规范 LNG 场站日常巡检及维护工作,及时发现设备、设施存在的问题,做到早发现、早预防、早处理。

5.1 场站设备设施管理

(1) 设备管理应定人、定机、定岗位、定责任。

必须确定设备负责人,执行设备交接班制度并做好运行记录。

场站设备管理可使用设备责任牌来执行场站设备的定岗定人及挂牌管理工作。设备责任牌上需标明设备编号、设备名称及规格、设备用途、设备责任人等详细信息并悬挂于设备明显位置处。

(2) 作业人员要认真学习业务技术,做到"三懂"、"四会"。

三懂:懂操作规程、懂安全生产常识、懂设备构造性能。

四会:会熟练操作、会维修保养、会预防与处理事故、会排除故障。

(3) 设备设施做到"一准、二灵、三清、四无、五不漏"。

1) 准确:

① 自动化计量仪表快捷、准确。

② 调压器、安全阀、温度计、压力表显示准确。

③ 加臭装置计量准确。

2) 灵活:

① 各类设备、阀门、仪表灵敏可靠。

② 调压安全设备灵活、可靠。

3) 清洁卫生:

① 站场设备、阀门、工艺管道清洁。

② 站场地面、值班室清洁卫生。

③ 站场环境清洁卫生。

4) 四无:

① 站内无杂物。

② 站内无明火。

③ 设备、阀门无油污。

④ 设备、值班室无蜘蛛网。

⑤ 五不漏:站场内设备、阀门不漏电、油、气、汽、水。

（4）场站设备设施的维护保养及改造若涉及动火、密闭空间、高处、临时用电、高压设备维修等作业时，应办理相应的作业许可证。

5.2 场站设备设施巡检管理

（1）LNG 场站巡检可分为定期巡查与不定期检查。定期巡查由场站运行人员负责完成；不定期检查由公司以及场站专（兼）职安全员主要负责，运行人员辅助完成。

（2）定期巡检。根据场站设备设施重要性、危险程度以及设备维护周期，LNG 场站定期巡检分为：日常巡检及周期巡检维护两种。

1）日常巡检。日常巡检实施时间应控制在±10min 内，不许提前或推后。

① 中控室自动控制系统各项数据每小时记录一次，当遇到场站卸车、储罐增压、BOG 等作业时应按照作业指导书要求进行巡检，每小时不得小于一次。

② 卸车区、储罐区、气化区、钢瓶充装区、调压计量区、辅助区（变配电室、消防泵房、锅炉房、发电机房）每 2h 巡检一次；

③ 日常巡检内容主要包括：

A. 检查 LNG 储罐的液位、压力是否正常；

B. 检查气化器的工作状态是否正常；

C. 检查场站内一、二次仪表是否一致；

D. 检查气化站内检查常开、常闭阀门的状态是否正常；

E. 检查管线压力表、温度计是否正常；

F. 检查站内设备、管线、阀门是否有泄漏，有无异常现象发生；

G. 检查阀门、管线的异常结霜；

H. 工艺管道及其设备、设施有无沉降、拉裂现象；围墙、房屋、避雷塔、放空管及地基等有无沉降现象；

I. 检查气化站内消防设施是否完好，消防水带、枪、消防扳手是否齐全。

2）周期巡检维护。周期巡检主要包括：周巡检、月巡检以及年巡检。

① 周巡检维护：值班人员每周巡检一次，检查时间控制在±2 天内，不许提前或错后；

② 月巡检：值班人员每月巡检一次，检查时间控制在±5 天内，不许提前或错后；

③ 年巡检：值班人员每年巡检一次，检查时间控制在±5 天内，不许提前或错后；

（3）巡检要求

1）场站值班人员要按照预先设定的周期和方法，对场站的规定部位（点）进行巡检，发现异常，及时正确处理。

① 巡检方法包括：

看：看各类仪表、仪表指数、阀门开关位置是否正确；

听：听设备运转是否有异响，判断设备运转是否正常；

摸：摸设备紧固件是否松动，设备表面温度是否符合要求；

嗅：嗅空气中是否有异常气味，判断是否有跑、冒、滴、漏情况；

测：每班对重点工艺设备及特种设备安全附件检查、检测。

② 对设备的巡检应注意以下几点：
A. 设备紧固情况：螺丝是否松动，设备是否稳固；
B. 设备润滑情况：设备是否润滑；
C. 设备密封性：设备是否存在跑、冒、滴、漏；
D. 设备温度、气味：温度、气味是否有异常情况；
E. 设备的声音：响声是否正常；
F. 腐蚀情况：设备是否被腐蚀，腐蚀程度如何。

2) 巡检期间严格执行安全、防火管理相关规定，如：佩戴安全帽、穿着防静电工作服、劳保鞋（配电室穿着绝缘鞋）、持便携式燃气气体泄漏检测仪（建议每班使用 PPM 级或泵吸式 LEL 级）等；

3) 巡检路线：各场站应根据各场站工艺平面布置情况，自行规划巡检路线，并制作巡检路线图现场粘贴。如：卸车区→储罐区→气化区→调压计量区域→自控室→消防泵房等。

（4）问题处理

1) 巡检人员应随身携带适量的工具，遇到简单又方便处理的故障立即处理，对于巡回检查出的问题，能当班处理的绝不允许拖到下班。未能及时处理的，应在巡检结束后报相关人员处理，并及时记录。

2) 对于处理故障时可能会影响到场站正常运行的，以及巡检中发现的重大安全隐患应及时上报场站班长。

3) 对巡检发现的问题，无论是否处理过，都要详细记录，同时对未处理的问题要纳入设备维护计划。

5.3　场站设备设施维护保养管理

LNG 场站设备设施维护保养应贯彻"维护为主、检修为辅"的方针，执行"日常保养落实到人"的原则，做到台台设备有专人负责管理。操作人员应严格执行安全操作规程，做到正确操作，精心护理，保证设备经常处于良好状态。

1. 日常维护保养

各场站应根据设备维护保养周期、工作状况、厂家建议以及供气计划制定维护保养计划。具体要求如下：

（1）计划内容包括设备的例行检查，测试与预防性维修周期、时间表、工作内容和准则。

（2）计划应涵盖场站所有设备设施，包括：在用及停用设备设施。

（3）设备设施相关备品配件要有一定储备，对易损件应及时供应。

（4）严格按计划执行各设备维护保养。

（5）认真填写设备维护保养记录，做到及时、准确、有效。

（6）场站负责人定期检查相关记录，及时解决或上报巡检维护中发现的问题。

（7）各场站每月要对巡检维护工作以及发现的问题处理情况进行统计、分析，每半年要对巡检工作进行一次全面、系统的总结和评价，提出书面总结材料和下一阶段的重点工作计划。

2. 大中修、改造管理

（1）根据设备维护保养、故障发生情况，确定场站设备设施的大中修及技术改造计划并上报审核。

（2）场站管理部门组织安全、技术设备人员对维修改造方案进行评审。

（3）对于已确定的项目，场站管理部门根据招投标相关管理制度执行招标，完成合同的签订，完成项目相关的设计、施工、监理单位或设备（材料）供应商的确定。

（4）场站在大中修、改造过程中负责监督维修质量，确保工期，并及时填写维修过程记录，在分项验收记录中签字。

（5）维修改造完成后组织技术设备部、安全等相关部门对该项目进行验收，参与部门签署验收意见。

（6）大中修应严格按照相关技术规程或经上级部门审核批准的方案进行。

（7）场站管理部门负责填写维修台账相关内容，并确保对维修改造过程中的相关资料归档保存。

3. 特种设备定期检验及维护保养管理

（1）总体要求

特种设备及附件的运行管理应符合《中华人民共和国特种设备安全法》的规定。

1）在特种设备投入使用前或者投入使用后 30 日内，向负责特种设备安全监督管理的部门办理使用登记，取得使用登记证书。登记标志应当置于该特种设备的显著位置。

2）建立岗位责任、隐患治理、应急救援等安全管理制度，制定操作规程，保证特种设备安全运行。

3）建立特种设备安全技术档案。安全技术档案应当包括以下内容：

① 特种设备的设计文件、产品质量合格证明、安装及使用维护保养说明、监督检验证明等相关技术资料和文件；

② 特种设备的定期检验和定期自行检查记录；

③ 特种设备的日常使用状况记录；

④ 特种设备及其附属仪器仪表的维护保养记录；

⑤ 特种设备的运行故障和事故记录。

4）对使用的特种设备进行经常性维护保养和定期自行检查，并作出记录。对特种设备的安全附件、安全保护装置进行定期校验、检修，并做好记录。

5）特种设备进行改造、修理，按照规定需要变更使用登记的，应当办理变更登记，方可继续使用。锅炉、压力容器、压力管道元件等特种设备的改造、重大修理过程，应当经特种设备检验机构按照安全技术规范的要求进行监督检验。

6）特种设备安全管理人员、操作人员应持证上岗。

7）特种设备存在严重事故隐患，无改造、修理价值，或者达到安全技术规范规定的其他报废条件的，应当依法履行报废义务，采取必要措施消除该特种设备的使用功能，并向原登记的负责特种设备安全监督管理的部门办理使用登记证书注销手续。

（2）定期检验

1）要熟练掌握所属特种设备定期检测情况，根据自身的特点制定定期检验检测计划，确保检验检测工作如期实施。

2）按照安全技术规范的定期检测要求在上次检测有效期满前 1 个月提出定期检测要求。

压力容器一般于投用后 3 年内进行首次定期检验。以后的检验周期由检验机构根据压力容器的安全状况等级，按照以下要求确定：

① 安全状况等级为 1、2 级的，一般每 6 年检验一次；

② 安全状况等级为 3 级的，一般每 3~6 年检验一次；

③ 安全状况等级为 4 级的，监控使用，其检验周期由检验机构确定，累计监控使用时间不得超过 3 年，在监控使用期间，使用单位应当采取有效的监控措施；

④ 安全状况等级为 5 级的，应当对缺陷进行处理，否则不得继续使用。

3）检测前应当按要求备齐特种设备的相关资料，一般为：

① 设备出厂资料：设计文件、安装使用说明、产品合格质量证明；

② 设备安装资料：安装告知书、安装质量证明、安装监督检验报告；

③ 使用登记文件；

④ 上次定期检验报告；

⑤ 运行记录、维护保养记录、运行中出现异常情况的记录等。

4）检测时，要做到按计划的时间停车检验，并向检验机构和检验人员提供检验所需的条件，配合他们做好检验检测工作。

5）检测后，对检验合格的特种设备，或存在问题的设备，已经采取相应措施进行处理并达到使用要求的，要及时办理有关注册、变更手续。

6）凡未经定期检验或者检验不合格的特种设备，不得继续使用。

7）特种设备发现故障或者发生异常情况，使用单位，应当对其进行全面检查，消除安全隐患后，方可投入使用。

8）对确因需要延长检验周期的特种设备，必须依法办理延期检验手续。

9）将定期检验标志置于该特种设备的显著位置。

（3）维护保养

1）对在用特种设备应当至少每月进行一次自行检查，并作出记录。对在用特种设备进行自行检查和日常维护保养时发现异常情况的，应当及时处理。

2）应建立所属特种设备管理记录台账，包括：《特种设备使用单位基本情况表》、《特种设备作业人员花名册》、《特种设备登记总台账》、《特种设备安全附件总台账》、《安全附件定期检验记录》、《特种设备保养维修记录台账》、《特种设备故障事故记录台账》等。

3）坚持设备使用与维护相结合及维护与检修并重，以维护为主的原则。

4. LNG 场站常见设备设施、工具校验/检测周期

LNG 场站常见设备设施、工具校验/检测周期见表 5-1。

LNG 场站常见设备设施、工具校验/检测周期　　　　表 5-1

序号	名称	校验/检测周期
1	压力容器（LNG 储罐等）首次检验	3 年
2	固定式可燃气体检测仪	1 年

续表

序号	名称	校验/检测周期
3	便携式可燃气体检测仪	1年
4	安全阀	1年
5	防雷防静电检测	半年
6	电工令克棒	1年
7	高压验电笔	1年
8	电工绝缘手套	半年
9	电工绝缘靴	半年
10	压力表	半年
11	流量计	1年
12	蒸汽锅炉	1年
13	LNG储罐真空度、垂直度检验	1年

5.4 LNG场站设备设施的维护保养

1. LNG低温储罐

（1）LNG低温储罐维护保养周期及内容（表5-2）

LNG低温储罐维护保养周期及内容　　　表5-2

序号	维护内容	维护标准	周期
1	储罐防腐	刷漆防腐、无锈蚀	3～5年
2	真空度检测	≤8Pa	每年
3	日蒸发率的测定	0.3%	每半年
4	立式储罐垂直度检测	处于设计范围内	每季度
5	储罐地脚螺栓紧固、上油	螺栓紧固、无腐蚀	每季度
6	储罐的压力表、液位计、温度计外观清洁维护	定期清污，工作正常	每月
7	储罐地基	地基无沉降、无裂缝	每月
8	围堰	无沉降、开裂缝	每月
9	积液池	定期清污，水泵运行正常	每月

（2）常见故障及处理方法

1）储罐压力过高

① 压力表失灵应更换压力表。

② LNG充装时槽车增压太快，及时泄压。

③ LNG气质异常，及时泄压。

④ 储罐增压调节阀故障，进行检查调整。

⑤ 储罐降压调节阀故障，进行检查调整。

⑥ 储罐保冷性能下降，与厂家联系进行检查。

2）罐体出现冒汗结霜现象

① 可能是真空度受到破坏，应联系 LNG 储罐生产商，检查 LNG 储罐的真空度是否受到破坏。

② 可能因其他原因造成储罐的绝热功能发生故障，应根据具体情况进行处理。

(3) 注意事项

1) 与储罐连接的（根部阀）第一道阀门不得作为进、出物料的控制阀，不应经常启闭。

2) 低温阀门使用一段时间后，会出现漏液现象。若发现上压盖有微漏，应压紧填料压盖。若阀芯不能关闭，应更换阀芯，低温阀门严禁加油和水清洗。

2. 气化器

(1) 维护保养内容

1) 气化器是将低温液体升温成气态介质的管式压力容器。管上的翅片组合是为了加速热交换，提高设备的气化能力和效率，使用时要观察外观结霜情况，如不均匀应及时上报、处理。

2) 平时应多注意焊口及翅片，是否有无开裂现象，特别注意低温液体导入管与翅片和低温液体汇流管焊接处的焊口。

3) 气化器的静电接地应完成，并定期的检测接地。

4) 气化器的外表面应保持清洁，不得将任何物质放置到气化器上面。

5) 气化器的基础要经常观测，发现有无下陷或损坏现象，发现问题应及时上报、及时处理。

6) 气化器在运行过程中如气化量大，发现过度结霜现象应及时处理。

7) 气化器要定期进行切换，确保出口温度不低于5℃。

(2) 常见故障、原因及处理方法

气化器在运行过程中出现气化能力不足，过度结冰情况。

1) 启用水浴式加热器。

2) 减少 LNG 的输入量。

3) 增加通风设备，人工手动除冰或其他手段化霜。

4) 增加气化器的数量。

3. 调压撬

(1) 调压撬维护保养周期及内容（表 5-3）

调压撬维护保养周期及内容　　　　表 5-3

序号	维护周期	维护内容	维护标准
1	新置换通气运行一周	1. 过滤器积垢程度检查	过滤器差压表读数≥0.03MPa
		2. 泄漏检查	所有设备及连接处无泄漏点
		3. 调压器进出口压力检查	根据当时流量压力在正常范围内
		4. 检查调压器出口压力和运行压力运行情况是否正常（24h 运行记录）	压力无突变和无不正常升高或降低
		5. 检查调压器切断压力	切断压力正常

5.4 LNG场站设备设施的维护保养

续表

序号	维护周期	维护内容	维护标准
2	每个月	1. 漏点检查	所有设备及连接处无泄漏点
		2. 检查切断阀启动值和脱扣机构能否正常工作,切断后关闭是否严密	切断阀启动值正常和脱扣机构工作正常,切断后关闭严密
		3. 过滤器清洗或更换	观察过滤器压力表读数,当其压损 $\Delta P \geqslant 0.003MPa$ 应清洗或更换滤心
		4. 检查调压通道前后阀门	阀门开关灵活
		5. 用压力记录仪检查调压器出口压力和运行压力运行情况是否正常(24h运行记录)	压力无突变和无不正常升高或降低
3	每年	1. 每月维护保养内容	参照每月维护保养标准
		2. 清洗指挥器、调压器内腔	干净无污垢
		3. 更换皮膜	更换同规格合格的皮膜
		4. 给活动或传动部件上油	先去除污锈在均匀上合格的油
		5. 吹洗放散阀信号管	干净无污垢
		6. 安全放散阀的启动压力值进行校验	安装合格的放散阀
		7. 调校仪表精确度	安装合格的仪表
4	每三年	1. 每年维护保养内容	参照每年维护保养标准
		2. 拆洗调压器所有零部件、切断阀零部件、指挥器零部件、阀门零部件	零部件表面干净无污垢
		3. 更换调压器、切断阀、放散阀、阀门中的全部非金属件	更换同型号的非金属件(由供应商完成)
		4. 检查各零部件的磨损及变形情况,必要时更换	各零部件无磨损及变形情况
		5. 更换过滤器滤芯	更换同型号过滤器滤芯
		6. 各组件及管道外壁的油漆涂层	油漆涂层完好,并做到除锈彻底,刷漆全面

(2) 调压器切断阀的维护

1) 调压切断阀维护保养周期及内容(表5-4)

调压切断阀维护保养周期及内容 表5-4

维护周期	维护内容	维护标准
3个月	检查切断阀启动压力	符合规定值
	检查脱扣机构及传感器撞块的动作灵敏度	动作灵敏
	检查切断阀切断后关闭是否严密	无泄漏
	开启手动切断旋钮	手动切断正常

2) 切断阀常见故障、原因及处理方法(表5-5)

第5章 设备设施维护管理

切断阀常见故障、原因及处理方法　　　　　　　　　　表 5-5

序号	故障	原因	处理方法
1	不能切断	1. 阀口脏有异物 2. 阀杆生锈 3. 皮膜损坏 4. 压力不足	1. 清洗阀口 2. 更换阀杆 3. 更换皮膜 4. 调整压力或更换氮气瓶
2	切断不能恢复	脱扣机构磨损	修复或者更换

4. 涡轮流量计

（1）涡轮流量计维护保养周期及内容（表 5-6）

涡轮流量计维护保养周期及内容　　　　　　　　　　表 5-6

序号	维护周期	维护内容	维护标准
1	每个月	周围环境	无不安全因数
		卫生	整洁
		检查过滤器积垢程度检查	无污垢
		泄漏检查	无泄漏
		检查运行压力和实际管道压力	在正常范围内
		润滑油数量检查	不少于 1/3
		检查运转声音	无杂声
		检查表体外油漆涂层	无缺陷
		信号线	整齐无损坏
		修正仪显示压力	和实际运行压力吻合
		电池电量	不低于一格
2	每半年	清洗表前过滤器	无污垢
3	每年	润滑油油质	无杂质
		定期检定	合格
4	每 2 年	定期检定	合格
5	每 3 年	更换内置电池	电量显示满格

（2）流量计常见故障、原因及排除方法（表 5-7）

流量计常见故障、原因及排除方法　　　　　　　　　　表 5-7

序号	故障	原因	处理方法
1	显示仪表对流量信号和检验信号均无显示	1. 电源未接通，或保险丝熔断； 2. 显示仪表有故障	1. 接通电源或更换保险丝； 2. 检修显示仪表
2	显示仪表对"校验"信号有显示但对流量信号无显示	1. 传感器与显示仪表接线有误，或有开路、短路，接触不良等故障； 2. 放大器有故障或损坏； 3. 转换器（线圈）开路或短路； 4. 叶轮被卡住； 5. 管道无流体流动或堵塞	1. 对照故障表，检查接线的正常性和接线质量； 2. 维修或更换放大器； 3. 维修或更换线圈； 4. 清洗传感器及管道； 5. 开通阀门或泵，清洗管道

续表

序号	故障	原因	处理方法
3	显示仪表工作不稳，计量不正确	1. 实际流量超出仪表的计量范围或不稳定； 2. 仪表系数 K 设置有误； 3. 传感器内挂上纤维等杂质； 4. 传感器旁有较强的电磁场干扰； 5. 传感器轴承及轴严重磨损； 6. 传感器电缆屏蔽层或其他接地导线与线路地线断开或接触不良； 7. 显示仪表故障	1. 使被测流量与传感器的测量范围相适应，并稳定流量； 2. 使系数 K 设置正确； 3. 清洗传感器； 4. 采用消气措施，清除气泡； 5. 尽量远离干扰源或采取屏蔽措施； 6. 更换"导向件"或"叶轮轴"； 7. 对照附电路接线图，接线接好； 8. 检修显示仪表

5. 加臭机的维护

（1）加臭机维护周期及内容（表5-8）

加臭机维护周期及内容　　表5-8

序号	维护周期	维护内容	维护标准
1	每周	阀门和连接部位泄漏情况	无泄漏
		四氢噻吩贮罐液位在规定范围	四氢噻吩贮罐液位 600～100mm
		加臭泵的运转	加臭泵的运转无卡涩现象，泵的线圈电阻在规定的范围内
		润滑油油位	保持在泵轴的1/2处
		膜片	完好无破裂
		排气	正常
		流量信号的电路情况	电路连接无误，周围无强电等电磁干扰
		自动加臭一次注入量	符合加臭规范
2	半年	更换泵内机油	油质清澈，无臭味
		清除腔内机油及杂质	腔内机油及杂质清除干净
		清洁排油孔塞	排油孔塞通畅

（2）加臭机常见故障、原因及处理方法（表5-9）

加臭机常见故障、原因及处理方法　　表5-9

序号	故障	原因	处理方法
1	加臭泵不工作	1. 电源中断； 2. 防爆开关失灵； 3. 控制器保险丝熔断； 4. 线路接触不良或中断	1. 重新合上电源开关； 2. 更换防爆开关； 3. 更换保险丝； 4. 接紧线路
2	泵的输出量降低或浮子跳动低	1. 液压进油口螺栓松动； 2. 单向阀内有杂质； 3. 机油黏度不适宜	1. 拧紧螺栓； 2. 清洗单向阀； 3. 更换机油

续表

序号	故障	原因	处理方法
3	机油混有加臭剂	膜片破裂	更换膜片
4	液位计液面不动	补油泵头和上料泵头有空气	关闭输出阀打开回流阀运行排出空气后恢复
5	转子不跳动	1. 上下单向阀堵塞； 2. 腔内有气体	1. 清洗上下单向阀； 2. 打开安全阀排出气体

6. 工艺管道

（1）工艺管道管理要求

1）管道上标有流向标志，管道支架完好无锈蚀。

2）保温层完整，无脱落、破损及异常结霜现象。

3）无漏气现象。

（2）日常检查维护

1）检查工艺管线保冷层的保护，管道支架、管道法兰静电连接、管道静电接地等，做好操作平台的日常维护工作。

2）注意工艺管道活动支架的正常滑动。

3）检查管道接口有无泄漏。

4）保持工艺管道的畅通，严禁出现憋液、憋压现象。

5）日常巡检过程中应注意管道支架因地基下陷，从而对管道产生下拉力，使管道发生弯曲，如出现这种现象应及时上报、处理。严禁在管上面放置重物及人在上面行走。严禁击打管线及阀门。

6）日常巡检中应注意工艺管道、支架腐蚀情况，在日常维护中应及时地进行防腐和补漆。对易腐蚀的螺栓、螺母及转动件的外漏部分可根据具体情况加油或油脂。

7）卸车金属软管无损坏或缺陷，每年检测一次，测试压力为系统最高工作压力的1.5倍。

（3）常见问题及处理

低温法兰发生泄漏。

1）若是法兰紧固件轻微松动，应穿戴好防护装备后，立即将泄漏的法兰进行紧固。

2）若法兰损坏无法紧固，应立即关闭该泄漏法兰的上下游阀门，对相应管段进行泄压，待压力稳定且温度升高后再进行法兰的维修或更换。

7. 阀门

定期检查常开阀门（如安全阀根部阀、调压阀、紧急切断阀）、常闭阀门如（排空阀、排液阀）的运行状态，定期检测紧急切断阀是否正常。

（1）安全阀的维护

1）安全阀维护保养周期（表5-10）

安全阀维护保养周期   表5-10

序号	维护周期	维护内容	维护标准
1	每个月	清洁安全阀	干净无灰尘，安全阀排放管无异物堵塞
		检查安全阀无漏情况	无泄漏
2	每年	送检1次	检验合格

2）安全阀常见故障、原因及处理方法（表5-11）

安全阀常见故障、原因及处理方法　　　　　表5-11

序号	故障	原因	处理方法
1	泄漏	1. 阀瓣与阀座密封面之间有脏物； 2. 密封面损伤； 3. 阀杆弯曲、倾斜或杠杆与支点偏斜，使阀芯与阀瓣错位； 4. 弹簧弹性降低或失去弹性	1. 提升扳手将阀开启几次，把脏物冲去； 2. 采用研磨或车削后研磨的方法加以修复或更换； 3. 应重新装配或更换； 4. 更换弹簧、重新调整开启压力
2	到规定压力时不开启	1. 定压不准； 2. 阀瓣与阀座粘住； 3. 杠杆式安全阀的杠杆被卡住或重锤被移动	1. 应重新调整弹簧的压缩量或重锤的位置； 2. 每年检定一次，更换或送检处理； 3. 重新调整重锤位置并使杠杆运动自如
3	不到规定压力开启	1. 定压不准； 2. 弹簧老化弹力下降	1. 适当旋紧调整螺杆； 2. 更换弹簧
4	排气后压力继续上升	1. 安全阀排量小于设备的安全泄放量； 2. 阀杆中线不正或弹簧生锈； 3. 排气管截面不够	1. 重新选用合适的安全阀； 2. 应重新装配阀杆或更换弹簧； 3. 采取符合安全排放面积的排气管
5	阀瓣频跳或振动	1. 弹簧刚度太大； 2. 调节圈调整不当，使回座压力过高； 3. 排放管道阻力过大，造成过大的排放背压	1. 改用刚度适当的弹簧； 2. 重新调整调节圈位置； 3. 减小排放管道阻力
6	排放后阀瓣不回座	弹簧弯曲阀杆、阀瓣安装位置不正或被卡住造成	重新装配
7	灵敏度不高	1. 弹簧疲劳； 2. 弹簧使用不当	1. 更换弹簧； 2. 更换弹簧

（2）电动阀门保养与维修

1）日常维护保养

① 检查壳体是否存在油泄漏，从顶部向下看油液体应有20mm的液位。

② 检查外部部件有无损伤（包括手轮、现场指示玻璃盘）。检查电动阀门是否存在锈蚀，否则应除掉锈斑后，重新刷漆。

③ 检查阀门和执行机构的联接螺钉螺母是否松动，如果松动，需用测力扳手将其拧紧。

④ 如果该执行机构不是经常使用，应该在工艺条件允许时对执行机构做手动和电动

操作。
  2）特殊维护保养（每隔 3 年进行）
  ① 检查所有外壳。
  ② 更换 O 形圈。
  ③ 如执行机构频繁操作或在高温下工作，则需要更换润滑油。
  3）故障维修
  ① 执行机构不能电动操作
  检查电源和铭牌上的标识是否一致。
  检查电源接线和控制接线。
  ② 电动执行机构打不开阀
  先用手动将阀门摇离阀座。
  当阀门离开阀座后，再用电动操作阀门。
  ③ 电机发热不能启动
  当电机冷却后，检查热敏电阻的接线端子两端，确定热敏电阻是否闭合。
  检查每小时的操作次数和其承受的力是否和执行机构相符。
  检查阀门的操作时间是否超过了原设计时间。
  找出电机不正常发热的原因。
  ④ 执行机构处于电动状态但不能开阀
  将执行机构打到手动状态，看是否可以操作阀门，如果还不动，则需检查手动部分或电机到驱动轴的联动装置。
  ⑤ 阀门操作时过扭矩，并且电机发热
  阀门填料过紧，松动连接处的螺钉螺母。
  确认阀门阀杆是否受轴向力，检查阀杆和驱动轴套有无足够的缝隙。
  检查阀门或减速箱润滑是否良好，有无损坏。
  ⑥ 停阀位置不对
  受到扭矩开关的干扰，阀门产生停阀，则调整扭矩开关，提高输出扭矩。
  受到限位开关的干扰，阀门产生停阀，则将阀打到所需阀位，然后再调整限位开关。
  检查阀门内部是否损坏。
  ⑦ 阀门卡在关位
  检查执行机构是不是接受了开阀信号。
  用手动将阀门从卡位打开。
  ⑧ 阀门到达全开位和全关位时执行机构不停止
  检查限位开关的凸轮位置。
  检查凸轮是否固定在轴上。
  检查 CT/P 和 OT/P 工作是否正常。
  检查 CT/P 和 OT/P 的电缆接线。
  检查由 CT/P 和 OT/P 操作的传动装置是否工作。
  （3）其他常见阀门维护保养
  1）维护周期及内容（表 5-12）

常见阀门维护周期及内容 表 5-12

序号	维护周期	维护内容	维护标准	备注
1	日常维护	阀体及附件的清洁,阀门开关指示牌、阀门编号牌	必须保持清晰可见	
		检查支架和各连接处的螺栓	紧固	
		法兰连接处的裸露在外的阀杆螺纹	宜用符合要求的机械油进行防护,并加保护套进行保护	常用抹黄油的方法进行防腐
		检查阀门填料压盖、加油孔、加油孔螺帽、放散球阀、放散球阀阀芯、丝堵、膨胀节、阀盖与阀体连接及阀门法兰等有无渗漏,同时要注意整个阀体的腐蚀情况	无泄漏和无锈蚀	
		检查异常的阀门、刚维修完的阀门、新更换的阀门、新增加的阀门	正常使用无泄漏	
2	每半年维护	阀门的手动装置进行检查,启闭一次阀门	灵活,正常开启	
		加密封脂	对启闭力矩大的加注密封脂	
		打开排污口,阀体进行排污	无污物	

2) 阀门的常见故障和处理方法:
① 低温阀门常见故障和处理方法(表 5-13)。

低温阀门常见故障和处理方法 表 5-13

序号	故障	原因	处理方法
1	阀门漏气	1. 阀顶、与阀座密封面被硬物(例如硅胶、金属屑、焊渣等硬物)压伤,形成凹痕; 2. 阀门的阀杆中心线与阀座密封面(阀面)不垂直; 3. 阀顶与阀面因长期使用而磨损; 4. 阀杆外螺套的两端产生裂纹	1. 重新装配或更换; 2. 采用研磨或车削后研磨的方法加以修复或更换
2	阀门填料跑冷冻结	填料填装不匀、不紧,或阀杆不直、不圆时,低温液体或气体就会顺填料处的缝隙外漏。由于冷量外传,空气中的水分会冻结在填料上,将阀杆冻住	1. 采用蒸汽或热水加热填料才能开关阀门; 2. 检修阀门后,应将填料装匀、装紧,将压紧螺帽拧紧; 3. 更换填料和密封件
3	法兰泄漏	1. 密封面不光洁、不平整; 2. 螺栓未均匀上紧; 3. 螺栓材质不当	1. 更换密封垫圈; 2. 螺栓重新均匀上紧; 3. 更换螺栓

② 常温阀门常见故障和处理方法（表5-14）

常温阀门常见故障和处理方法　　　　　表5-14

序号	故障	原因	处理方法
1	1. 填料处泄漏； 2. 操作时用力过大； 3. 填料压盖螺栓没有拧紧	填料超期使用，已老化	1. 应及时更换损坏/老化的压料，逐圈安放； 2. 应按正常力量操作，不许加套管或使用其他方法加长力臂； 3. 均匀拧紧压住压料螺栓
2	密封面泄漏	1. 阀门安装方向与介质流向不符； 2. 关闭不到位； 3. 久闭的阀门在密封面上积垢； 4. 密封面轻微擦伤； 5. 密封面损伤严重	1. 注意安装检查； 2. 重新调整执行机构上的调整螺栓，关严到位； 3. 将阀门打开一条小缝，让高速流体把污垢冲走； 4. 调整垫片进行补偿
3	法兰连接处漏	1. 螺栓拧紧力不均匀； 2. 垫片老化损伤； 3. 垫片选用材料与工况要求不符	1. 重新均匀拧紧螺栓； 2. 更换垫片； 3. 按照工况要求正确选用材料，必要时联系厂家，进行材料选择
4	手柄/手轮的损坏处泄漏	1. 使用不正确； 2. 紧固件松脱； 3. 手柄、手轮与阀杆连接受损	1. 禁止使用管嵌、长杠杆、撞击工具； 2. 随时修配； 3. 随时修复
5	蜗轮蜗杆传动咬卡	1. 不清洁，嵌入脏物，影响润滑； 2. 操作不善	1. 清除脏物、保持清洁、定期加油； 2. 若操作时发现咬卡，阻力过大时，不能继续操作，就应该立即停止，彻底检查

8. 仪表维护

（1）仪表维护周期及内容（表5-15）。

仪表维护周期及内容　　　　　表5-15

序号	维护周期	设备类型	维护内容	维护标准
1	每个月	所有仪表	周围环境	无不安全因数
		所有仪表	卫生	整洁
		所有仪表	仪表本体和连接件损坏和腐蚀情况	无损坏和腐蚀情况
		所有仪表	泄漏检查	无泄漏
		所有仪表	检查运行压力、温度和实际管道压力	在正常范围内

续表

序号	维护周期	设备类型	维护内容	维护标准
2	每半年	变送器	信号线	整齐无损坏
		变送器	电源电压	规定的范围内
		差压变送器、压力变送器	定期排污	无污渍排出
		压力表、温度计	定期检定	合格
3	每一年	变送器	定期检定	合格

（2）温度变送器常见故障、原因及排除方法（表5-16）。

温度变送器常见故障、原因及排除方法　　　　表5-16

序号	故障	原因	处理方法
1	显示值比实际值低或不稳定	1. 保护套管内有金属屑、灰尘； 2. 接线柱间脏污及热电阻短路（水滴、潮湿等）	1. 除去金属屑，清扫灰尘、水滴等； 2. 找到短路处清理干净或吹干。加强绝缘
2	显示仪表无指示	1. 热电阻或引出线断路； 2. 接线端子松开	1. 更换热电阻； 2. 拧紧接线螺丝
3	阻值随温度关系有变化	热电阻丝材料受腐蚀变质	更换热电阻
4	仪表指示负值	1. 仪表与热电阻接线有错，如反接； 2. 热电阻有短路现象	1. 改正接线； 2. 找出短路处，加强绝缘

（3）压力表常见故障、原因及排除方法（表5-17）。

压力表常见故障、原因及排除方法　　　　表5-17

序号	故障	原因	处理方法
1	压力表无指示	1. 导压管上的切断阀未打开； 2. 导压管堵塞； 3. 弹簧管接头内污物淤积过多而堵塞； 4. 弹簧管裂开	1. 打开切断阀； 2. 拆下导压管，用钢丝疏通，用气吹干净； 3. 取下指针和刻度盘，拆下机芯，将弹簧管放到清洗盘清洗，并用细钢丝疏通； 4. 更换新压力表
2	指针抖动大	1. 被测介质压力波动大； 2. 压力表的安装位置振动大； 3. 高压、低压和平衡阀连接漏气（双波纹管差压计）	1. 关小阀门开度； 2. 固定压力表或取压点。或把压力表移到震动小的地方。也可装减振器； 3. 检查出漏气点并排除
3	压力表指针有跳动或呆滞现象	指针与表面玻璃或刻度盘相碰有摩擦	矫正指针，加厚玻璃下面的垫圈或更换压力表

续表

序号	故障	原因	处理方法
4	压力取掉后,指针不能恢复到零点负值	1. 指针打弯; 2. 指针松动	1. 用镊子矫直或更换压力表; 2. 校验后紧固
5	指示偏低	1. 导压管线有泄漏; 2. 弹簧管有渗漏	1. 找出泄漏点排除; 2. 补焊或更换

(4) 压力变送器（差压液位变送器）常见故障、原因及排除方法（表5-18）。

压力变送器（差压液位变送器）常见故障、原因及排除方法　　表 5-18

序号	故障	原因	处理方法
1	压力信号不稳	1. 压力源本身是一个不稳定的压力; 2. 仪表或压力传感器抗干扰能力不强; 3. 传感器接线不牢; 4. 传感器本身振动很厉害; 5. 变送器敏感部件隔离膜片变形、破损和漏油现象发生; 6. 补偿板对壳体的绝缘电阻大; 7. 变送器有泄漏; 8. 引压管泄漏或堵塞	1. 稳定压力源; 2. 紧固地线; 3. 紧固传感器接线; 4. 固定变送器; 5. 更换传感器; 6. 减小绝缘电阻; 7. 检查出泄漏部位并排除; 8. 清洗疏通引压管,排除漏点
2	变送器接电无输出	1. 接错线（仪表和传感器都要检查）; 2. 导线本身的断路或短路; 3. 电源无输出或电源不匹配; 4. 仪表损坏或仪表不匹配; 5. 传感器损坏	1. 检查仪表和传感器线路并排除; 2. 检查断路或短路点并排除; 3. 更换电源; 4. 更换仪表; 5. 更换传感器

9. 监控及数据采集系统

(1) 监控及数据采集系统的设备保持外观完好，螺栓和密封件应齐全，显示表读数清晰，执行机构不得卡阻，现场一次仪表应有良好的防爆性能，不得有漏气和堵塞状况，机箱、机柜应有良好的接地。

(2) 监控中心应符合下列要求：

1) 系统的各种功能运行正常。

2) 操作键接触良好，显示屏幕显示清晰、亮度适中，系统状态指示灯指示正常，状态画面显示系统运行正常。

3) 记录曲线清晰、无断线，打印机打字清楚、字符完整。

4) 机房和控制室环境符合规范的要求。

5) 采集点和传输系统的仪器仪表应按有关标准定期进行检定和校准。

6) 定期对系统及设备进行巡检，现场仪表与远传仪表的显示值、同管段上下游仪表的显示值以及远传仪表和计算机控制台的显示值一致。

7) 对无人值守站,应在主控室通过运行参数对系统运行情况进行监视,并定期到现场检查仪器、仪表及设备。

8) 在防爆场所进行操作时,不得带电进行仪器、仪表及设备的维护和检修。

(3) 各场站应根据设计文件要求,明确站区各压力、液位、温度、可燃气体泄漏信息采集点以及紧急切断阀、安全阀等仪表位号、控制对象以及设定值,制定站区监控信息采集点清单,并张贴。

(4) 制定并张贴符合现行国家标准《城镇燃气设计规范》GB 50028 要求的爆炸性气体危险场所分区图则以及爆炸性气体危险区内的电气设备清单,防爆区域内无非防爆电气设备和线路,如路灯、照明灯、普通电插座,防爆电气设备配置适当,设备、线路及连接口无破损,符合防爆要求。

(5) 燃气泄漏报警装置功能正常,自检能报警,探头无锈蚀,每年校验一次。

10. 电力设施

(1) 低压配电控制柜

1) 低压配电柜维护保养周期(表 5-19)。

低压配电柜维护保养周期 表 5-19

维护周期	维护内容	维护标准
每个月	清洁	无灰尘和污渍
	防腐	防腐层的完好
	检查所有部件	开启方便、操作灵活
	检查控制回路	无断路或接触不良
	检查配电控制柜周围电缆有无鼠咬痕迹	周围无老鼠咬痕迹

2) 低压配电柜常见故障、原因及处理方法(表 5-20)。

低压配电柜常见故障、原因及处理方法 表 5-20

序号	故障	原因	处理方法
1	按下启动按钮时,接触器不工作	1. 电源无电压; 2. 缺相; 3. 控制回路断路或接触不良; 4. 接触器线圈短路或活动部分被卡住; 5. 热继电器动作; 6. 按钮接触不良或损坏	1. 检查电源,并接通; 2. 检查熔丝或线路; 3. 检查控制回路; 4. 更换线圈或排除卡住部分故障; 5. 稍等数分钟,温度下降后即自动复位; 6. 修复按钮或更换
2	按下启动按钮接触器吸合,放开后又自动断开	1. 自锁控制回路断路或接触不良; 2. 自锁触头接触不良; 3. 电压过低或启动时压降过大; 4. 电机或线路短路引起断路跳闸	1. 检查自锁控制回路; 2. 检查自锁辅助触头; 3. 提高电压、缩短线距或更新线路; 4. 检查线路及电机绕组
3	接触器吸合后,电机无任何声音	1. 接触器主触头至少有一相烧断; 2. 接触器至电机线ζ至少有两相不通; 3. 电机至少有两相断路	1. 更换接触器; 2. 更换线路; 3. 更换电机

（2）柴油发电机机组保养

柴油发电机组的技术保养分为日常维护（每班工作后）、一级技术保养（累计工作50~80h）、二级技术保养（累计工作250~300h）、三级技术保养（累计工作500~1000h）。

1）日常维护

① 保持机组表面与环境整洁，尤其要注意电器设备的清洁。
② 检查燃油箱油面高度，必要时按规定要求补充加注。
③ 检查曲轴箱内油面高度，油量不足时，应按规定要求添加机油。
④ 检查散热水箱内水位，必要时按规定要求补充加注。
⑤ 检查所有管子的密封性和各附件安装稳固程度。
⑥ 检查蓄电池液面高度及启动线路连接是否紧固。
⑦ 检查柴油机与发电机的连接情况，尤其应注意弹性联轴节安装位置的正确性。
⑧ 消除柴油机漏水、漏气现象及其他不正常现象。

2）一级技术保养

除按照"日常维护"的要求进行外，并增加下列工作：

① 清洗燃油滤清器。
② 清洗机油滤清器。
③ 清洗空气滤清器。
④ 向各固定加油点添加润滑油脂。
⑤ 检查、调整风扇皮带松紧程度。
⑥ 检查电气线路并紧固各处接头。
⑦ 检查发电机轴承温度是否正常并清除灰尘油污。

3）二级技术保养

除完成一级技术保养所规定的保养内容外，还必须完成下列各项工作：

① 更换油底壳内机油。
② 更换纸质机油滤清器。
③ 更换空气滤清器滤芯。
④ 更换燃油滤清器滤芯。
⑤ 检查并调整气门间隙。
⑥ 检验喷油嘴油压力及喷雾情况并进行清洗和调整。

4）三级技术保养

除完成二级技术保养项目外，还需增加下列工作：

① 检验并调整油压过低、水温过高和过低的保护装置。
② 检查、调整联轴节弹性元件。
③ 清洗燃油箱及管道。
④ 清洗油底壳和机油集滤器。
⑤ 检查并调整供油提前角。
⑥ 检查并紧固连杆螺栓、气缸盖螺栓。
⑦ 检查蓄电池电解液密度，必要时补液充电。
⑧ 消除排气管、消声器内积炭。

⑨ 电气部分进行下列项目：检查、校验仪表。向轴承加注润滑脂。检查、调整励磁电路。

(3) UPS 蓄电池维护保养

1) 电池的安装

电池必须安装在清洁、阴凉、通风、干燥的地方，并且要避免受到阳光、加热器或其他辐射源的影响，电池应正立放置，蓄电池在支架上的固定螺栓是否拧紧，每个电池间端子连接要牢固。不要将金属物放在蓄电池上，以防短路。

2) 环境温度

环境温度对电池的影响较大，环境温度过高，会使电池过充电产生气体，环境温度过低，则会使电池充电不足，这都会影响电池的使用寿命。因此一般要求环境温度在25℃左右。

3) 充放电电流

电池充放电电流一般以 C 来表示，站内的电池为 12V65AH，则 $C=65A$。充电电流应为 $0.1C$ 左右，充电电流不能大于 $0.3C$，充电电流过大或小都会影响电池的寿命。放电电流一般要求在 (0.05~3) C，严禁电池短路。

4) 充电电压

由于 UPS 电池属于备用工作方式，市电正常情况下处于充电状态，只有停电才会放电。UPS 充电器一般采用恒压限流的方式控制，电池充满后即转为浮充状态，每节浮充电压设置为 13.7V 左右。如果充电电压过高就会使电池过充电，反之则充电不足。电池配置错误或充电器故障会造成充电电压异常，因此在安装电池时一定要注意电池的规格和数量的正确性，不同规格、批号的电池不要混用，安装时要考虑散热问题。

5) 放电深度

放电深度对电池的使用寿命影响也非常大，电池放电深度越深，其循环使用次数就越少，因此在使用时应避免深度放电，虽然 UPS 都有电池低电位保护功能，一般单节电池放至 10.5V 左右 UPS 会自动关机，但如果 UPS 处于轻载放电或空载放电的情况下，也会造成电池的深度放电。

6) 定期保养

电池在使用一定时间后应定期进行检查，如观察其外观是否异常、测量各电池的电压是否平均等。如果长期不停电，电池会一直处于充电状态，这样会使电池的活性变差，因此即使不停电，UPS 也要定期进行放电试验以便电池保持活性。放电试验一般 4 个月进行一次，做法是 UPS 带载（最好是 50% 以上），然后断开市电，使 UPS 处于电池放电状态，放电持续时间视电池容量，一般为几分钟至几十分钟，放电后恢复市电供应，继续对电池充电。

11. 消防设施

(1) 消防设施维护周期及内容（表 5-21）

消防设施维护周期及内容　　表 5-21

维护周期	维护内容	维护标准
每个月	清洁消火栓、灭火器、消防水泵	无灰尘和污渍
	检查消火栓、灭火器、消防水泵防腐	防腐层的完好

第5章 设备设施维护管理

续表

维护周期	维护内容	维护标准
每个月	检查消火栓上所有部件	无漏水、无锈蚀、开启方便、操作灵活
	检查灭火器可见零部件	无松动、变形、锈蚀损坏
	灭火器的喷嘴	畅通
	灭火器的压力表指针	在绿色区域
	消防水池储水量	在规定的水位范围
	启动消防水泵和喷淋装置	工作正常
	放尽消火栓管道内锈水	消火栓管道内无锈水
	消防栓轴心上加上润滑油	加合格润滑油

(2) 消防水泵维护保养

1) 水泵换油时间,第一次在工作 80h 后进行,以后每工作 2400h 或检查水泵时换油。

2) 填料室内正常漏水程度每分钟约 10～20 滴为宜。

3) 每月检查弹性联轴器,注意电机轴承温升。

4) 每月检查水泵各部件的锈蚀、润滑情况,发现问题及时除锈、注油。

5) 每月启动消防水泵一次,开启消火栓、消防水炮、LNG 喷淋系统进行全面消防用水系统检查,确保消防用水系统完好有效。

(3) 泡沫发生器操作及维护保养

1) 当储罐区发生火灾后使用储罐喷淋对储罐进行隔热时,严禁使用固定式和移动式泡沫发生器。

2) 当气化区发生火灾后使用带架水枪或消防水进行灭火时,移动式泡沫发生器严禁使用。

3) 固定式和移动式泡沫发生器使用后用清水进行清洗,防止泡沫液对设备外表产生腐蚀。

4) 每个月对固定式和移动式泡沫发生器的泡沫量和喷头的出水情况进行检查。

5) 每年对固定式和移动式泡沫发生器的外表进行油漆,对移动式泡沫发生器轮胎的轴承加注黄油。

6) 按照厂家建议定期更换药剂,确保在有效期内,一般为 3 年。

(4) 消火栓维护保养

1) 每年对消火栓的阀杆、盖子丝口加注黄油,确保启闭灵活。

2) 每年对消火栓的外观进行油漆。

3) 冬季使用后要检查消火栓地上部分的水是否通过自动排水孔排尽,如没有自动排尽需采用人工排水,确保消火栓地上部分不能冻裂。

(5) 带架水枪维护保养

1) 每年对带架水枪的调节杆、旋转部分加注黄油,确保调节和转动灵活。

2) 每年对带架水枪的外观进行油漆。

3) 使用后将带架水枪内部的水放干净。

12. 空气压缩机维护

(1) 空压机房必须随时保持通风良好,地面和整机清洁,并定期打扫和清洗。

(2) 每次开机前先检查油位，油位指示针应位于绿色区域的上部或在橙色区域内，若指针低于绿色区域则须加油，油位到加油口。

(3) 检查电源指示是否正常。

(4) 检查确认手动排污阀处于关闭状态。

(5) 按启动按钮，空压机开始运行，并在加载状态下运行。

(6) 运行中油位计指针应位于绿色区域内，否则须停机泄压后加油。

(7) 运行中空气过滤器的保养指示器的红色部分完全显示出来，则须更换空气过滤器，并复位保养时钟后才能运行。

(8) 经常检查显示屏的读数和信息，观察各参数是否正常，机头温度或露点温度超过设定的故障停机报警值，但还未超过设定的故障报警值时，会产生一个报警信号，显示在显示屏上。

(9) 机组运行时，箱罩门应关闭，只有在检查时可短时间开启，开门时应戴好防护耳罩。

(10) 需停机时按停机按钮，空压机在卸载 30s 后停机，紧急情况下按紧急停机按钮并在重新开机前复位后才能再次启动。

(11) 开启手动排污阀进行排污。

(12) 必须严格按照保养计划对空压机进行保养和维护，每天检查油位和显示屏读数以及空气过滤器保养指示器。

(13) 每 3 个月检查冷却器和冷干机冷凝器，必要时应清洗。每运行 3000~4000h 更换油和油过滤器。

第6章 LNG 站安全管理

由于液化天然气的低温、易燃、易爆特性，一旦在储存和使用过程中出现安全问题，可能引发严重的安全事故，因此 LNG 场站的安全管理工作尤为重要。燃气企业应明确 LNG 站运行管理部门、安全监管部门等相关部门职责，建立完善安全生产相关制度及应急预案，加强员工安全教育培训、强化安全生产风险分级管控及隐患排查治理工作，做好场站日常巡检、设备维护管理及应急管理，防范事故发生。

6.1 LNG 安全分析

1. LNG 基本特性

组分：LNG 主成分为甲烷，同时含有少量乙烷、丙烷等烃类气体，氮、二氧化碳、硫化氢及微量的氢、氖、氩等非烃类气体。

温度：甲烷在 $-82.3℃$ 以上时，无论如何加压也无法使其液化，该温度即为 LNG 的临界温度；在常压下，LNG 的临界温度约为 $-162℃$，着火点为 $650℃$，自燃点为 $590℃$。

密度：天然气密度约为 $0.68\sim0.75kg/m^3$，LNG 密度通常为 $430\sim470kg/m^3$，根据组分的不同略有浮动，甲烷含量越高，密度越小。

体积：LNG 体积约为气态天然气的 1/625。

热值：LNG 热值为 $50MJ/kg$，氮含量越高，热值越低。

爆炸极限：一般认为，天然气爆炸极限为 5%～15%。

2. LNG 危险性分析

燃烧：纯 LNG 不会燃烧，但 LNG 在气化后遇到明火会产生燃烧，燃烧速度较慢（$0.3m/s$）。

爆炸：当气态 LNG 与空气（氧气）混合后遇到明火，在达到爆炸极限时即产生爆炸，一般爆炸极限为 5%～15%。

低温：在压力为 $0.35MPa$ 的储罐中，LNG 储存温度约为 $-146℃$。液态 LNG 黏度较低，极易渗进纺织物中，冻结皮肤及皮肤以下组织；LNG 气化时会迅速吸热，对人体造成低温灼烧，严重时导致皮肤溃烂坏死。

窒息：气态 LNG 无毒，但不含氧气，吸入会导致人体窒息。通常含氧量 10% 是人体不出现永久性损伤的最低限。窒息分为以下四种情况：（1）含氧量 14%～21%，呼吸、脉搏加快，并伴有肌肉抽搐；（2）氧含量 10%～14%，出现幻觉，易疲劳，对疼痛反应迟钝；（3）氧含量 6%～10%，出现恶心、呕吐、昏倒，永久性脑损伤；（4）氧含量低于 6%，出现痉挛、呼吸停止，死亡。

分层及翻滚：如果 LNG 组分不同，在储罐中静置后易出现分层现象，密度较大的 LNG 积聚在储罐底部，在缓慢吸收外界热量后，底部 LNG 密度逐渐减小，逐渐上浮，从而出现LNG翻滚现象。翻滚会引起LNG大量气化，从而导致储罐超压，不及时放散会危及储罐安全。

溢出：由于BOG在低于-80℃时密度大于空气，因而溢出时会沿地面滚动。与水蒸气作用产生蒸气云，遇到明火发生火灾。

膨胀：由于LNG临界温度为-82.3℃，因而在温度大于-82.3℃时，LNG会全部气化，又因LNG膨胀比大（1:625），如果此时处于密闭容器中，可能直接导致物理爆炸。

冷爆炸：由于水温远高于LNG沸腾温度，泄漏LNG遇水将迅速吸热导致激烈沸腾，发生蒸气爆炸。

3. LNG储存安全

LNG在储罐内主要危险来自LNG体积变化引起的超压或负压现象，因而控制储罐内压力是LNG储存的第一要素。储罐材料的选择以及操作方法的得当亦要谨慎考虑。

（1）罐体材料

LNG内罐直接与LNG接触，所用钢材须具有良好的低温韧性、抗裂纹能力；并具有较高的强度，以适应建造大容量罐减小壁厚的需要；同时应具有良好的焊接性能。适宜用于建造LNG储罐的材料有9%镍钢、铝合金、珠光体不锈钢。9%镍钢强度高，热膨胀系数小；铝合金不会产生低温脆化，材料质量小，加工性和可焊性好，应用也很广泛；珠光体不锈钢在低温条件下不会脆化，其延展性和可焊性都很好，但由于含镍和钴高，价格较贵。

（2）置换及预冷

储罐在首次充注LNG之前，必须经过惰化处理，避免形成天然气与空气的混合物，一般采用氮气或二氧化碳。在惰化后，再用LNG蒸气将储罐中的惰性气体置换出来。用气化器将LNG气化并加热至常温状态，然后送入储罐，将储罐中的惰性气体置换出来，使储罐中不存在其他气体。完成置换后，方可进入LNG储罐的预冷环节。

（3）膨胀空间

LNG受热膨胀后会引起液位超高，最终导致LNG溢出，因而需预留部分膨胀空间。该空间大小需要根据储罐安全放散阀的设定压力和充注时LNG的具体情况来确定。根据现行国家标准《城镇燃气设施运行、维护和抢修安全技术规程》CJJ 51相关规定，储罐储存液位宜控制在20%~90%范围内。

（4）安全放散阀

安全放散阀在储罐及管路各设备超压时可自动开启，释放超压燃气，保证罐内压力的稳定。在LNG管路、LNG泵、气化器等所有有可能产生超压的地方，都应该安装足够的安全阀，同时安全阀的排放能力应满足设计条件下的排放要求并按时定检。

（5）人员操作

如果以非常快的速度从储罐向外排液或抽气，有可能使罐内形成负压，因而人员操作时应注意缓开出液阀。同时，由于LNG组分不同，易出现分层及翻滚现象，操作人员应时常监测罐内上下液位的密度、温度等参数，定期进行倒罐操作。

（6）设置液位报警装置

在储罐内设置液位报警装置，在低液位或高液位时会产生报警，提醒工作人员及时进行相关处理。

4. LNG 槽车运输安全

LNG 槽车作为 LNG 陆地运输的最主要的工具,因其具有很强的灵活性和经济性,得到了广泛的应用。在 LNG 槽车运输过程中存在如下危险性:

(1) 设备或管道低温脆断

设备及管道在低温状态下,可能会发生材质脆断,如有 LNG 泄漏,极容易冻伤操作者。另外,LNG 泄漏或溢流后会急剧气化,形成 LNG 蒸气云团使人窒息。

(2) 受热超压

由于 LNG 气液体积比很大,所以少量 LNG 受热就能转化为大量的气体,可使设备及管道内压力急剧上升而发生超压事故。

(3) 爆炸

若 LNG 泄漏、气化后与空气混合达到爆炸极限,此时遇到明火极易发生爆炸、燃烧,产生的热辐射会对人体及设备造成巨大危害。

(4) 交通事故

因驾驶员疲劳驾驶、思想麻痹等导致交通事故,进而引发 LNG 泄漏、燃烧等一系列事故。

(5) LNG 泄漏及预防

LNG 泄漏后会迅速气化,在持续吸热过程中,将周围空气冷却至露点以下,形成一个白色蒸气云向空中扩散。一般泄漏原因如下:①管线丝扣法兰处垫片老化,预冷收缩导致泄漏;②金属遇冷收缩,造成阀门泄漏;③气化器气化能力不足或员工误操作,导致低温气体或液体流入气相管,造成管路脆性断裂。为此,可采取以下预防措施:

员工加强巡查:巡查中注意各阀门处是否出现结霜现象,出现异常时及时紧固阀杆,或更换垫片。

使用低温材料:为防止金属脆性断裂,应尽量使用耐低温材料,尤其在直接接触 LNG 的管路必须使用耐低温材料。

管路收缩补偿:LNG 管路由于冷收缩产生的应力,可能远远超过材料的屈服点,导致管路的脆性断裂,因此要采取有效的措施来补偿。在 LNG 设备和管路上,一般采用弯管和膨胀节来补偿冷收缩,即在管道设计时应尽可能使用柔性设计和环行管道,在需要的地方增加补偿器。

操作规程培训:加强员工操作规程的培训,提高员工操作技能,减少误操作。

(6) LNG 泄漏模拟数据分析

LNG 泄漏事故的危害程度与泄漏源、泄漏环境、泄漏量有很大关系。泄漏量与泄漏速度和泄漏持续时间有关。单位时间内 LNG 液体的泄漏量可根据伯努利方程计算得出。

$$q_{m} = C_{d}A\rho\sqrt{\frac{2(P-P_{0})}{\rho} + 2gh} \tag{6-1}$$

式中　q_{m}——LNG 泄漏质量流量,kg/s;

　　　C_{d}——液体泄漏系数,其值与裂口形状和雷诺数(Re)有关;

　　　A——泄漏口面积,m²;

　　　ρ——LNG 液体密度,kg/m³;

P——容器内介质压力，Pa；

P_0——环境压力，Pa；

h——泄漏口上液位高度，m；

g——重力加速度，9.8m/s²。

$$Re=\rho vd/\mu \tag{6-2}$$

式中　v——LNG泄漏流速，m/s；

　　　d——裂口当量直径；

　　　μ——LNG黏度，9.8m/s²。

液体泄漏系数 C_d　　　　　　表6-1

雷诺数（Re）	泄漏口形状		
$Re=\rho vd/\mu$	圆形（多边形）	三角形	长条形
>100	0.65	0.60	0.55
≤100	0.50	0.45	0.40

LNG泄漏到地面后，由于LNG温度极低（-162℃），最初会剧烈沸腾蒸发，随着周围温度的降低，LNG蒸发的速率会迅速降低，LNG蒸气沿地面扩散，并不断从环境中吸收热量，逐渐上升扩散，同时将周围的空气冷却至零点以下，形成一个可见的云团，这种可见云团称为重气云。重气云的扩散比较复杂，其扩散与大气稳定度、空气的相对湿度、地表粗糙度

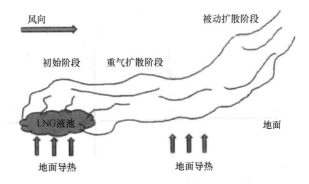

图6-1　LNG泄漏扩散图

等有着密切的关系。正是这种重气效应的存在，使得云团不易稀释和扩散，进而增加了燃烧和爆炸的风险。LNG重气云团的扩散过程，可以分为初始阶段、重气扩散阶段和被动扩散阶段，具体如图6-1所示。

1）初始阶段：LNG泄漏后，在地面形成LNG液池和初始气云，LNG泄漏的速率将影响LNG液池的规模和气云的形状等。

2）重力扩散阶段：LNG云团受到重力作用沿着地面扩展，由于LNG云团密度大于空气密度，导致产生凹陷现象，从而引起云团径向尺寸增大而高度减少；同时受到空气的卷吸作用，使得外界干净空气与LNG云团混合，浓度得到稀释；由于重力作用，空气与LNG气云进行传质传热，导致气云纵向温度上升，引起对流湍流。

3）被动扩散阶段：随着云团的稀释和温度的上升，LNG气云的密度降低，当密度小于空气密度时，其重气效应基本消失。

6.2 LNG 站安全管理

1. LNG 站投运前安全管理

(1) 各 LNG 站应根据政府有关建设审批程序以及燃气企业内部场站建设工程项目报建的相关管理制度，办理相应的手续，取得规划手续、土地使用证、施工许可证、消防验收合格证、安全生产许可证、环境评价、安全评价等文件；

(2) 新投运的各类场站在运行前必须组织验收，验收合格后方可投入运行，严禁在安全生产条件不具备、隐患未排除、安全措施不到位、未通过验收的情况下组织生产；

(3) 各场站投运前必须按照现行国家标准《液化天然气（LNG）生产、储存和装运》GB/T 20368 要求制定预冷、燃气置换方案，经分级审批合格后方可实施预冷、置换作业；

(4) 工程建设部门将场站相关竣工资料移交至场站运行管理部门。

2. LNG 站风险分级管控

燃气企业应建立风险分级管控体系，完成风险分级管控体系的制度设计、文件编制、组织实施和持续改进，开展 LNG 站危险源辨识、风险分析、风险信息整理等工作。

(1) 风险点排查的方法。人员、相关技术人员、职能部门人员、一线相关人员（必要时，邀请外部专家参与）基于法律法规、规章标准、安全知识和经验等，对风险点名称、覆盖范围、包含的危险源、潜在事故类型等做出判断。

(2) 危险源辨识的方法。设备设施危险源辨识应采用安全检查表分析法（SCL）等方法，作业活动危险源辨识应采用作业危害分析法（JHA）等方法。

(3) 风险评价的方法。可选择作业条件危险性分析法（LEC），风险矩阵分析法（LS）等方法对风险进行定性、定量评价。

(4) 风险分级管控的要求。

1) 风险分级管控应遵循风险越高管控层级越高的原则，对于操作难度大、技术含量高、风险等级高、可能导致严重后果的作业活动应重点进行管控。上一级负责管控的风险，下一级必须同时负责管控，并逐级落实具体措施。风险管控层级可进行增加或合并，企业应根据风险分级管控的基本原则，结合本单位机构设置情况，合理确定各级风险的管控层级。

2) 风险一般分为 4 级。具体如下：

一级风险：不可容许的风险，极其危险，必须立即整改，不能继续作业。

二级风险：高度危险，必须制定措施进行控制管理，公司对较大及以上风险应重点控制管理。

三级风险（黄色风险）：中度（一般）危险，需要控制整改，分公司、部门（班组上级单位）应引起关注。

四级风险（蓝色风险）：轻度（低）危险，可以接受或可容许的，班组、岗位应引起关注。

3. 重大危险源管理

甲烷的临界量为 50t，具体辨识方法按照现行国家标准《危险化学品重大危险源辨识》GB 18218 要求执行，对于属于重大危险源的 LNG 站，应做好以下工作：

（1）在完成重大危险源安全评估报告或者安全评价报告之日起 15 日内，应当填写重大危险源备案申请表，连同重大危险源档案材料（其中第五项规定的文件资料只需提供清单），报送所在地县级人民政府安全生产监督管理部门备案。

重大危险源档案应当包括下列文件、资料：①辨识、分级记录；②重大危险源基本特征表；③涉及的所有化学品安全技术说明书；④区域位置图、平面布置图、工艺流程图和主要设备一览表；⑤重大危险源安全管理规章制度及安全操作规程；⑥安全监测监控系统、措施说明、检测、检验结果；⑦重大危险源事故应急预案、评审意见、演练计划和评估报告；⑧安全评估报告或者安全评价报告；⑨重大危险源关键装置、重点部位的责任人、责任机构名称；⑩重大危险源场所安全警示标志的设置情况；⑪其他文件、资料。

（2）制定重大危险源有关安全管理规章制度，重大危险源所属部门应制定相关安全操作规程，并认真落实。

（3）制定重大危险源事故应急预案，建立应急救援组织或者配备应急救援人员，配备必要的防护装备及应急救援器材、设备、物资，并保障其完好和方便使用。

1）对重大危险源专项应急预案，每年至少进行一次；

2）对重大危险源现场处置方案，每半年至少进行一次。

（4）新建、改建和扩建 LNG 站，应当在建设项目竣工验收前完成重大危险源的辨识、安全评估和分级、登记建档工作，并向所在地县级人民政府安全生产监督管理部门备案。

（5）重大危险源监控

1）LNG 站应动态检测监控，及时处理存在的问题。定期对重大危险源的安全设施和安全监测监控系统进行检测、检验，并进行经常性维护、保养，保证重大危险源的安全设施和安全监测监控系统有效、可靠运行。

2）按照规定定期对现状进行安全评价，并根据评价报告要求给予改进和完善。

（6）重大危险源检查

1）应每半年至少组织一次重大危险源专项安全检查，事故隐患难以立即排除的，应当及时制定治理方案，落实整改措施、责任、资金、时限和预案。

2）LNG 站应当明确重大危险源中关键装置、重点部位的责任人，并对重大危险源的安全生产状况进行定期巡查，及时采取措施消除事故隐患。

4. 日常安全管理

（1）人员管理

1）LNG 站应合理配备运行管理人员，避免疲劳作业，应设置专兼职安全管理人员。场站管理架构图如图 6-2。

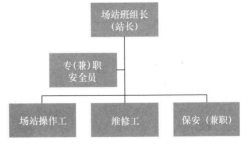

图 6-2 场站管理架构图

2）场站相关人员应按照国家、地方要求取证，做到持证上岗，需取得的证书参见表 6-2。

需取得的证书　　　　　　　　　　　　　　　表 6-2

岗位	证书
站长	安全管理合格证、消防培训证、压力容器压力管道管理证
安全员	安全管理合格证、消防培训证
运转工	压力容器压力管道操作证、登高作业证
维修工	压力容器压力管道操作证、登高作业证
电工	电工入网证、维修电工上岗证、高压电工证
充装工	车用气瓶充装、移动式压力容器充装、特种设备作业人员（p5）（车用气瓶充装）

3）加强员工安全培训工作，强化安全监督检查，严禁违规操作。

4）加强场站外来人员的管理，做好进展登记、安全告知、劳动防护等工作，防范事故发生。

（2）安全管理制度

各燃气企业应结合自身情况建立完善LNG站各类安全规章制度、操作规程及作业指导书并认真执行。

1）场站应具备的管理制度包含不局限于以下内容：安全生产管理制度、设备管理制度、场站巡视管理制度、交接班管理制度、场站设备设施拆除和报废管理制度、场站变更管理制度、外来人员管理制度、基础资料管理制度、保安管理制度、消防管理制度、其他管理制度。

2）场站应根据管理制度和实际业务建立完善的操作规程，包含但不局限于以下内容：调压器操作规程、过滤器操作规程、发电机操作规程、电（气）动阀门操作规程、消防水泵操作规程、场站控制系统操作规程、配电室操作规程、压缩机操作规程、其他场站操作规程。

3）场站应根据管理制度和实际业务建立完善的作业指导书，包含不局限于以下内容：燃气加臭作业指导书、调压过滤作业指导书、计量仪器作业指导书、LNG卸车作业指导书、倒罐作业指导书、LNG气化作业指导书、LNG装卸车作业指导书、LNG、CNG加气作业指导书、其他场站作业指导书。

（3）设备设施管理

1）依照法规、设备重要性、运行状况或生产商建议，制定各类设备检修维保计划并严格执行，做好场站设备设施的巡查、维护保养、闲置、报废以及压力容器、特种设备以及安全附属装置送检工作，确保LNG场站设备设施处于完好有效状态。

2）无人值守场站应制定巡查和日常维护规定，明确巡查周期和维护频次，并将场站远传至SCADA监控中心，具备条件的宜将无人值守场站的运行信息、视频监控数据远传至SCADA监控中心。

3）做好场站的信息化系统（站控系统、视频监控系统、周界报警系统等）定期维护、检测，确保系统运行正常。

（4）安全标识管理

1）根据《安全标志及其使用导则》GB 2894《图形符号安全色和安全标志》GB/T 2893做好安全标识设置及维护工作。

2）LNG场站应设置入站须知、安全警示标志、站区平面图（含消防设备分布图、疏散路线指示）、危险源简介、应急处理措施、应急电话等展示。

3）重要生产部位出入口应设置该场所的安全警示标志和劳动防护用品的穿戴要求。

4）场站围墙应张贴安全宣传标语，醒目位置写明类似"消防重地，严禁烟火"等标语。

6.3 安全管理制度

1. LNG储配站安全管理制度

（1）非罐区运行管理人员严禁进入罐区，必须进入时需经批准，在运行管理人员的陪同下方准进入，不得随意动用任何设备。

（2）罐区的运行管理人员须经过业务培训考试合格，熟悉罐区各种设备的构造、性能及使用要求后，方准进行操作，否则不准单独进行操作。

（3）罐区内不得堆放易燃、易爆物品，要经常清理罐区内的杂草、杂物。

（4）罐区严禁烟火，任何人不得携带火种、穿带钉鞋进入罐区。运行人员应穿防静电工作服和导静电鞋，不准穿化纤服装。

（5）检修人员进入罐区时，应事先通知运行管理人员；在检修作业中，须开关阀门时应由运行人员操作；检修后通知运行人员把阀门恢复到正常位置，方可离开作业现场；不得将用过的废弃物遗留在储罐周围。

（6）罐区不准随意动火检修，必须动火时，要按规定办理审批手续。

（7）罐区严禁放散液化天然气，因检修而必须排放时，应通过检修火炬或装临时火炬放散，放散时应设专人监护。

（8）拆装带压管线和防爆区域内的仪器仪表设备时，应取得管理部门同意和现场配合后方可进行；在防爆区域操作时不得带电进行仪器、仪表及设备的维护。

（9）罐区内的阀门、法兰等设备、附件要经常维护，不允许有跑、冒、滴、漏现象。

（10）储罐的液化天然气不得超过规定的最高液位、最高工作压力和最高工作温度，必要时应采取排放措施。

（11）运行的储罐、管道、设备等的零部件必须齐全；仪表灵敏；阀门开关灵活。

（12）储罐的液位监测设备必须灵敏可靠，发现假液位要认真查找原因，加以清除。对于液位计失灵的储罐只许出液，不许进液。

（13）储罐的安全阀、压力表、液位计应定期检修和校验，必须保证其灵敏可靠，运行储罐和管道安全阀前的阀门应处于常开状态，安全阀起跳压力应不超过设计压力。没有安全阀的储罐、管道（不包括地下管道）不得投入运行。

（14）储罐气相阀门必须处于可正常减压或放空状态（倒罐、灌装时可以关闭），以防操作失误造成储罐压力升高。

（15）罐区防雷、防静电装置应齐全完好，并定期检查。

（16）罐区应配备有足够的消防器材（喷淋、水炮、消火栓、干粉灭火器、高倍泡沫灭火器等），并要定期进行维修、更换。消防器材不得挪作他用。运行管理人员必须熟悉各种消防器材的使用方法。

2. 消防安全管理制度

（1）认真贯彻执行国家的消防安全法规，接受消防部门的监督检查及工作指导，建立义务消防队，定期进行消防训练。

（2）站区为一级重点防火单位。进站工作人员必须穿戴具有防静电作用的工作服和工作鞋，站区内严禁吸烟、严禁动火作业、严禁带入打火机、火柴和火种，站区内应设醒目禁火标志、安全警句，并设防火警戒区。

（3）加强站区内消防设施、设备的日常维护保养，使之随时处于良好状态。严禁将消防设施改作他用。

（4）消防安全实行每日巡查制度是最基本的安全可靠的检查形式，每日每班必须坚持进行，特别是上班前后交接班时要对照防火责任制和用电、用火等制度仔细检查，杜绝违章，杜绝隐患。

（5）加强夜间巡查是预防夜间发生重大火灾的有效措施，重点检查电源、火源及可能发生的意外特殊情况，及时消除隐患。

（6）消防安全每日巡查由班组长和班组的义务消防队员组成，并做到检查处理有记录。

（7）操作人员应严格执行各项安全操作规程，并认真巡回检查在用设备的运行状况、安全装置、防护器具及灭火器材是否完好，发现异常迅速处理，并及时上报。

（8）外来其他人员必须经领导同意方可进站，并做好登记手续。

3. 安全教育制度

班组级（三级）安全教育由班组负责组织，安排讲师进行授课，培训内容包括班组安全生产管理情况、岗位危险有害因素及应急措施、岗位安全操作规程、岗位职业健康安全防护措施、有关事故案例及其他需要培训的内容。班组级安全教育培训结束后，由班组组织班组级安全教育考核，考核合格后授课人负责填写《三级安全教育卡》。

学习是员工增强自身素质，提高实际工作能力的有效办法和重要途径。班组成员要提高对理论和技术学习重要性的认识，做学习型员工，严格按照学习制度，保证学习时间，提高学习质量，增强学习的针对性和实效性。

教育对象：新调入班组的职工（包括临时工、合同工、实习生）和新换岗的职工，在经公司级、部门级安全教育后，必须进行班组教育并对教育情况进行登记。

（1）学习组织

班组长负责制定班组成员的集体学习计划，安排学习内容，组织学习活动，监督和跟踪学习活动的成效。

（2）学习内容

1）国家有关安全生产的方针、政策、法律和法规及燃气行业的规章、规程、规范和标准。

2）事故应急预案。

3）典型事故案例分析。

4）岗位职责、安全操作规程、公司安全管理制度、作业指导书。

（3）学习形式

学习形式为集体学习，由班组长根据当前工作需要，确立学习主题，指派相关人员准备学习内容，并安排时间地点由全体或部分班组成员进行集体学习和讨论。

（4）学习时间

每次集体学习不少于2h，利用工作间歇时间进行，原则上要求不影响正常的工作进行。

（5）学习要求

1）要坚持理论联系实际，学以致用，着眼于学习知识的理解与应用，着眼于解决生产过程中碰到的难点问题。

2）在一般情况下，集体学习的时间班组组织由各班组长安排，集体学习做到时间、内容、人员、计划、组织的落实。

3）树立"终身学习"、"学习工作化，工作学习化"的思想观念，结合班组和公司发展的实际情况，制定学习计划，明确学习重点，实现学习目标。

4）根据个人情况做好学习笔记。

（6）学习考核

集体学习活动的培训人员给予相关的绩效加分，以激励班组成员积极拓展思路，发掘学习主题，准备学习材料。

4. 交接班制度

（1）交接班的一般规定

1）为明确职责，交接班时，双方应履行交接手续，在按规定的项目逐项交接清楚后，交接人员先在交接班记录簿上签名，然后接班人依次签名，此时岗位的全部工作，由接班人员负责。交班负责人才能离开岗位。

2）事先做好交班准备工作，检查应交的有关事项，整理各种资料、记录簿，检查应交的物件是否齐全，室内的整洁工作，以及为下一班做好接班后立即要执行的准备工作。填写交接班记录簿等待交接。

3）接班人员应提前15min到达，由负责人查阅交接班记录簿，了解有关工作的注意事项，然后准时开始正式进行交接班工作。如果遇有特殊情况，可以延迟时间进行交接班。

4）值班人员必须遵照规定的轮值表值班，未经站长同意不得私自调班。绝对不允许不办理交接手续而离开岗位。交接禁止使用电话等通信方式或口头交接班。接班人员未到岗位，交班人员不得离开值班岗位。

5）交接班手续未结束前，一切工作应由交班人员负责。如在交接班时发生事故，应由交班人员负责处理，交班人员可要求及指挥接班人员协助处理。

（2）交接班准备工作

交班准备工作，应由交接人员事先做好交班准备工作。

1）交班班次对接班班次需要注意的事项进行说明；

2）检查各种记录是否齐全、正确；

3）检查岗位使用物品功能是否正常；

4）检查岗位是否整洁，是否按要求摆放；

5）开交班前碰头会，听取本班人员对本次接班后的工作内容；

6）无误后，方可进行交接班。

(3) 交接班注意事项

交接班时,双方应按规定逐点、逐项交接,必须做到"七交"、"五不接"。

1) 七交

① 交运行方式。

② 交设备状况。

③ 交运行参数、资料。

④ 交工作联系情况。

⑤ 交工具、用具及消防器材。

⑥ 交岗位卫生。

⑦ 交存在的问题和接受的指示。

2) 五不接

① 生产情况不清不接。

② 运行参数、资料不清不接。

③ 岗位卫生不好不接。

④ 工具、用具、消防设施不全不接。

⑤ 该处理的问题不处理不接。

3) 交接班的内容一律以记录和现场交接清楚为准,凡遗漏应交代的事情,由交班者负责;凡未接清楚听明白的事项,由接班者负责;交接班双方都没有履行交接手续的内容,双方负责。

(4) 接班后工作

1) 接班后应立即巡视各岗位,及时发现上一班遗留问题。

2) 根据当日天气、特殊节日等因素调整岗位操作情况。

3) 岗位人员做好岗位工作,保持本岗位干净整洁。

4) 落实并完成上级布置的工作,与其他各部门做好协调,沟通。

5. 班前班后会制度

(1) 各班组应认真执行班前、班后会制度,认真组织,切实解决生产中存在问题。班前、班后会必须逐项做好记录,填写认真,字迹清晰。

(2) 班前、班后会安排在两班交接的时候进行,参加会议人员必须提前15min到场,会议时间不超过15min。参加班前会人员应遵守现场秩序,不得来回走动,不准迟到早退。

(3) 班前、班后会应由运行班长主持,运行班长不在岗时由当班班组长或临时负责人主持。

(4) 班前会主要内容应包括:班组长必须清楚和明确工作任务、工作分工。如有特殊要求,班组长要根据实际情况对当天工作进行布置安排。班前班组负责人要向班员交代工作重点及要点。此外,还要解答工作班成员对工作的所有疑问。

(5) 班后会主要内容应包括:班组长要在本班结束后及时针对本班工作完成情况以及设备安全运行进行评估。对于工作中违章行为、工作怠慢、组织失误、责任心不强等现象及时提出批评,必要时提出处罚的建议。对于存在不足,要举一反三,提醒班组成员避免以后工作中同类情况发生。

6.3 安全管理制度

6. 安全检查制度

（1）安全员根据职责范围进行现场安全检查，及时发现、记录和报告安全隐患信息。部室经理或安全员应定期对安全生产情况进行检查，一周内应覆盖到所有的人员和现场，及时发现和处置各种安全隐患。

（2）检查设备、工具、是否有缺陷和损坏；使用车辆制动装置是否有效，安全间距是否合乎要求，是否带"病"运转和超负荷运转。

（3）检查生产作业场所有哪些不安全因素。安全出口是否畅通，登高扶梯、平台符合安全标准，操作者安全活动范围、危险区域是否有防护栏和明显标志等。

（4）检查有无违反劳动纪律的现象。比如：在作业场所工作时间开玩笑、打闹、精神不集中、酒后上岗、脱岗；滥用设备或行车等。

（5）检查日常生产中有无误操作、误处理的现象。比如：使用了有缺陷的工具、器具、车辆等。

（6）检查个人着装情况。比如：员工是否着工装、佩戴工作牌。

（7）其他需要检查的内容。

（8）所有安全检查工作应使用安全检查表，真实准确地记录检查情况。及时更新安全隐患管理台账，台账或记录应可以追溯隐患从发现到消除的全过程信息。

（9）安全检查结果将纳入绩效考核。

7. 电气安全管理制度

（1）各类电气应符合安全设计规范，危险区域内的电气应符合防爆等级要求。

（2）严格执行"两票一监制"，严格按规定的时间、任务和程序进行操作。

（3）严格执行交接班制度，认真填写交接班记录，发现问题及时汇报。

（4）严格执行巡回检查制度，认真填写记录卡。在恶劣天气或设备过负荷的情况下，要增加巡查次数，并作重点巡视。

（5）电气设备出现故障应做记录，并做应急处理，本班无法处理，可记入运行日记。

（6）保持变配电房的整洁，定期清除灰尘及污垢。

（7）定期对易燃易爆场所的电气设备进行维护和检查。

（8）按时检验电工工具。

8. 防静电危害安全管理制度

（1）生产现场严禁使用高绝缘体（电阻≥1010Ω）的塑料管、板，橡胶管、板等，要选用能导电的；

（2）生产现场的金属设备及附件，要全部设可靠接地，与大地间的总接地电阻值一般不应大于10Ω；两金属部件，如法兰盘连接处，应设跨接装置；

（3）定期进行设备静电接地检查测试，并做详细记录；

（4）各生产场所地面漏泄电阻应小于 10^8 Ω，否则应铺设导电胶板，并做好接地，导电胶板在接地时，与金属体的接触面积应大于 $20cm^2$，且接触紧密；

（5）现场作业人员和进入现场参观人员等，必须穿防静电鞋，防静电工作服，使用防静电手套。

9. 中控室安全管理制度

（1）中控室必须保持清洁，中控室运行人员对中控室的卫生要做到勤打扫，使中控室内环境卫生、温湿度和各种设备保持最佳状态。

（2）中控室运行人员按规定着装上岗。

（3）中控室内严禁烟火，严禁存放易燃、易爆、易腐蚀物品，消防器材应定期检查，及时修理更换。

（4）外来人员进入中控室需本站有关人员陪同，并办理相关登记手续。

（5）中控室内严禁从事与本岗位无关的事情。

（6）中控室运行人员应做好图纸、资料、工器具的保管、保护工作，借阅图纸、资料需办理登记手续。

（7）值班人员要对自控系统报警提示的任何故障进行记录并做好观察，如故障无法自动消除，立即上报。

（8）实时监控现场工艺运行参数，发现问题及时报告现场有关人员。

（9）运行人员必须将本次值班发生或发现的一切异常情况认真做准确翔实的记录，记录字迹清楚、整洁干净，不得有乱涂乱画、丢页缺页现象。

（10）严禁外来非系统专用 U 盘或移动硬盘接入系统监控主机，以防系统中毒引起系统误操作。

（11）对系统监控画面紧急切断阀及紧急停车按钮，非紧急情况严禁操作。

10. 机房安全管理制度

（1）无关人员未经批准不得进入机房，更不得动用机房设备、物品和资料，确因工作需要，相关人员需要进入机房操作必须经过批准方可在管理人员的指导或协同下进行。

（2）机房应保持清洁、卫生，温度、湿度适可，机房内严禁吸烟，严禁携带无关物品尤其是易燃、易爆物品及其他危险品进入机房。

（3）消防物品要放在指定位置，任何人不得随意挪动，定期检查消防设施是否正常，当机房出现火灾情况时，严禁用水灭火。

（4）机房的所有设备未经许可一律不得挪用和外借，特殊情况经批准后办理借用手续。

（5）硬件设备发生损坏、丢失等事故，应及时上报。

（6）机房自控系统柜、消防控制柜、通信柜、UPS 及其外围设备由系统管理人员定期进行检查和维护，尤其是设备供电、运行状态是否正常等要时常检查和维护。

（7）为了便于对机房系统进行应用与管理，机房中须备有与系统有关的接线图纸或使用手册等资料，以便维护人员查阅，其资料未经许可，任何人不得拿出机房。

（8）机房控制柜上所标示的紧急停车按钮，非紧急情况严禁操作。

（9）运行人员每天不定期检查机房空调系统及 UPS 系统是否正常运行，发现异常，及时上报。

11. 特种设备管理制度

特种设备作业人员应当严格执行特种设备的操作规程（操作规程可根据法规、规范、标准要求，以及设备使用说明书、运行工作原理、安全操作要求、注意事项等内容制定，）和有关的安全规章制度。

（1）设备运行前，做好各项运行前的检查工作，包括：电源电压、温度、压力、安全防护装置以及现场操作环境等。发现异常应及时处理，严禁不经检查强行运行设备。

(2) 设备运行时，按规定进行现场监视或巡视，并认真填写运行记录；按要求检查设备运行状况以及进行必要的检测；根据经济实用的工作原则，调整设备处于最佳工况，降低设备的能源消耗。

(3) 持证上岗，严格按照特种设备操作规程操作有关设备，不违章作业，按时巡回检查、准确分析、判断和处理特种设备的运行中的异常情况，当设备发生故障时，应立即停止运行，同时启动备用设备。若没有备用设备时，则应立即上报主管领导，并尽快排除故障或抢修，保证正常经营工作。严禁设备在故障状态下运行。

(4) 因设备安全防护装置动作，造成设备停止运行时，应根据故障显示进行相应的故障处理。一时难以处理的，应在上报领导的同时，组织专业技术人员对故障进行排查，并根据排查结果，抢修故障设备。禁止在故障原因不清的情况下强行运行。

(5) 当设备发生紧急情况可能危及人身安全时，操作人员应在采取必要的控制措施后，立即撤离操作现场，防止发生人员伤亡。

(6) 各使用部门应加强特种设备的维护保养工作，对特种设备的安全附件、安全保护装置、测量调控装置及相关仪器仪表进行定期检修，填写检修记录，并按规定时间对安全附件进行校验，校验合格证应当置于或者附着于该安全附件的显著位置，并送交安全技术部门备案。

(7) 设备使用部门应按照特种设备安全技术规范的定期检验要求，在安全检验合格有效期满前 30 天，向公司、相应特种设备检验检测机构提出定期检验要求。设备使用部门应予以积极地配合、协助检验检测机构做好检验工作。未经定期检验或检验不合格的特种设备，不得继续使用。根据特种设备检验结论，各使用部门做好设备及安全附件的维修、维护工作，以保证特种设备的安全状况等级和使用要求。对设备进行的安全检验检测报告以及整改记录，应建立档案记录留存。

(8) 部室根据设备使用情况，定期（至少每月进行一次）组织安全检查和巡视，并做出记录。各部门特种设备安全管理人员应当对所属特种设备的使用状况进行检查（每月不少于一次），发现问题或异常情况应立即处理；情况紧急时，可以决定停止使用特种设备并及时报告安全管理部门。

(9) 特种设备如存在严重事故隐患，或无改造、维修价值，或超过安全技术规范规定使用年限，应及时予以报废，并及时向市特种设备监察科办理注销手续。

(10) 应采取定期检查和不定期抽查的方式，对各特种设备使用部门的安全生产管理情况进行检查，并将检查结果以书面形式反馈给使用部门。

(11) 设备大修、改造、移动、报废、更新及拆除应严格执行国家有关规定，按公司内部流程逐级审批，并向特种设备安全监察部门办理相应手续。严禁擅自大修、改造、移动、报废、更新及拆除未经批准或不符合国家规定的设备，一经发现除给予严肃处理外，责任人还应承担由此而造成的事故责任。

(12) 严格执行公司特种设备安全技术档案管理制度，确保公司使用设备安全技术档案齐全完好。特种设备技术档案应至少包括以下内容：特种设备出厂时所附带的有安全技术规范要求的设计文件、产品质量合格证明、安装及使用维修说明、监督检验证明等；特种设备运行管理文件包括：注册登记文件、安装监督检验报告、年度检验报告、日常运行记录、故障排除及维修保养记录等。

12. LNG 站安全标志管理制度

（1）安全标志是指在人员容易产生错误而造成事故的场所，为了确保安全，提醒人员注意所采用的一种特殊标志。安全标志对生产中不安全因素起警示作用，以提醒所有人员对不安全因素的注意，预防事故的发生；

（2）LNG 站在生产、施工、运营过程中必须按国家、行业有关规定并视现场安全情况设置必要的安全标志。标志砖、标志牌、标志桩等警示标志的布设必须符合相关标准；站区等重点防护部位、作业点必须设置醒目的安全警示标志；

（3）安全标志不得随便挪动、破坏。定期检查安全标志，及时更换、维修标志。

13. LNG 站仓库安全管理制度

（1）严格出入库管理。仓库管理人员对出入库人员、车辆、货物要严格检查、验证和登记，无证者禁止出入，不得随意进入库房；

（2）库房附近严禁烟火，不准烧荒（垃圾）、爆破、吸烟等违章活动；

（3）供应部门要建立防火、防洪、防盗、防破坏等预案，并定期组织消防演练，明确各种求救信号，配备各种防护设施与器械；

（4）仓库管理人员要严格遵守消防规定，懂得灭火知识，会使用所配备的消防器材。消防器材设备要配置适当，标志清楚，专人保管，禁止挪作他用；

（5）危险品应做出明显标记，轻拿轻放，单独储存，妥善保管，严格出入库手续，严禁私自将危险品带入库房。库区内要设置明显防火标志，油库、变电所及高大建筑，必须装有避雷装置；

（6）禁止在油料、化工品、木屑等易燃物附近用凿子或铁锤敲打铁桶拴盖等；

（7）禁止使用不符合规定的电源线路、电器及照明设备，禁止使用其他金属导线代替保险丝，禁止超负荷用电；

（8）禁止堵塞通往水源及消防器材存放起点的通道及消防车道；

（9）发现火情应立即发出火警信号，积极组织抢救。

14. LNG 站生产设施更改制度

燃气设施的更改包括：因销气量增加或减少而对相关设备的规格、型号相应地进行更改；因工艺要求、安全技术要求而对相关设备、仪表、阀门等设施进行更改；因其他情况引起的更改。

生产设施更改的总体目标是通过运用各种技术、经济、组织措施，逐步实现公司设备从更改计划（书面提案）、设计、购置计划、选型、安装、验收、测试、规程制定完善、人员培训更改周期进行全过程的管理，为生产提供坚实的物质技术基础，达到设施寿命周期内维护费用最经济、综合效能最高的目的。

（1）职责

主管安全技术部部门负责对更改项目的书面提案进行审核，对更改过程进行监督和控制，参加启用前的验收，指导、监督更改工程项目的人员培训、相应操作规程的制定等工作。

生产设施使用管理部门负责人为本部室设施更改管理责任人，应设置专职或兼职设施更改管理人员，具体负责更改工作；提交所需更改项目的书面提案，详述对安全系统的影响，依程序逐级进行办理审批；负责经办或协调所有与更改有关的事宜；负责设施更改后操作规程的制定、试运行、运行、人员的培训、档案的完善等工作。

主管物资供应部门根据审批更改所需的设备、阀门、材料等予以及时购置，工程部、设计部、市场部等部室负责做好本部室职责范围内的相关工作。

（2）更改程序

1）更改申请

申请生产设施更改部门将申请更改项目、更改内容、更改依据、更改原因、更改对安全系统和运行系统的影响等内容形成书面提案，并由设计部进行设计，一并报安全技术部进行初步审核。

2）更改审批

主管安全技术部门收到更改书面提案后，立即组织相关部门讨论研究更改的必要性、可行性。

经过论证的生产设施更改提案依次报分管安全生产的副总经理审核、公司总经理审批，然后下发到生产设施更改责任部门实施更改。

（3）更改实施

1）设施更改部门按照更改审批计划按程序填写"购置审批单"向物资供应部打更改所需的设备、阀门、仪器仪表、管道等材料计划予以购置，并做好更改前的一切准备工作。

2）根据更改工作的实际需要，召开由相关部室参加的更改前的调度会议。

3）由更改责任部门负责经办实施或协调所有与更改有关的事宜，采取措施，确保更改期间的安全运行工作；主管安全技术部门做好更改的监督工作；相关部室做好协调、配合工作。

（4）更改后续工作

1）验收：生产设施更改完成后，由更改责任部门组织人员进行验收；对重要、大型设备由更改责任部门通知主管安全技术部门、工程部、运管部、设计部等部门组成联合更改验收组进行联合验收；达到更改要求的予以签字通过，否则由更改责任部门进一步进行整改，直至验收通过。

2）启用前测试：对更改项目通过验收后，由更改责任部门组织进行试运行，对试运行的情况、更新的图纸文件形成书面材料报安全技术部进行备案。

3）规程、工艺指标的制定、完善：更改责任部门对更改项目的操作规程、制度、工艺指标进行制定、完善，并形成书面材料报安全技术部。

4）培训：更改责任部门组织相关人员进行更改项目相关制度、规程、工艺指标、应急措施等内容的培训，使操作人员对更改设施的结构、性能、技术规范、维护保养知识和安全操作规程等做全面了解，经考查合格后方可独立操作，特种设备的操作、维护、维修人员均应按规定持证上岗。培训情况应形成书面记录予以存档。

5）更改责任部门对生产设施台账进行更新。

（5）正式投入运行

更改责任部门做好对新投入运行生产设施的巡查、检查工作，若在正常使用期间内出现运行故障，更改责任部门应及时与保修单位或厂（商）家协商解决，重要、大型设备出现故障时，应及时报告安全技术部备案，并协同处理。

15. 隐患排查治理制度

安全生产事故隐患（以下称事故隐患）是指经营单位违反安全生产法律、法规、规章、标准、规程的规定，或者因其他因素在生产经营活动中存在可能导致事故发生的危险状态、人的不安全行为和管理上的缺陷。

(1) 事故隐患分为一般事故隐患和重大事故隐患

一般事故隐患，是指危害和整改难度较小，发现后能够立即整改排除的隐患。

重大事故隐患，是指危害和整改难度较大，依照法律、法规规定应当全部或者局部停产停业，并经过一定时间整改治理方能排除的隐患，或者因外部因素影响致使生产经营单位自身难以排除隐患。

(2) 任何班组和个人发现事故隐患，均有权举报

部门接到事故隐患举报后，应当按照职责分工立即组织核实并予以查处；所举报事故隐患应由其他部门处理的，应当及时移送，并履行交接程序。

(3) 事故隐患的排查处理

1) 把隐患排查治理工作贯穿到生产活动全过程，建立实时检查、班检查、日排查等隐患排查治理制度，明确排查地点、项目、标准、责任，将隐患排查治理日常化。组织人员进行事故隐患排查，及时发现并排除从业人员存在的各类违章行为和带病运行的设备、设施及生产场所的各类事故隐患。部门主要负责人对事故隐患排查治理工作全面负责。

2) 部门定期组织安全生产管理人员和其他相关人员排查本部门的事故隐患，并逐级落实从主要负责人到每个职工的隐患排查治理的范围和责任，保证不留空当，不留死角。

3) 部门应依照有关法律法规和文件要求制订具体方案，对安全生产规章制度、落实责任、安全管理体系、人员培训、劳动纪律、现场管理、防控手段、事故查处以及安全生产基本条件、设备设施、技术、作业环境等方面组织自查。

4) 部门应加强突发事故的预防。对于可能或易导致突发事故的隐患，应当按照有关法律、法规、标准和本规定的要求排查治理，采取可靠的预防措施，制订应急预案。在发现隐患预报时，应及时向单位人员发出预警通知；并积极组织人员设警戒抢修，疏散周围无关人员撤离现场，加强监测等安全措施，并及时向有关部门报告。

5) 部门接到有关部门下达的整改指令时，必须严格按照整改要求进行整改，后期还要对职工进行安全教育和培训等。

(4) 事故隐患排查治理工作的监管

1) 有关部门应当督促指导按照有关法律、法规、规章、标准和规程的要求，建立健全事故隐患排查治理等各项制度，监督单位依法开展隐患排查治理工作，发现存在难以解决的重大问题时，应及时报告。

2) 部门每月召开一次例会，班组长安全生产会议有部门负责人参加，通报隐患排查治理工作，解决隐患排查工作中存在的问题，安排隐患排查治理阶段性工作。

3) 部门安全生产小组应结合本单位安全生产日常监管工作，组织执法人员，定期对本部门下设班组安全生产事故隐患进行检查，发现问题及时汇报、隐患排除。

(5) 事故隐患排查治理的报告

1) 各班组应及时向部门报告事故隐患排查治理情况。每月对本部门事故隐患排查治理情况进行统计分析，并向有关部门报送隐患排查治理情况。

2）班组应当每月总结本班组事故隐患排查治理工作，及时向部门通报工作情况，提出下阶段事故隐患排查治理工作要点。

16. LNG 站紧急事故处理制度

紧急事故处理程序是公司应急救援预案的重要内容之一，其首要任务是采取有效措施控制和遏制事故，防止事故扩大到附近的其他设施，以减少伤害。

（1）由 LNG 站根据工作实际情况制定应急事故处理程序，抓好本班落实。

（2）定期进行修订完善，加强演练。

（3）发生事故后，班组长、安全员应立即将事故发生的时间、地点、原因、经过等情况向上级进行报告，视事故情况进行救援或组织撤离。撤离时，沿具有清晰标志的撤离路线到达预先指定的集合点。

（4）班组长应指定专人记录所有到达集合点的工人，并将此信息向上级进行报告并保存。

（5）因节日、生病和当时现场人员的变化，需根据不在现场人的情况，随时更新上报所掌握的人员名单。

（6）紧急状态结束后，控制受影响地点的恢复。

17. LNG 站危险物品及重大危险源管理制度

为了加强对危险物品及重大危险源的安全监控，保证安全生产，保障人民生命和财产安全，依据《中华人民共和国安全生产法》等法律法规，特制定本制度。

（1）危险物品及重大危险源，是指长期的或者临时的生产、搬运、使用或者储存危险物品，且危险物品的数量等于或者超过临界量的单元（包括场所和设施）。

（2）对危险物品及重大危险源进行定期检测、评估、监控，并制定应急预案，告知作业人员和相关人员在紧急情况下应当采取的应急措施。

（3）制定一套严格的安全管理制度，包括安全生产责任制度、安全检查制度、安全技术操作规程等。

（4）建立人员培训制度。人员培训的主要内容包括：装卸工作过程中所装卸、储运物质的危险性；有关的操作条件与步骤；出现故障或事故的特点；紧急情况下的应急处理措施；同类设施事故的经验教训等。

（5）危险物品及重大危险源的单位应向政府有关部门提交关于危险物品及重大危险源的安全报告。安全报告包括以下内容：详细说明危险物品及重大危险源的情况，包括危险物质的性质和数量，工艺装置或设施的布置情况等；可能引发重大事故的危险因素及前提条件；安全操作和预防失误的控制措施；可能发生的事故类型及可能性与后果；限制事故后果的措施；现场应急对策。

（6）对危险物品及重大危险源应建立档案。

18. LNG 站安全基础资料管理制度

安全基础资料管理是安全管理工作的重要内容，LNG 站有责任对安全基础资料进行有效管理。安全基础资料管理是考核安全工作的一项重要依据，资料管理必须准确、及时、全面，要求保持信息渠道畅通。

要完整、妥善地保管安全基础资料，不得让无关人员传阅。安全事故实行"分级管理，专人负责"的原则。

（1）安全基础资料管理程序

安全员负责收集本部门有关安全生产档案资料。

(2) 安全基础资料管理构成及建立要求

安全基础资料包括但不限于以下模块：

1) 组织体系建设。
2) 制度管理。
3) 安全目标、计划与总结。
4) 安全工作宣传、开展。
5) 事故管理。
6) 重点危险源管理。
7) 消防、保卫管理。
8) 预案管理。
9) 车辆管理。

(3) 基本建立要求

归档采用大小一致档案盒，建立分类标题和检索目录。按要求将基础资料归入相应档案盒中，归档后及时填写检索目录。

(4) 部分安全基础资料的内容要求

1) 工作计划

① 年度工作计划

年度计划编写要求切合企业实际情况，并结合上年度工作完成情况及存在问题，提出年度工作重点及要项工作，并分解到月，落实到责任部门（人）。

② 月度工作计划

根据年度计划分解到月计划，严格落实，日常工作可不列入计划。

2) 工作总结

① 年度总结

包括主要工作开展情况、存在的问题、下年度工作重点三个部分。

② 月度总结

包括月计划完成情况、存在的问题及事故情况、下月计划三个部分。

3) 安全形势分析

包括事故形势分析、重点工作开展情况、存在的问题及改进措施、下年度（季度）工作重点四个部分。

4) 检查报告

包括检查方法、检查情况；存在问题和隐患；整改建议和防范措施三个部分。

安全基础资料格式标准。

纸型：A4 纸。

页边距：上下 2.54cm，左右 3.17cm。

年份用阿拉伯数码标识，应标全称。

每自然段左空 2 字，回行顶格。

标题采用 3 号加粗字，正文采用 4 号常规字，字体为仿宋，采用现行国家标准《信息交换用汉字编码字符集 基本集》GB 2312，行距为 1.5 倍行距，双面打印。

6.4 LNG 站应急预案体系（以某公司 LNG 站为例）

1. 总则

（1）编制目的

为预防事故发生，规范 LNG 供气站的应急管理和应急响应程序，迅速有效地控制和处置可能发生的事故，降低事故造成的人员伤亡和财产损失。

（2）编制依据

1)《某公司的应急预案》。

2)《生产经营单位安全生产事故应急预案编制导则》AQ/T 9002。

3)《危险化学品重大危险源辨识》GB 18218。

（3）适用范围

本预案适用于运行部门单独处理事故类别（等级）较低的紧急事故，当事故发生的程度上升到三级（及以上）警报时，应报请公司应急总指挥（总经理）启动公司级的应急预案。本预案侧重 LNG 站现场的抢险、抢修等处置工作，仅作为一项适合于 LNG 站发生紧急事故时进行抢险组织工作的指引，并非代替公司的应急预案。

预案主要阐述本部门在应对突然发生的生产安全事故时指挥、组织、协调、通信联络、报警等的基本程序。适用于场站区域内可能发生的火灾爆炸、触电、容器爆炸、车辆伤害、物体打击、机械伤害、低温冻伤等生产安全事故的抢险、救援和现场处置。

本预案应急响应级别分为五级，其中五级为最高等级。事故的响应级别详见本节 5（1）。

（4）应急预案体系

LNG 站应急预案体系包括本专项应急预案、现场处置方案和附件等，本预案覆盖了该区域内可能发生的事故类型。

本预案是针对 LNG 站区域内可能发生的事故的应急响应、救援和处置工作，当公司现有应急力量不能有效处置事故时，请求外部社会应急力量支援，即本预案的五级响应。

应急预案架构图如图 6-3。

本预案与公司预案相衔接。当公司应急预案启动时，本预案服从公司应急预案。

（5）应急工作原则

以人为本、立足企业；统一领导、分级负责；分工明确、相互支持；预防为主、平战结合；依靠科学、依法依规。

气化站发生事故时，有关人员应遵循以下原则进行处置：

1) 首先保障个人的人身安全；

2) 在满足以上条件下按指引进行紧急处置，保持气化站安全、连续稳定供气；

3) 当发生紧急事故需要公安、消防、医疗救助或有关单位到场处理时，气站人员应第一时间报警（"119"或"110"等），寻求协助；

4) 报告上级领导。

2. 某 LNG 站的危险性分析

（1）某 LNG 站概况

1）LNG 站基本情况

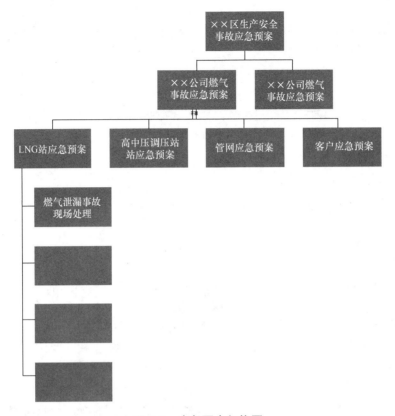

图 6-3 应急预案架构图

LNG 站是某公司投资建设的燃气供应站，位于某位置，于某年某月建成投产，供气能力为 12000m³/h。

目前，该气站的日常运行管理工作由运行部负责，兼职安全管理人员 1 人。该站场主要建筑物有 LNG 储罐区、LNG 气化区、卸车区、调压计量区、放散塔、附属用房（含变配电房）、消防泵房等组成。

2）地理位置及总平面布置

① 地理位置

该 LNG 站东面、北面是某河流及厂房，LNG 储罐与汽车零部件公司厂房相距 100m 以上。站区西面是大道，在大道中间的绿化带上有架空高压线通过，LNG 储罐与大道路边相距 45.5m，与高压架空电力线（中心线）相距 60.75m（架空线塔高 40m）；与某铜业公司厂房相距 100m 以上。站区南面是某塑胶公司厂房，LNG 储罐与某塑胶公司厂房相距大于 90m。站区周边 200m 范围内无重要设施、无大型商场及其他重要公共建筑、公共场所。

② 平面布置

根据站区的实际情况、生产工艺的需求，总平面分为生产区、生产辅助区。站区设置两个出入口，四周设置 2.2m 高的实体围墙。

A. 生产区

生产区由 LNG 储罐区、LNG 气化区、卸车区、调压计量区、放散塔等组成。

（A）LNG 储罐区：

设 5 台 150m³ 立式低温 LNG 真空绝热储罐；2 台 1000m³/h 储罐增压器；1 台 1000m³/h BOG 加热器；1 台 800m³/h EAG 加热器；四周设置 1.2m 高防液堤。

(B) LNG 气化区

位于 LNG 储罐区北和东侧，设 6 台 4000m³/h 空温式气化器；1 台 600m³/h BOG 压缩机（预留）。

(C) 卸车区

位于 LNG 储罐区北侧，由 2 台卸车车位构成。

(D) 调压计量区

设置有 1 套 12000m³/h 调压计量设备，并设置加臭设备。

B. 生产辅助区

生产辅助区位于 LNG 储罐区南侧，包括变配电间、值班室、发电机间、消防泵房、空压机房、氮气瓶间等。

C. 主要建构筑物

主要建（构）筑物如表 6-3 所示。

主要建（构）筑物表　　　表 6-3

序号	名称	单位	数量	火灾危险性	耐火等级	建筑物及 LNG 装置
1	卸车区	—	—	甲	—	2 个卸车台、2 台卸车增压器基础
2	气化区	m²	899.45	甲	—	6 台 4000m³/h 空温式气化器；1 台 600m³/h BOG 压缩机；1 套 12000m³/h 调压计量撬
3	储罐区	m²	1596.19	甲	—	5 台 150m³ 立式低温 LNG 真空绝热储罐；2 台 1000m³/h 储罐增压器；1 台 1000m³/h BOG 加热器；1 台 800m³/h EAG 加热器
4	放散塔	m²	0.2	甲	—	1 座放散塔基础
5	消防泵房	m²	45.34	丁	二级	
6	消防水池	m²	1179	—	二级	
7	变配电室、发电机间、氮气瓶间	m²	231	丙	二级	主要为辅助设施

3) 危险化学品储存情况

危险化学品储存场所为 LNG 储罐区，储罐区共有 5 个立式低温液体贮罐，每个储罐的容积均为 150m³，总容量为 750m³。

LNG 储罐最大设计允许充装质量按式 (6-3) 计算：

$$G = 0.9\rho V_h \tag{6-3}$$

式中　G——最大设计允许充装质量，kg；

　　　ρ——液化天然气的密度，kg/m³；

　　　V_h——储罐的几何容积，m³。

所以，每个储罐的最大设计允许充装质量为 56.7t。储罐区液化天然气总储存量为 283.5t。

4）供气能力与设备

① 气化站供天然气能力

本公司为LNG站，设有5个立式低温液体贮罐，每个储罐的容积均为150m³，总容量为750m³。供气规模为12000m³/h。

② 主要设备（表6-4）

主要设备设施表　　　　　　　　　表6-4

序号	设备名称	设备规格	单位	数量
1	LNG立式真空粉末储罐	150m³	台	5
2	储罐增压器	1000m³/h	台	2
3	卸车增压器	400m³/h	台	2
4	空温式气化器	4000m³/h	台	6
5	BOG加热器	1000m³/h	台	1
6	EAG加热器	800m³/h	台	1
7	空气压缩机	720m³/h	台	2
8	空气干燥器	720m³/h	台	1
9	热值仪		台	1
10	BOG压缩机	600m³/h	台	1
11	调压计量撬	12000m³/h	台	1
12	加臭撬	2m³	台	1
13	放散塔	25m	座	1

5）生产工艺

LNG采用罐式集装箱储运，通过公路运至LNG站，在卸车台通过卧式专用卸车增压器对集装箱增压，利用压差将LNG送至低温LNG储罐储存。工作条件下，储罐增压器将储罐压力增加至0.4～0.5MPa，增压后LNG自流入空温式气化器，与空气换热后转化为气态NG并经撬装调压、计量、加臭设备向管网输出。

① 卸（装）车工艺流程（图6-4）

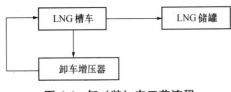

图6-4　卸（装）车工艺流程

LNG槽车到达车位后，通过卸车点将LNG送入储罐。为了提高槽车罐内压力，将槽车罐内的部分LNG引入卸车增压器气化后，再送入槽车罐气相空间，利用槽车罐与储罐之间的压差，将LNG送入储罐。采用BOG压缩机辅助卸车，卸车BOG经BOG加热器加热后直接向管网输出，也可利用BOG压缩机进行回收并向管网输出。

2个卸车台在实现卸车功能的同时，还可实现LNG槽车的装车功能。

② 储存气化工艺流程（图6-5）

储罐中的LNG通过空温式气化器气化后进入调压计量撬，经过加臭后送入用户管网。加臭剂为四氢噻吩，加臭撬设在

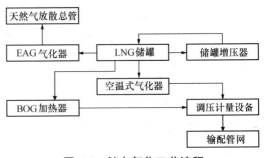

图6-5　储存气化工艺流程

调压计量撬后,设 2m³ 加臭罐 1 个,选用两台加臭泵(一开一备),可根据天然气流量变化自动控制加臭。

LNG 储罐正常运行时需要对其进行增压或减压,以维持其 0.4~0.5MPa 的压力,保证出口压力。当 LNG 储罐运行压力低于 0.4MPa 时,气动增压调节阀开启,储罐部分 LNG 进入储罐增压器,经气化后的天然气从储罐顶部再进入储罐的气相空间,以适当提高储罐内的 LNG 压力。当 LNG 储罐运行压力高于 0.5MPa 时,气动增压调节阀关闭,储罐增压器停止工作,同时气动减压调节阀完全开启,通过储罐气相管向 BOG 加热器输出,储罐压力下降。

LNG 在储存过程中,会因储罐漏热令温度升高,从而导致平衡蒸气压上升,造成储罐内压力过高。因此需要通过排出部分蒸气,同时让罐内部分 LNG 气化来降低 LNG 温度,重新在设定的温度压力下建立平衡。为了防止排气过程中带出液态天然气,存储罐区内安装了 BOG 加热器和 EAG 加热器(均为空温式加热器)。当罐内压力升至一定值时,压力调节阀会打开,部分蒸气便通过 BOG 加热器气化后进入供气管网。若罐内压力继续升高到某一个值时须进行安全泄放,安全泄放采用集中排放的方式,设置 EAG 加热器一台,对放空的低温天然气进行加热后,经阻火器后通过 25m 高的放散塔高点排放。

调压计量设施将气化后的天然气调压至 0.2~0.40MPa 并计量、加臭后向市政输配系统输出。

(2)危险源与风险分析

1)危险物质的危险性辨识

依据《危险化学品名录》(2002 版)辨识,本公司在生产活动中涉及的危险化学品的危险特性如下:

天然气为甲烷、乙烷、丙烷混合物,主要是甲烷(表 6-5)。此外,加臭剂为四氢噻吩(表 6-6)。

甲烷的理化性质及危险特性表　　　表 6-5

标识	中文名:甲烷(压缩)		分子式:CH_4		英文名:Methane;Marsh gas	
	分子量:16.04		CAS 号:74-82-8		危规号:《危险货物品名表》GB 12268—2012 中 2.1 类 21007(压缩)	
理化性质	性状:无色无臭的气体			溶解性:微溶于水,溶于乙醇、乙醚		
	熔点(℃):-182.6		沸点(℃):-161.5		相对密度(水=1):0.42(-164℃)	
	临界温度(℃):-82.1		临界压力(MPa):4.6		蒸气密度(空气=1):0.55	
	燃烧热(kJ/mol):889.5		最小点火能(mJ):0.28		蒸气压(kPa):100(-161.5℃)	
燃爆特性与消防	燃烧性:易燃气体			燃烧分解产物:CO、CO_2、水蒸气		
	闪点(℃):-188			聚合危害:不聚合		
	爆炸极限:下限 5.3%,上限 15.0%			稳定性:稳定		
	自燃温度(℃):537			禁忌物:强氧化剂、氟、氯		
	危险特性:易燃,与空气混合能形成爆炸性混合物,遇热源和明火有燃烧爆炸的危险。与五氧化溴、氯气、次氯酸、三氟化氮、液氧、二氟化氧及其他强氧化剂接触剧烈反应					
	灭火方法:切断气源。若不能立即切断气源,则不允许熄灭正在燃烧的气体。喷水冷却容器,可能的话将容器从火场移至空旷处。灭火剂:雾状水、泡沫、二氧化碳、干粉					

毒性	接触限值：瑞士：时间加权平均浓度 10000ppm($6700mg/m^3$)JAN1993。 毒理资料：小鼠吸入 42%浓度 60min 麻醉
健康危害	侵入途径：吸入。 健康危害：甲烷对人基本无毒，但浓度过高时，使空气中氧含量明显降低，使人窒息。当空气中甲烷达 25%～30%时，可引起头痛、头晕、乏力、注意力不集中、呼吸和心跳加速、共济失调。若不及时脱离，可致窒息死亡。皮肤接触液化本品，可致冻伤。若冻伤，就医治疗
急救措施	吸入：迅速脱离现场至空气新鲜处。保持呼吸道通畅。如呼吸困难，给输氧。如呼吸停止，立即进行人工呼吸。就医。液化甲烷与皮肤接触时可用水冲洗，如灼伤可用 42℃左右温水浸洗解冻，并送医救治
防护措施	车间卫生标准：苏联 MAC(mg/m^3)：300；工程控制：生产过程密闭，全面通风。 呼吸系统防护：一般不需要特殊防护，但建议特殊情况下，佩戴自吸过滤式防毒面具(半面罩)。 眼睛防护：一般不需要特殊防护，高浓度接触时可戴安全防护眼镜。身体防护：穿防静电工作服，戴一般作业防护手套。其他：工作现场严禁吸烟。避免长期反复接触。进入罐、限制性空间或其他浓度区作业，须有人监护
泄漏应急处理	迅速撤离泄漏污染区至上风处，并进行隔离，严格限制出入。切断火源。建议应急处理人员戴自给正压式呼吸器，穿消防防护服。尽可能切断泄漏源。合理通风，加速扩散。喷雾状水稀释、溶解。构筑围堤或挖坑收容产生的大量废水。如有可能，将漏出气用排风机送至空旷地方或装设适当喷头烧掉。也可将漏气的容器移至空旷处，注意通风
储运注意事项	易燃压缩气体。储存于阴凉、通风良好的不燃烧材料结构的库房或大型气柜。远离火种、热源。包装方法：钢瓶，液化甲烷用特别绝热的容器。防止阳光直射。与禁忌物分开存放，切忌混储混运。储存间内的照明、通风等设施应采用防爆型，开关设在仓外。配备相应品种和数量的消防器材。罐储时要有防火防爆技术措施。露天贮罐夏季要有降温措施。禁止使用易产生火花的机械设备和工具。搬运钢瓶轻装轻卸，防止钢瓶及附件破损
废弃	允许气体安全地扩散到大气中或当作燃料使用

四氢噻吩的物化特性及危险危害特性　　　　表 6-6

标识	中文名：四氢噻吩		英文名：Tetrahydrothiophene	
	分子式：SC_4H_8	分子量：88.2		CAS 号：110—01—0
	危规号：《危险货物品名表》GB 12268—2012 中 3.2 类 32111。UN NO.2412			
理化性质	性状：无色液体。有令人舒适的气味		溶解性：不溶于水，可混溶于乙醇、乙醚、苯、丙酮	
	熔点(℃)：－96.2	沸点(℃)：119		相对密度(水=1)：1.00
	临界温度(℃)：	临界压力(MPa)：		蒸气密度(空气=1)：无资料
	燃烧热(kJ/mol)：无资料	最小点火能(mJ)：无资料		蒸气压(kPa)：无资料
燃爆特性与消防	燃烧性：易燃	燃烧分解产物：一氧化碳、二氧化碳、硫化氢、氧化硫		
	闪点(℃)：12.8	聚合危害：不聚合		
	爆炸极限(%V/V)：无资料	稳定性：稳定		
	自燃温度(℃)：无资料	禁忌物：强氧化剂		
	危险特性：遇明火、高热、强氧化剂易引起燃烧			
	消防措施：建议应急处理人员戴自给式正压式呼吸器，穿消防防护服			

6.4 LNG站应急预案体系（以某公司LNG站为例）

续表

毒性	毒理资料：LC_{50}：27000mg/m³，2h(小鼠吸入)
健康危害	侵入途径：吸入、食入、经皮吸收。 健康危害：本品具有麻醉作用。小鼠吸入中毒时，出现运动性兴奋、共济失调、麻醉，最后死亡
急救措施	患者急速脱离现场，安置在空气新鲜的地方休息并保暖。严重者须就医诊治。如果呼吸停止，须立即进行人工呼吸，眼睛受刺激须用大量水冲洗并就医诊治
防护措施	工程防护：严加密闭，提供充分的局部排风和全面通风。提供安全淋浴和洗眼设备。 个体防护：呼吸系统防护：空气中浓度超标时，必须佩戴防毒面具。紧急事态抢救或撤离时，应佩戴正压自给式呼吸器。 眼睛防护：戴化学安全防护眼镜。 身体防护：穿相应的工作服。 手防护：戴乳胶手套。 其他：工作现场严禁吸烟、进食或饮水。工作后淋浴更衣。保持良好的卫生习惯
泄漏应急处理	迅速撤离泄漏污染区至上风处，并进行隔离，严格限制出入。切断火源。建议应急处理人员戴自给正压式呼吸器，穿消防防护服。尽可能切断泄漏源。合理通风，加速扩散。喷雾状水稀释、溶解。构筑围堤或挖坑收容产生的大量废水。防止进入下水道、排洪沟等限制性空间
储运注意事项	储存于阴凉、通风的仓内，远离火种、热源。仓内温度不宜超过30℃。防止阳光直射。包装要求密封。不可与空气接触。应与氧化剂分开存放。储存间内的照明、通风等设施应采用防爆型，开关设在仓外。配备相应品种和数量的消防器材。禁止使用易产生火花的机械设备和工具。搬运时应轻装轻卸，防止包装及容器损坏

2）危险目标确定

主要危险目标有：

① 储罐区。

② 卸车区。

③ 气化计量区。

3）危险目标潜在的危险有害因素分析结果

本公司在作业过程中潜在的危险有害因素有：火灾爆炸、容器爆炸、触电伤害、机械伤害、噪声危害、车辆伤害、物体打击、灼烫伤害（低温灼伤）等。其中火灾爆炸是主要的危险有害因。

现将这些危险有害因素及可能发生危险及伤害事故的部位列表如表6-7。

危险有害因素及可能发生危险及伤害事故的部位 表6-7

事故类型	可能发生事故的部位
火灾爆炸	储罐区、气化计量区、卸车区、发电机房、配电房
容器爆炸	储罐区、气化计量区、卸车区、压缩空气储罐、氮气瓶组
触电伤害	变压器房、配电房、发电机房、压缩机、消防水泵房
机械伤害	发电机房、消防水泵房、压缩机
车辆伤害	站区道路
噪声危害	发电机房、压缩机房、消防水泵房
低温灼伤	储罐区、气化计量区、卸车区
物体打击	氮气瓶组及设备检维修作业

4）重大危险源辨识

危险化学品重大危险源是指长期地或临时地生产、加工、使用或储存危险化学品，且危险化学品的数量等于或超过临界量的单元。单元是指一个（套）生产装置、设施或场所，或同属一个生产经营单位的且边缘距离小于500m的几个（套）生产装置、设施或场所。临界量是指对于某种或某类危险化学品规定的数量，若单元中的危险化学品数量等于或超过该数量，则该单元定为重大危险源。

单元内存在的危险化学品为单一品种，则该危险化学品的数量即为单元内危险化学品的总量，若等于或超过相应的临界量，则定为重大危险源。单元内存在的危险化学品为多品种时，则按下式计算，若满足公式（6-4），则定为重大危险源：

$$q_1/Q_1 + q_2/Q_2 + \cdots + q_n/Q_n \geq 1 \tag{6-4}$$

式中 q_1、q_2、$\cdots$、q_n——每种危险化学品实际存在量，t；

Q_1、Q_2、$\cdots$、Q_n——与各危险化学品相对应的临界量，t。

按照《危险化学品重大危险源辨识》GB 18218，天然气列入易燃气体，临界量为50t。

LNG储罐区共有5个立式低温液体贮罐，每个储罐的容积均为150m³，总容量为750m³。

LNG储罐最大设计允许充装质量按式（6-5）计算：

$$G = 0.9\rho V_h \tag{6-5}$$

式中 G——最大设计允许充装质量，kg；

ρ——液化天然气的密度，kg/m³；

V_h——储罐的几何容积，m³。

经计算，每个储罐的最大设计允许充装质量为56.7t。则该天然气储罐区液化天然气总质量为283.5t。按下式计算：

$$q_1/Q_1 = 283.5/50 = 5.67 > 1$$

所以，LNG储罐区天然气储存量已构成危险化学品重大危险源。

综上所述，按《危险化学品重大危险源辨识》GB 18218辨识，本公司构成危险化学品重大危险源。

5）风险分析结果

① 火灾爆炸事故

LNG站储罐有可能发生储罐超压爆炸事故和沸腾液体扩展蒸气爆炸事故。而发生蒸气云爆炸事故的可能性小，一是因为天然气较轻，易挥发，二是因为立式储罐室外布置，天然气泄漏后会立即挥发，不会形成局限化的爆炸性空间。而天然气低温液体储罐沸腾液体扩展蒸气爆炸事故的危险性比储罐超压爆炸事故危险性严重得多。

通过对LNG储罐采用沸腾液体扩展蒸气爆炸事故模型进行事故后果模拟计算，模拟计算结果如下：LNG储罐沸腾液体扩展蒸气爆炸热辐射伤害范围，见表6-8。

LNG储罐沸腾液体扩展蒸气爆炸热辐射伤害范围　　　　表6-8

序号	入射通量（kW/m²）	对人的伤害	伤害半径（m）
1	37.5	1%死亡率/10s，100%死亡率/1min	151.8
2	25	重大损伤/10s，10%死亡率/1min	186
3	12.5	一度烧伤/10s，1%死亡率/1min	263.1

6.4 LNG站应急预案体系（以某公司LNG站为例）

上述计算结果是在假定LNG储罐区LNG储罐发生沸腾液体扩展蒸气爆炸事故时计算出来的，实际上，由于储罐采取了较齐全的安全设施，站区设置有自动控制系统，LNG储罐发生沸腾液体扩展蒸气爆炸事故的可能性是非常低的。

若站区LNG储罐发生较大火灾爆炸事故，将对站区周边造成影响。

② 泄漏事故

A. 少量泄漏影响范围为气站内部。

B. 大量泄漏，若处理不及时，将影响到气站外，泄漏出的天然气遇到点火源还有可能引起火灾爆炸事故。

C. 发生大量泄漏时的疏散范围：根据《危险化学品应急处置速查手册》（中华人民共和国公安部消防局、国家化学品登记注册中心编写）及《常用危险化学品应急速查手册》（2009年3月第二版，国家安全生产监督管理总局编制）的规定，天然气泄漏范围不明时，初始隔离100m以上，下风向疏散至少800m。

③ 低温冻伤、物体打击、触电和机械伤害等

此类事故伤害的影响主要是针对个体，抢救不及时可致人死亡，影响范围在本公司内部。本公司建有24h的安全防护队伍。实行全天值班制度，管理较完善，防触电、防火等安全设施齐全，能够为防止事故的发生及万一事故发生后尽量减轻事故所造成的损失提供保障。

3. 组织机构及职责

（1）应急组织机构

本部门针对可能发生的较轻或一般突发事件，成立内部应急救援指挥部，并下设有4个应急救援小组，其组织架构图如图6-6。

应急组织各专业组成员组成及联系电话详见附件。若现场指挥不在公司时，按以下顺序进行替代场站经理、场站主任、管网经理。

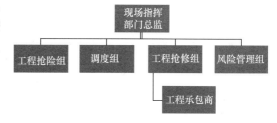

图6-6 其组织架构图

（2）指挥机构及职责

1）现场指挥职责

① 组织制订本应急预案；组织修订和批准发布预案。

② 负责部门人员、资源配置、应急队伍的调动；

③ 确定现场应急处置、救援方案以及事故现场有关工作；

④ 确认响应级别，批准应急响应的启动与终止；

⑤ 当事故扩大时，请求启动企业的应急预案并根据事态发展是否寻求消防、警察协助；

⑥ 组织本应急预案的演练；

2）工程抢险组职责

① 对发生故障的设备、管道进行抢修；

② 了解各种抢修工具、器械、配件的用途、存放地点、数量，并妥善保管；

③ 负责泄漏现场的清理、泄漏物的处理；

④ 负责火灾现场事故的扑救、处理；同时冷却着火点邻近的危险目标，有条件时转移危险物品，事故扩大时应及时撤离现场；
⑤ 负责消防器材、消防系统的启用和保障其运行；
⑥ 负责保障事故现场、周边灾区的抢救，及时处理消防供水设施和管网的故障；
⑦ 负责处理事故现场、周边灾区供电故障及实施临时断、送电作业。
⑧ 组长负责全组责任分工，统筹全组应急任务的开展。
⑨ 当公安消防队到达事故现场后，听从消防队的指挥，做好协调、引导工作。
⑩ 配合上级政府应急救援组织开展应急救援工作。

3）抢救组
① 组长应第一时间赶到事故现场，组织员工选择就近安全通道、出口迅速撤离事故现场到预定集合地点集合；
② 在各安全通道和安全出口维持秩序，指导并确保所属责任区域员工能迅速有序安全地撤离；
③ 检查是否有人员被困（或滞留）在各自分管的区域并实施救援；
④ 维持疏散集合点的秩序，清点人数并向应急指挥部汇报；
⑤ 负责安全通道、出口的日常检查，确保安全通道、出口畅通；
⑥ 配合上级政府应急救援组织开展应急救援工作。

4）安全警戒组职责
① 负责事故现场周边交通管制和疏导，引导外部救援单位车辆进入厂区，保障救援交通顺畅，维持现场秩序；
② 负责警戒区域内重点目标，重点部门的安全保卫；
③ 负责警戒区域的治安巡查；
④ 疏散事故地点无关人员和车辆，禁止一切与救援无关的人员进入警戒区域；
⑤ 维持员工疏散集合地的治安秩序；
⑥ 配合上级政府应急救援组织开展应急救援工作。

4. 预防与预警

（1）危险源监控

部门场站管理组从安全管理和安全技术措施两大方面对危险源进行消除、控制、预防。

1）安全技术措施
① 场站消防设施经专业消防设计单位设计，消防设施包括储罐水喷雾系统、室外消火栓系统、高倍数泡沫灭火系统等。作业场所配备了灭火器材。
② 消防设施、器材有专人管理，消防器材摆放在明显和便于取用的地点，周围没有存放杂物。
③ 生产、储存装备布置、建筑结构、电气设备的选用及安装符合国家有关规定和国家标准；生产、储存装备不是国家淘汰的生产装备。
④ 厂房建筑之间的防火间距符合要求，厂房建筑物的耐火等级、占地面积符合要求。
⑤ 变配电房等处设置有防触电的警示标志，电力线路按规定采用铁皮线槽或穿管保护。

⑥ 按要求发放了口罩、手套、工作服等劳动防护用品，作业场所按国家有关规定设置了安全标志。

⑦ 站内建、构筑物依据《建筑物防雷设计规范》GB 50057 确定防雷类别并采用相应的防雷措施。

⑧ 储罐区及调压计量区等危险区域设置可燃气体检测报警仪，报警装置设在控制室。

⑨ LNG 储罐设高低液位报警并连锁。LNG 储罐设压力报警并连锁。

⑩ 空温式气化器出口设低温报警并连锁。

⑪ 储罐及调压系统采用超压自动切断及安全放散功能，并设事故状态下紧急切断、报警和放散控制系统。天然气（LNG）放散管设置阻火器。

⑫ 为保证安全生产，本站区相关运行参数采用就地及控制室显示，并通过站控系统对生产过程进行监视和控制。控制室设中央控制台，控制系统采用 PC＋PLC 组成。在事故状态下迅速关闭阀门和可燃气体用电设备电源。

⑬ LNG 储罐进出液管设置紧急切断阀，故障状况下，如工艺区燃气泄漏报警、火警报警、声光报警，可同时自动或手动关闭储罐的进出液气动紧急切断阀，或根据故障情况进行总切断。

⑭ LNG 储罐选用了安全、可靠的单容式储罐，储罐结构形式为真空粉末绝热、立式圆筒形双层壁结构。

⑮ LNG 储罐、管道及相关设备均设置安全阀，在每个 LNG 储罐的外罐设置爆破片。

⑯ 除市政供电系统一路电源外，设有柴油发电机作为应急电源，仪表自控部分设置不间断电源系统。

⑰ LNG 储罐区均设置防液堤，提供足够的物料泄漏收集空间，以防止 LNG 泄漏时产生流淌火灾，造成事故蔓延。

⑱ 特种设备经检测合格，取得了特种设备使用登记证。特种设备的安全附件压力表、安全阀经检验合格。

2) 安全管理措施

① 部门建立以气站主任、操作员、安全管理员的安全组织架构，落实责任制，全面落实场站的生产安全工作。

② 制订了安全管理制度和安全操作规程。

③ 特种设备有安全管理制度和岗位安全责任制度，制定有使用登记、定期检验制度。

④ 部门、场站管理人员及安全管理人员定期进行安全检查，保安定时巡查的检查监控方式，及时发现问题并及时整改。

⑤ 制定并严格执行检修、动火作业等危险作业的审批和监督制度，对动火作业实行安全检测、专人监护等安全措施，确保危险作业安全。

⑥ 加强对员工的安全教育培训，定期进行事故处理演练。

3) 应急处置措施

各类事故的现场应急处置措施见现场应急处置措施。

(2) 预警行动

事故预警的条件：

一旦出现突发事件，根据突发事件的严重程度、影响范围等将事故预警分为五级预警级别。即：班组级预警（一级）、组别级预警（二级），部门级别预警（三级）、公司级预警（四级）、公司外部预警主要是当地政府相关部门及社会救援力量预警（五级）。

① 一、二级预警条件

发生较轻突发事件，能被当班人员利用场站的资源进行处理，不影响正常供气。一级预警处理后报告场站主任、经理，二级预警应紧急处理并立即报告场站主任、经理，由其决定紧急情况。正常可利用的资源指在某个部门（班组）权力范围内通常可以利用的应急资源，包括人力和物资等。

② 三级预警条件

发生一般突发事件时，利用场站的资源没有能力进行有效处置，应利用本部门和相关部门的资源进行紧急应对。

③ 四级预警条件

发生较大事故，应请求总指挥调动本公司所有的应急资源，尽快进行处置，以避免事故的扩大化。

④ 五级预警条件

发生较严重及以上突发事件时，超过本公司事故应急救援能力，事故有扩大、发展趋势，或者事故影响到基地内企业时，由应急指挥部报请辖区相关行政部门、区安监局等请求支援。

事故的预警分类见表 6-9，任何人员在判断上无法明确事故的预警级别，可直接报告场站经理、部门总监，由其判断预警级别。

事故的预警分类 表 6-9

预警级别	典型事故描述	响应动作
一级预警	燃气管道或设备因法兰或丝扣连接原因产生的轻微泄漏，可通过阀门、停用等手段进行控制且不影响正常供气	值班人员紧急处置，报告气站主管
	消防系统中管道系统轻微泄漏，但能正常工作	
	仪表风管道轻微泄漏，但不影响紧急切断阀的使用	
二级预警	燃气管道或设备除法兰或丝扣连接外的原因产生的轻微泄漏，可通过阀门、停用等手段进行控制且不影响正常供气	值班人员紧急处置，报告组别经理，由其决定启动二级预警，事后报告总监
	消防系统中管道系统中度泄漏，需要系统启动消防泵短时工作补充水压	
	调压装置一路有故障，但未影响正常供气	
三级预警	液相或气相管道泄漏，已影响正常生产	值班人员紧急处置，报告组别经理、总监，请求启动三级响应
	消防水管道泄漏，已影响正常生产	
	空气管道泄漏，已影响正常生产	
	空压机、干燥机不能正常工作，已影响正常生产	
四级预警	场站罐区外的任何火警	值班人员紧急处置，必要时向消防、警察报告，同时向总监汇报，由其请示总指挥启动公司级紧急预案
	设备或工艺管道故障，导致燃气减量生产	
	配电系统发生故障	
	中控室控制系统不能自动控制，但现场可以手动控制	

6.4 LNG 站应急预案体系（以某公司 LNG 站为例）

续表

预警级别	典型事故描述	响应动作
五级预警	LNG 储罐的异常超压或泄漏	值班人员紧急处置，必要时向消防、警察报告，同时向总监汇报，由其请示总指挥启动公司级紧急预案
	LNG 储罐保温失效或结构失稳、倾斜等影响罐运行安全的因素	
	场站罐区、装卸车区内的任何火警	
	LNG 槽车的异常超压或泄漏	
	任何原因引起的场站停产或减产达 30% 及以上	
	场站罐区内的任何火警	

① 信息发布方式

当发现事故征兆时，发现人可通过大声呼喊、广播等传递事故信息，使气化站进入预警状态；当气化站已经进入应急响应状态时，气化站人员可通过手机、固定电话等向场站经理、部门总监报警，部门应急进入预警状态，发生火灾时应立即拨打 110、119 政府部门事故应急通信电话请求支援，同时告知周边企业。

② 预警信息的内容

发布预警信息应说明清楚：事故类型、规模、影响范围、发生地点、介质、发展变化趋势、有无人员伤亡、报告人姓名和联系方式等。

③ 预警信息发布的流程

预警信息发布流程为：第一发现人、场站经理（或部门总监）、总指挥、政府部门，并在报告政府的同时，向周边单位报告，情况紧急时第一发现人可越级报告。

预警信息发布流程如图 6-7 所示。

（3）信息报告与处置

1）信息报告与通知

场站设置一部固定电话供信息的报告和传递，公司设有 24h 紧急电话，供接收外来的紧急信息或内部的紧急信息，电话 24h 有专人接听。

事故信息接收和通报程序：工作时间内第一发现人发现事故后，应立即向场站经理、部门总监报告，部门总监应根据事故情况作出是否由本部门内部解决还是向公司报告，启动公司级的应急预案。

非工作时间内发生事故，第一发现人应立即向公司抢险值班室报告，值班人员接到报警后，根据事故发生地点、种类、强度和事故可能的危害向场站经理、部门总监上报。接警人员在掌握基本事故情况后，立即赶赴现场并对事故级别做出判断，并发出预警信号，启动相应响应

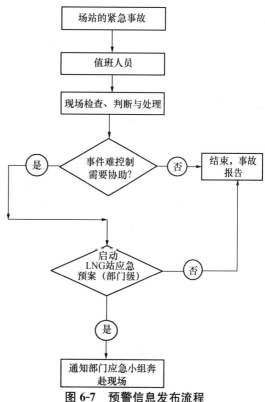

图 6-7 预警信息发布流程

级别。

发生较为严重及以上突发事件时,第一发现人可越级报告当地政府部门应急救援组织。

2) 信息上报

根据事故类型和严重程度,按公司事故呈报制度上报公司风险管理部。

3) 信息传递

当生产安全事故可能影响到基地内单位时,应向公众发出报警信息。同时通过各种途径向公众发出紧急公告,告知事故性质、对健康的影响、自我保护措施、注意事项等,以保证公众能够及时作出自我防护响应。报警、公告等信息内容和发布,由公司应急总指挥审核和授权发布。

5. 应急响应

(1) 响应分级

本预案依据突发事件的类别、危害程度、应急能力的评估,可能发生的事故现场情况分析结果,将本预案分为五级应急响应。

1) 一级响应:发生一般安全生产突发事件,能被当班作业人员及时进行处置和控制的事件,事后报告场站经理。

2) 二级响应:发生一般安全生产突发事件,当班作业人员没有把握及时进行处置和控制的事件,应立即报告场站经理寻求技术、人员、设备上的协助

3) 三级响应:发生一般突发事件时,利用场站的资源没有能力进行有效处置,应利用本部门和相关部门的资源进行紧急应对,请求部门总监启动本预案。

4) 四级响应:公司级响应,具体见公司级的应急预案

5) 五级响应:超出公司应急能力,寻求政府或集团内部的支援,具体见公司级的应急预案。

(2) 响应程序

1) 应急指挥及行动

① 发生生产突发事件时,现场指挥应立即发出预警信号,启动相应应急响应,并实施本预案,做好现场指挥、领导工作。

② 现场指挥应根据事故类型、严重程度等调集相应的应急小组成员,立即进入应急抢险战斗状态。

③ 现场人员在抢险组组长的领导下及时采取有效措施,阻止事故扩大。

2) 资源配置

场站和部门应配置必需的应急抢险资源并检讨更新,需要时向公司、集团内部、社会寻求协助。

3) 应急避险

所有的应急应在确保人员的生命安全为第一原则,现场处置时应根据事故实际情况设置警戒区域。

4) 扩大应急响应程序

一旦发生突发事件后,部门现场指挥根据事故发生地点、事故类型及事故严重程度启动本应急救援预案响应级别后,如事故不能有效处置,或者有扩大、发展的趋势,或者影

响到厂区周边区域时，由部门现场指挥请求本公司应急总指挥启动公司级响应，可报请辖区相关行政部门、安监、消防、环保等部门以及医疗机构技术支援。

（3）应急结束

事故应急结束必须符合以下条件：

1）事故现场已得到控制；

2）事故现场及相关影响范围内的环境符合有关标准；

3）导致次生、衍生事故的隐患已经消除。

经部门现场指挥检查评估，符合上述条件后，宣布现场应急结束，现场恢复正常。

应急结束后，应明确事故情况上报事项、事故报告、总结。

应急响应程序如图6-8所示。

6. 信息发布

见公司应急预案，有总指挥授权发布。

7. 后期处置

事故应急结束后，应做好包括污染处理、事故后果影响消除、生产秩序恢复、善后赔偿、抢险过程和应急救援能力评估及应急预案的修订等后期处置工作。

（1）污染物处理

所有事故应急过程中产生的污染物必须及时全面彻底清理和统一收集，并严格按有关法律法规要求进行分类处理，具体见公司级预案。

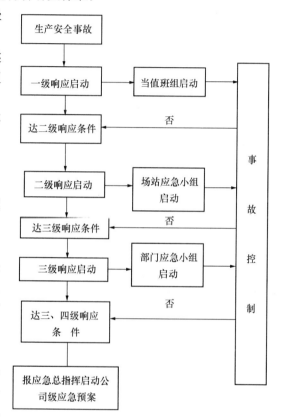

图6-8 应急响应程序

（2）事故后果影响消除

按公司预案的要求，积极配合提供相关数据给公关组，主动消防事故对公司的影响。

（3）生产秩序恢复

若发生影响生产事故，本部门应组织力量尽快完成抢修，具备安全生产条件，待获得公司许可后尽快恢复生产。

（4）善后赔偿

若事故造成人员伤亡、环境污染、周边社区生产生活影响的，由公司统一与相关方协调赔偿事宜。

（5）抢险过程和应急救援能力评估及应急预案的修订

应急结束后，由应急指挥部组织参加应急的相关单位人员对抢险过程进行总结，对抢险过程中应急行动的程序、步骤、措施、人力、物力等是否满足应急救援的需要进行评估，总结评估结果要形成报告，根据总结评估意见及时修订应急预案。

8. 保障措施

(1) 通信与信息保障

场站设置有固定电话保证外围的联系,设置有防爆对讲机保证警戒处内外的联络。本预案应急小组成员的固定电话和手机电话号码要在预案中体现。

(2) 应急队伍保障

1) 部门和公司应急队伍

本部门成立有部门级别的应急组织,且下设各应急行动组:工程抢险组、工程抢修组、调度组、风险组。各应急行动小组分工明确,人员名单及联系电话号码在预案中体现。

公司的应急组织架构和联系电话见该级别预案。

2) 外部应急队伍

外部应急队伍主要包括集团内部燃气公司、当地安监局、公安消防队、环境保护等部门及医疗机构等。各部门、机构联系电话号码在预案中体现。

(3) 应急物资装备保障

所有应急救援设备设施和物资实行专人管理,定点定量存放,消防设施、消防器材和泄漏应急处置器材由场站主任(经理)专门负责管理,每年初制定严格的检查保养计划,按月、季、半年不同周期分类对所有应急设施器材进行检查,及时补充和维修维护,确保各处应急物资的数量和性能满足随时使用的需要。

(4) 经费保障

场站的应急物资、器材的更新补充和维修维护、商业财产保险、工伤保险等费用列入公司的年度预算,确保应急物资日常更新补充和维修等费用落实。

(5) 其他保障

1) 制度保障

① 安全生产责任制

按公司规定,落实 LNG 站各级人员的安全生产责任制。

② 安全生产管理制度:安全保卫值班制度;安全生产岗位责任制;安全技术操作规程;安全生产教育培训制度;安全生产检查制度等。

2) 外部救援保障

① 某医院与公司相距约 10km,救护车在正常情况下 15min 可到达。

② 某消防大队与公司相距约 3km,消防车在正常情况下 10min 可到达。

3) 治安保障

事故发生后,应急指挥部根据警戒治安应急程序,组织开展应急过程的警戒治安工作:

① 应急指挥机构应根据事故现场的实际需要,启动警戒治安程序。必要时,申请当地公安部门的援助与协调。

② 当启动扩大级应急时,警戒人员应根据上级指挥机构的要求,结合发生事故的位置、性质、风向、预警级别和范围,确定警戒治安区域范围和方案,组织人力投入警戒治安应急工作。

③ 根据现场人员疏散情况,尽量减少进入危险区域的人数,保障警戒人员自身安全。

④ 根据上级指挥机构的指令,向应急人员传达解除预警的指令,协助疏散安置人员,指导群众返回,维护群众返回过程的秩序。

4) 医疗保障

① 应急指挥部及时与医疗机构联系,请求医疗救护保障,组织开展医疗救护工作。

② 当启动扩大级应急时,救护人员根据上级应急指挥中心的指令或事故造成的伤亡情况,向医疗单位、主管单位申请支持与援助。

③ 根据事故已经或可能造成的伤亡情况,设置现场临时医疗救护点。并根据上级指挥机构的指令,向应急人员传达解除预警的指令,转移伤病人员,撤销现场临时医疗救护点。

④ 公司为员工购买了工伤保险及商业保险,及时缴纳保险费。

9. 培训与演练

(1) 培训

为确保生产安全事故应急救援实施快速有效,部门采取多种形式对应急救援人员、现场操作人员进行相应应急知识或应急技能培训。

部门对相关人员的教育、培训做好相应记录,并做好培训结果的评估和考核记录。

1) 应急救援人员的教育、培训内容

① 如何识别危险。

② 如何启动紧急警报系统。

③ 火灾事故处理措施。

④ 各种应急设备、灭火器材的使用方法。

⑤ 防护用品的佩戴。

⑥ 如何安全疏散员工等基本操作。

⑦ 各岗位的标准化操作程序。

⑧ 掌握基本的危险物质清除程序。

⑨ 熟悉应急预案的内容。

⑩ 现场急救基本知识。

2) 站区周边人员应急响应知识的宣传

由公司负责,具体见公司级预案(略)。

3) 应急培训计划、方式和要求

部门计划每年至少开展应急培训两次,可采取内部培训或委托有资质培训单位对部门员工进行应急培训,由场站经理制订计划并组织实施。

应急培训可采取教师讲授应急预案、座谈讨论、现场操作培训、开展消防安全活动等方式。

培训内容应以本预案前面章节提到的内容为主。员工参加应急培训每年应不少于2次。

4) 应急培训的评估

每次培训完成后,应对培训效果进行评估,培训效能的评估采取考试、现场提问、实际操作考核等方式,并对考核结果进行记录,对于关键应急岗位的人员,如果考核不合格,可对其单独加强培训,以保证此岗位人员有能力应对事故。

(2) 演练

1) 演练组织与准备

① 成立演练策划小组

演练策划小组是演练的组织领导机构,是演练准备与实施的指挥部门。对演练实施全面控制,其主要职责如下:

A. 确定演练目的、原则、规模、参演的部门;确定演练的性质与方法;确定演练的地点和时间,规定演练的时间尺度和公众参与的程度。

B. 协调各参演单位之间的关系。

C. 确定演练实施计划、情境设计与处置方案。

D. 检查和指导演练的准备与实施,解决准备与实施过程中所发生的重大问题。

E. 组织演练总结与评价。

② 演练方案

根据不同的演练情景,由演练策划小组编制出演练方案并组织相关人部门按职能分工做好相关演练物资器材和人员准备工作。演练情境设计过程中,应考虑如下注意事项:

A. 应将演练参与人员、公众的安全放在首位。

B. 编写人员必须熟悉演练地点及周围各种有关情况。

C. 设计情景时应结合实际情况,具有一定的真实性。

D. 情景时间的时间尺度最好与真实事故的时间尺度相一致。

E. 设计演练情景时应详细说明气象条件。

F. 应慎重考虑公众卷入的问题,避免引起公众恐慌。

G. 应考虑通信故障问题。

2) 演练范围与频次

部门计划每年至少组织一次专项应急预案演练,每半年至少组织一次现场处置方案演练。演练内容与参与人员范围如下。

① 参与人员

A. 应急救援人员。

B. 普通员工。

C. 相关单位观摩人员。

② 演习内容

A. 火灾爆炸事故应急处置。

B. 泄漏事故应急处置。

C. 触电事故的应急处置。

D. 低温冻伤事故的应急处置。

E. 物体打击事故应急处置。

3) 演练评估和总结

演练前要制定演练进程控制一览表,有专人对演练进程实施情况进行观察,记录演练进度情况和处置实施情况,及时发现演练过程中存在的问题。

演练结束后,参加演练的人员应对演练过程进行总结评估,提出演练过程存在的问题,提出改进意见。评估和总结情况要形成演练评价总结记录并及时改进。

10. 奖惩

对预案实施过程中个人的行为和表现依据公司规定给予奖惩。

（1）奖励

公司对参加应急救援工作作出贡献的部门和个人，对处置突发事件有功的部门和个人给予表彰和奖励。对因参加突发事件应急处理工作致病、致残、死亡的人员，按照国家有关规定给予相应的补助和抚恤。

（2）责任追究

按法律和公司规定执行。

11. 附则

（1）术语和定义

1) 突发事件：指突然发生，造成或者可能造成严重社会危害，需要采取应急处置措施予以应对的自然灾害、事故灾难、公共卫生事件和社会安全事件。

2) 应急管理：为了迅速、有效地应对可能发生的事故灾难，控制或降低其可能造成的后果和影响，而进行的一系列有计划、有组织的管理，包括预防、准备、响应和恢复四个阶段。

3) 应急准备：针对可能发生的事故灾难，为迅速、有效地开展应急行动而预先进行了的组织准备和应急保障。

4) 应急响应：事故灾难预警期或事故灾难发生后，为最大限度地降低事故灾难的影响，有关组织或人员采取的应急行动。

5) 恢复：事故得到基本控制后，为使事故影响区域内的生产、生活、基础设施、生态环境等尽快恢复到正常状态而采取的措施或行动。

6) 应急预案：针对可能发生的事故灾难，为最大限度地控制或降低其可能造成的后果和影响，预先指定的明确救援责任、行动和程序的方案。

7) 应急救援：在应急响应过程中，为消除、减少事故危害，防止事故扩大或恶化，最大限度地降低其可能造成的影响而采取的救援措施或行动。

8) 应急响应分级：根据突发事件的等级、影响的范围、严重程度和事发地的应急能力所划定的应急响应等级。

9) 应急能力的评估：对某一地区、部门或者单位以及其他组织应对可能发生的突发事件的综合能力的评估。评估内容包括预测与预警能力、社会控制效能、行为反应能力、工程防御能力、灾害救援能力和资源保障能力等。

10) 应急保障：为保障应急处置的顺利进行而采取的各项保证措施。一般按功能分为人力、财力、物资、交通运输、医疗卫生、治安维护、人员防护、通信与信息、公共设施、社会沟通、技术支撑以及其他保障。

11) 一案三制：为应对突发事件所编制的应急预案和建立的运作机制、组织机制以及相关法制基础的简称。

12) 预警：根据检测结果，判断突发事件可能性或即将发生时，依据有关法律法规或应急预案相关规定，公开或在一定范围内发布相应级别的警报，并提出相关应急建议的行动。

13) 预警分级：根据突发事件发生的危害程度、紧急程度和发展态势所划定的警报等级。

（2）应急预案备案

本应急预案经部门总监批准后，报公司备案。

（3）维护和更新

本预案由运行部负责按照有关规定管理维护与更新。

本预案应随着应急救援相关法律法规的制定、修改和完善，组织机构或应急资源发生变化，以及在实施过程中发现存在问题或者出现新的情况，定期进行评审，至少每3年修订一次，实现可持续改进。

如发生下列情形之一的，应当及时修订：

1）因兼并、重组、转制等导致隶属关系、经营方式、法定代表人发生变化的；
2）生产技术工艺和技术发生变化的；
3）周围环境发生变化，形成新的重大危险源的；
4）应急组织指挥体系或者职责已经调整的；
5）依据的法律、法规、规章和标准发生变化的；
6）应急预案演练评估报告要求修订的；
7）应急预案管理部门要求修订的。

（4）制定与解释

本预案由运行部按照有关规定组织制定与解释。

（5）应急预案实施

本预案经运行部总监批准后即生效并实施。

6.5 LNG 站现场应急处置措施

1. LNG 场站造成事故风险的主要原因

（1）法兰连接处、阀门填料处、管件连接处因低温冷缩导致密封不严或密封失效引起泄漏。

（2）因输送软管或管道中可能有 LNG 和冷蒸气滞留或 LNG 罐因严重漏热，经加热后压力增加导致管道、罐壁或焊口破裂引起泄漏。

（3）LNG 储罐储液后长期不用，有可能产生 LNG 分层及翻滚现象，从而导致罐内压力升高，有可能产生超压爆炸危险。

（4）LNG 管道及阀门设备因预冷及阀门作业不当，有可能对管道及阀门产生急冷和水击现象，导致管道或阀门因应力过大和液流冲击过大对管道及阀门产生破坏性危害。

（5）容器罐壁质量等原因导致渗透泄漏。

（6）在 LNG 外漏处理过程中，因违反操作处理的相关规程，违规直接使用消防水进行喷淋驱散，导致快速相变产生，有可能造成人员伤害及设施损害。

（7）在处理 LNG 时，未按相关个人劳动防护用品的管理规定执行佩戴作业，有可能因低温冻伤、低温麻醉，导致人员伤亡事故。

2. 危险特性分析及预防

天然气密度比空气小，大部分成分为 CH_4，天然气的低热值为 $34MJ/m^3$，在标准大气压下的爆炸极限为5%～15%，具有易燃易爆性。

液化状态下的天然气，即LNG其温度为-162℃，密度大约在430～470kg/m³，在101325Pa、273.15K的条件下气液体积比约为600：1，经气化后蒸气温度小于或等于-113℃时其蒸汽密度大于空气密度，气化后成为气体的天然气，其物理与化学性质与天然气相同。

(1) LNG泄漏危险特性分析

LNG泄漏能使现场的人员处于非常危险的境地，这些危害包括冻伤、体温下降、肺部伤害、窒息等，当蒸气云团被点燃发生火灾时，热辐射也将对人体造成伤害。

在意外情况下，如果系统或设备发生LNG泄漏，LNG在短时间内将产生大量蒸气，与空气形成可燃混合物，并将很快扩散到下风处，于是LNG泄漏附近区域均存在发生火灾的危险性。

LNG蒸气受热后，密度小于空气，有利于快速扩散到高空大气中。蒸气扩散的距离与初始泄漏的数量、持续时间、风速和风向、地形，以及大气的温度和湿度有关。研究表明：风速比较高时，能很快驱散LNG蒸气云团；风速比较低（或无风）时，蒸气云团主要聚集在溢出附近，当发生火灾时，火灾本身也会产生强劲的空气对流，最危险的情况是由于燃烧产生强烈的空气对流，能对设备造成进一步的损坏，扩大事故的严重性。通常情况下LNG泄漏后危险最大的时刻是在最初的几分钟内，在这几分钟内，冷液体接触的是热表面，气化速率很快。LNG泄漏可分泄漏到地面和水面两种类型：

LNG倾倒在地面上时，由于LNG与地面存在巨大的温差，起初迅速蒸发，然后当从地面和周围大气中吸收的热量与LNG蒸发所需的热量平衡时便降低至某一固定蒸发速度。该蒸发速度大小取决于从周围环境吸收热量的多少。在应急处置时，应考虑两方面问题：首先是设备，在万一发生泄漏的情况下，设备周围应具备有限制LNG扩算的设施（如围堰），使LNG泄漏的范围尽可能缩小；其次是LNG溢出后，抑制气体发生的速率及影响的范围（如泡沫发生器，在发生LNG泄漏时，泡沫发生器喷出泡沫，泡沫覆盖在LNG上面，可减少来自空气的热量，降低LNG蒸气产生的速率）。

LNG泄漏到水中时，LNG蒸发速度要快得多，水面会产生强烈的扰动，引起强烈的对流传热，并形成少量的冰，以致在一定的面积内蒸发速度保持不变。随着LNG流动泄漏面积逐渐增大，直到气体蒸发量等于漏出液体所能产生的气体量为止。

泄漏的LNG开始蒸发时，所产生的气体温度接近液体温度，其密度大于环境空气。冷气体在未大量吸收环境空气中热量之前，沿地面形成流动层。当从地面或环境中大量吸收热量以后，温度上升时，气体密度小于环境密度。形成的蒸发气和空气的混合物在温度继续上升过程中逐渐形成密度小于空气的云团。云团的膨胀和扩散与风速和大气的稳定性有关。LNG与外露的皮肤极短暂接触不会产生什么伤害，可是持续地接触，会引起严重的低温灼伤和组织损坏。

(2) LNG泄漏的判断及控制措施

1) 判断

① 可见雾团。焊缝、阀门、法兰和与储罐壁连接的管路等，是LNG容易产生泄漏的地方，当LNG从系统中泄漏出来时，冷流体将周围的空气冷却至露点以下，形成可见雾团，通过可见雾团可以观测和判断有无LNG泄漏。

② 可通过可燃气体报警器进行燃气浓度检测。

③ 通过声音（液体和气体的流动）、沸腾、结霜、气味（如果加了气味的话）等判断。

2）控制措施

当发现泄漏后，应当迅速判断装置是否需要停机，还是在不停机情况下可将泄漏处隔离和修复，防止人员接近泄漏的流体或冷蒸气，避免产生火种。

① 阀门的泄漏

阀门是比较容易泄漏的部件，当系统工作温度下阀门被冷却后，金属部分以及填料会产生严重收缩，可通过阀门上异常结霜、雾团现象进行判断。

② 输送软管和连接处泄漏

LNG 从容器向外输送时，LNG 在管道中流动，并有蒸气回流。由于温度很低，易造成管路螺纹或法兰连接处泄漏。在使用软管输送 LNG 情况下，软管本身也可能产生泄漏。柔软的软管必须进行相关标准的压力测试，并在使用前对每一根管路进行检查，尽量减少泄漏发生的可能性。

当输送管万一发生泄漏时，应当采取适当措施将泄漏处堵住或切断输送，更换泄漏部件。

③ 气相管路泄漏

连接液化部分、储罐的管路、气体回流管路及气化管路都可能产生泄漏。当气化器及其控制系统出现故障，冷气体和液化气体进入普通温度下运行的管路，会造成设备的损坏。应当采取预防措施，迅速隔离产生泄漏的管路和气化器，同时采取紧急措施，组织液体继续进入气化器。

当冷空气泄漏后，应当像处理液体泄漏一样采取应对措施，这些措施包括：关闭系统、隔绝泄漏区域、保护人身安全、隔离火源并尽快将蒸气云团驱散。

3. LNG 泄漏事故现场应急处置一般方案

（1）确定漏点

当发现泄漏后，现场人员要快速鉴定泄漏位置、类型、扩散情况以及 LNG 蒸气移动方向，并及时采取措施进行初步处理。

（2）初期处置

1）如果只是微量泄漏，且无火灾发生，则按照下列内容进行初期处置：

① 若是螺丝松动等原因造成小量泄漏，可以通过紧固螺丝解决。

② 若是气相管路发生泄漏，采用关闭上下游阀门，待管道内燃气释放完毕后再进行处理即可。

③ 若是液化天然气进出液管道焊缝、法兰间等发生少量泄漏时，应关闭相关阀门，将管道内液化天然气放散（或火炬燃烧掉），注意防止产生冻害，待管道恢复至常温后，按相关规定进行维修、置换、检漏合格后投入运行。

④ 可根据事故点情况切换作业流程：利用现有的备用工艺设备管道或旁通，确保往下游管网及用户正常供气。

注意事项：

初期处理时要使用防爆工具，现场放置 2 个 8kg 灭火器，严禁单人操作。维修作业完成后进行检漏,及时向公司调度中心及部门负责人汇报泄漏情况及解决情况。

2) 如果泄漏量较大,采取上述措施无法控制时,按照以下步骤进行处理:

① 现场人员立即停止事故点的一切作业,关闭事故段上下游阀门并立即通知其他值班人员,打开事故段的放散阀进行放散,放掉事故管段内天然气。

② 以最快速度通知公司调度中心及部门负责人,由公司调度中心按照公司应急预案有关规定进行上报,部门负责人应迅速赶赴现场进行处置。

③ 严密监控罐内压力,确保罐内压力处于正常状态。

④ 准备启用站区内消防栓、消防喷淋、泡沫发生器。

⑤ 设置警戒区,警戒区内严禁外人入内,严禁烟火。

⑥ 保持通信畅通,随时与调度中心及部门负责人保持联系,汇报现场情况,并按照部门负责人要求开展先期处置工作。

⑦ 发生人员伤亡及火灾时应及时拨打"120"、"110"、"119"等抢险电话。

(3) 出警

接到命令后,抢险人员要在规定时间内赶到现场,保持手机处于通信状态,公司经营区域内发生的场站事故,要在30min内赶到场处理。

(4) 设置警戒区,控制火源

1) 抢险人员到达抢险现场后,根据燃气泄漏程度确定警戒区并设立警示标志,在警戒区内应管制交通,疏散危险区域内其他人员,严禁烟火,严禁无关人员入内。

2) 随时监测周围环境的燃气浓度,在爆炸气体包围区域内,严禁开关电源开关,防止产生火花;抢修工具应使用铜质的,非铜质的应涂上黄油,禁止使用非防爆通信设备器材,严禁站区内车辆启动,禁止与抢险无关的人员进入站区及事故现场,进入警戒区的消防战斗车排气管要佩戴防火罩。

3) 操作人员进入抢险作业区前应按规定穿戴防静电服、鞋及防护用具,严禁在作业区内穿脱和摘戴,动作轻微,禁止撞击、摔、砸,作业现场应有专人监护,严禁单独操作。

4) 当发现泄漏出的燃气已进入周围建(构)筑物时,应根据事故情况及时疏散建(构)筑物内人员并驱散聚积的燃气。

5) 燃气泄漏威胁站区周围时,通知和协助相邻单位组织群众转移至安全地带。

(5) 抢救伤员

造成人员伤亡的,抢险人员到达抢险现场后,在布置事故现场警戒、控制事态发展,做好自身安全防护的同时,应积极救护受伤人员。

若现场出现人员冻伤时,应迅速将伤员移出事故现场,对伤员冻伤部位进行41~46℃的温水浴,并转送医院救治。

(6) 泄漏控制

1) 通过围堰、积液池或其他方法控制LNG流淌,排放的LNG应当被引到没有点火源和不会受低温液体伤害的区域。

2) 开启LNG储罐区固定式泡沫发生器,对泄漏的LNG用泡沫进行覆盖,严禁对泄漏区域进行消防水喷淋处理,准备灭火器到上风口进行现场监护,启动消防泵。

3) 当泄漏被制止、现场漏出的LNG和遗留的泡沫挥发、清理干净后,方可进行修复作业。

4) 影响正常供气时，应立即报客户服务部门通知用户停止用气。

(7) 应急处置

根据事故类型采取相应措施进行应急处置。

(8) 扩大应急

1) 当险情扩大时或发生火灾、爆炸等事故，危及燃气设施和周围环境的安全时，应及时报调度中心启动公司预案扩大应急，必要时场站停止供气。

2) 现场人员应根据泄漏情况组织现场无关人员和周边人员撤离。

3) 协助公安、消防及其他有关部门进行抢救和保护好现场。

4) 当燃气设施发生火灾时，应采取降低压力或切断气源等方法控制火势，并应防止产生负压；燃气设施发生爆炸后，应迅速控制气源和火种，防止发生次生灾害；火势得到控制后，应按公司预案的有关规定进行抢险；火灾与爆炸灾情消除后，应对事故范围内管道和设备进行全面检查。

(9) 检查确认

1) 场站设备设施修复后，应对周边设备设施、窨井、建（构）筑物等场所进行全面检查。

2) 当事故隐患未查清或隐患未消除时不得撤离现场，应采取安全措施，直至消除隐患为止。

(10) 注意事项

1) 进入事故现场的相关人员，均需从上风向进入。

2) 对必须接触LNG的抢险（包括阀门操控）人员，必须穿戴好个人防护用品后方可执行相关操控指令。

3) 严禁在LNG上直接喷水，因为这样会加快LNG的沸腾和蒸发。

4) 严禁踩踏蒸气云经过的钢制平台及过道、支架，因为蒸气云经过的钢制构建易产生脆裂，人员经过将有可能产生人员伤害事故发生。

4. LNG泄漏现场专项应急处置方案

LNG泄漏现场应急处置除应遵循一般规定外，还应遵循以下规定：

(1) 储罐超压、超液位事故应急处置措施

1) 储罐超压、超液位事故一般是在储罐温度骤然升高、内部液体长期存放出现涡旋、槽车卸液情况下发生的，此时往往会发生储罐的安全阀起跳，液化天然气泄漏，应立即切断可能产生火花的一切着火源，禁止一切车辆在附近行驶，撤离无关人员，划定警戒线。

2) 打开储罐上的三级安全放散（安全阀、手动放散、BOG泄压）进行卸压；

若是槽车卸液时发生超压、超液位事故应立即停止卸液，并且及时开启气化器使管道内的LNG气化后输向管网；

3) 应立即切断可能产生火花的一切着火源，禁止一切车辆在附近行驶，撤离无关人员，划定警戒线；

4) 若发现泄漏是由于罐壁腐蚀或真空度下降引起的，在条件允许的情况下，必须及时进行倒罐、向管网输气、放空；

5) 待抢险结束后，立即查找事故原因，对事故进行总结，防止再次出现相同事故并

做好记录。

(2) 储罐根部阀及阀前管道LNG泄漏应急处置措施

此类事故多因阀体材质、阀前管道材质,在预冷时由于急剧降温造成冻裂、焊缝泄漏,法兰密封处因密封垫处产生泄漏、截止阀垫片损坏产生泄漏等,当泄漏发生时,应急措施如下:

1) 微量泄漏

① 若是螺栓松动等原因造成极小量泄漏(气状或滴液现象),可以通过使用防爆工具紧固螺栓解决。

② 采用冷冻法堵漏(用干棉被、毛巾等包住泄漏部位),使其结冰,减少泄漏。

③ 若是根部阀门内漏,这个必须排放(倒罐或放散)完所有LNG,再更换垫片或更换阀门。

④ 置换,对泄漏部位进行修复。

2) 大量泄漏

① 若是根部阀之后的管道泄漏,这样关闭紧急切断阀,使管道内的LNG气化后输向管网,最后置换完、修复泄漏处。

② 若是根部阀之前发生大量泄漏,立即启动泡沫发生器,用泡沫覆盖泄漏的LNG上。

③ 立即切断可能产生火花的一切着火源,禁止一切车辆在附近行驶,撤离无关人员,划定警戒线。

④ 抢险人员穿上防冻服到现场进行堵漏,进行倒罐操作。

⑤ 当基本无泄漏时,使用空温式气化器对管内的气态LNG进行气化排放,最后对储罐进行加温、置换、检修。

⑥ 在抢救中,若泄漏量太大,抢修无法控制,应迅速疏散生产区所有人员,扩大警戒线,拨打119报警,远距离监控。

(3) 槽车卸液低温金属软管爆裂泄漏应急处置措施

1) 槽车卸液软管爆裂泄漏时有大量的液化天然气泄漏,首先关闭槽车上所有紧急切断阀,然后关闭通往储罐的LNG进液紧急切断阀。

2) 如槽车阀门不自动切断,可穿上防冻服现场关闭手动阀门。

3) 杜绝附近一切火源,禁止一切车辆在附近行驶,撤离无关人员,划定警戒线,让槽车应自行滑到安全地带。

4) 驱散漏出的天然气,降低天然气浓度,直至检测合格。待环境的气体检测合格后,对损坏的卸液低温软管进行更换。

5) 若事故一时难以控制,应扩大警戒线,切断电源,报警119,远距离监控。

注:槽车卸车完以后应该使软管内的LNG气化排放完,或是用氮气吹扫。

(4) LNG储罐自增压气化器泄漏事故应急处置措施

LNG储罐自增压气化器液相管、气相管发生燃气泄漏,应立即关闭进液管控制阀,进行应急抢险,具体措施如下:

1) 用干棉被包住泄漏部位,以减少泄漏,待储罐自增压气化器霜化尽后关闭储罐自增压气化器气相管控制阀进行放散。

2）待压力泄尽后立即查明事故原因，若是法兰紧固螺栓松动，立即进行紧固；若是法兰间垫片损坏，立即更换。

3）若是管路出现焊缝泄漏应立即上报公司调度中心及部门负责人，请求支援。

（5）空温式气化器事故现场应急处置措施

1）站内拥有两台空温式气化器，当一台出现故障时，及时关闭，切换至另一气化器，如现场情况比较复杂，开启紧急切断阀，待现场情况允许作业人员进入时，关闭截止阀切换到另一路完成气化作业，同时对故障气化器进行排障。

2）如出现泄漏或着火事故时，应迅速切断气源、电源，消除附近一切火源，设置安全警戒线，采取有效措施控制火势和泄漏，并用消防水枪对站内其他未着火的设备和容器进行隔热、降温处理；同时进行灭火（严禁用水灭火）或排除泄漏。

3）如出现大量液化天然气泄漏时，对泄漏出的液化天然气可使用泡沫发生设备，对其表面覆盖，使其与空气隔离，防止事故恶化，同时查找漏点进行排除。

4）抢险作业完毕，及时向部门负责人汇报事故抢险经过，做好事故抢险记录。

（6）水浴式气化器事故现场应急处置措施

1）输气作业中水浴加热器出现故障，应减小空温式气化器前的截止阀开度，使流速减慢，以便LNG可以充分气化，最终完成输气作业；如环境温度过低则需要给管道做伴热处理，同时排查故障。

2）如出现泄漏或着火事故时，应迅速切断气源、电源，消除附近一切火源，设置安全警戒线，采取有效措施控制火势和泄漏，这时可先用手提式灭火器对前期火灾进行扑救。

3）如出现电气故障，应立即关闭设备电源，通知电工进行检查，排除故障。如不能排除故障应通知厂家到现场解决。

4）抢险作业完毕，及时向公司汇报事故抢险经过，作好事故抢险记录，报部门备案。

（7）低温截止阀泄漏应急处理措施

在运行中该处泄漏主要为螺栓松动、阀杆填料老化或弹性失效，工艺切换或停用期间此阀门由于热胀冷缩使螺栓松动，另外有水分进入结冰。

通常预防泄漏的处理方法为每次使用前进行紧固，并在LNG进入开始时对螺栓进行冷紧。对其泄漏的处理方法为：

运行中只有少量泄漏，且成蒸气状态时采用水浇的方式可达到堵漏的目的；

当泄漏的LNG成液相时需隔离事故阀门，放空管内LNG，待达到常温后对螺栓进行紧固（如备有阀门的填料等之类的备件，最好拆下阀杆更换密封填料安装恢复）；必要时进行压力试验，合格后恢复；

若无效需要拆卸阀杆更换阀芯、填料或阀杆等，然后安装恢复，必要时进行压力试验。

（8）液化天然气管线泄漏事故现场应急处置措施

1）找准泄漏点，迅速关闭泄漏管线的气源源头，切断气源；

2）组织人员抢修，检查泄漏部位和原因；如果是孔状泄漏，可以用楔堵漏；如果是条状泄漏，可采用冷冻法堵漏，即在泄漏处浇水用布带缠绕，边缠绕布带边浇水，这时水和布带将冻在一起，可以临时将泄漏点堵住。

5. 火灾、爆炸事故的处置措施

(1) 立即关闭事故段上下游阀门,若无法关闭气源,则设法控制其燃烧速度。

(2) 停止事故点的一切作业,划定危险区域,疏散危险区域内其他人员,若有人员受伤,向120报警,迅速以适宜方法将伤员转移至安全地点,禁止与抢险无关的人员进入站区及事故现场。

(3) 关闭泄漏储罐总紧急切断阀、燃烧区电源。

(4) 周边设施防护

1) 打开消防喷淋及消防水炮,控制水量,对相邻设备及管线进行冷却处理,减少火灾对设备、管线及抢修人员所造成的危害和伤害。

2) 使用水将尚未着火而火焰有可能经过的地方弄湿,使其不容易着火。

3) 严禁将水喷到LNG表面,否则将增大LNG蒸发率,从而使LNG火势增强。

4) 使用分布于场站的35kg干粉灭火器控制火势,防止火势蔓延。

(5) 在落实有效堵漏处理措施的前提下,可先灭火在关阀实施堵漏。

1) 使用灭火器,从上风口处灭火。

2) 对燃气泄漏引发的火灾应遵循"先控气,后灭火"的原则,使用适宜的灭火器材控制火势,冷却保护其他未着火的设施,只有气源切断、气体火焰自然熄灭后才可扑灭全部明火。

3) 在对火源进行有效控制或完全消灭之前,要严格防止复燃情况发生。

4) LNG灭火方式如表6-10。

LNG灭火方式 表6-10

灭火方式	等级	使用方法	说明
化学干粉灭火(碳酸钾)	1	应用在火的根源,绝不能直接喷到火焰上。	利用化学反应来灭火。需要熟练的操作。如果有障碍物的话,灭火是不可能的
化学干粉灭火(碳酸钠)	2	应用在火的根源,绝不能直接喷到火焰上。	利用化学反应来灭火。需要熟练的操作。如果有障碍物的话,灭火是不可能的
卤化氢(卤的气体化合物)	N/A	仅用于封闭区域,应用在火的根源绝不能直接喷到LNG中,在控制室、LNG车上使用。	利用化学反应来灭火或使火焰缺氧熄灭。在扑灭LNG产生的火灾时,需要熟练的操作。如果有障碍物的话,灭火是不可能的。周围的环境有可能使灭火剂失效
二氧化碳(CO_2)	3	在火上方使用,不要直接喷到火焰上	可以控制但不能灭火,直接喷到LNG上将增大蒸汽和火焰的高度。对于没有气体的火灾比较合适
水	3	仅用来保护临近的财产设备和在附近的人员,不能喷到LNG上面,可以以水雾形式喷到热蒸汽中,帮助LNG蒸汽团的缩小	控制没有气体源的火焰,也可以用来冷却附近的设备,水雾喷到LNG中可以增大蒸发率和火焰高度

等级:1—灭LNG火的最好方法;2—可以灭LNG火灾;3—不能灭火,但可以控制。

(6) 密切监视罐体及管道的压力变化,若发现压力积聚升高,须通过增加泄放口,以加大泄放速度。

(7) 应密切监视泄放过程中的声音及罐体颜色变化。若听到频率升高的声音,看到排放量、密度增加的信号或罐体变色,应马上将附近的热源及火源转移,同时考虑将现场人员立即撤离。

(8) 对火焰进行隔离,对燃气设施降温时,严禁设备内部出现负压。如果发生重大火灾或爆炸事故,采取紧急关闭行动后,要立即组织人员进行紧急撤离。

(9) 储配站人员须撤至距事故现场 200m 以外,并向临近单位发出支援、防范、疏散通知,无关人员疏散至事故现场 500m 以外。

(10) 火灾消除后,保证管道内压力合格后,确定抢修方案,按照技术规程组织抢修。

(11) 注意事项

1) 进入现场人员必须穿戴全身防护装备,包括正压自带呼吸器。

2) 由于天然气燃烧时的热辐射十分厉害,因此进入现场人员应从上风向进入,并在热辐射不会伤及人员的活动范围内实施消防抢险作业。

3) 天然气蒸气有可能会向火种处漂移,并着火后会烧至任何的泄漏处。因此要严格控制天然气蒸气云漂移运动,并彻底消除所有现场的任何着火源。

4) 要最大程度降低火灾的热辐射温度,全力冷却降压以保护事故罐及所有相邻罐体,以免导致次生灾害发生。

6. 场站生产中断(局部/全部)的应急处置措施

生产中断可分为供气压力不足、设备故障、生产事故中断三类。

(1) 供气压力不足

1) 如发现出站压力有所下降,应立即查找原因:储罐压力是否在正常工作范围、供气回路上各阀门是否开启到位、调压撬内过滤器上平衡阀是否显示堵塞、调压器进口压力是否在正常工作范围等一切可影响出站压力的参数和设备。

2) 发现及时处理(如给储罐增压、打开备用回路等),及时恢复正常供气压力。

3) 若无法处理及时报公司调度中心及部门负责人进行处置。

(2) 设备故障

1) 由于在用设备故障造成停气,应立即启用备用设备,查找故障原因。

2) 及时处理故障,及时恢复供气,并电话汇报给调度和分管领导,并通知用气单位。

3) 若在短期内不能恢复正常供气,及时向公司调度中心及部门负责人汇报,受影响区域的用户由客户服务部以书面、电话、短信和(或)媒体发布降压或停用气通知,并要求用户做好相关的准备和需要注意的事项。

4) 在事故管道及设备进行处置期间严禁用户开灶使用燃气,以免用户端管道产生负压,造成二次事故。

5) 故障修复后先对停气影响区域的管网设施、用户设施进行检查,确保可以安全投入运行后恢复供气,对需要置换的管道进行置换和点火工作。

6) 恢复供气时由客户服务部门提前通知用户,按照公司《停气复供管理规定》恢复供气。

7) 对本次生产中断所导致的原因进行分析，并提出对策。

对本次生产中断的各台账记录进行整理，并归档。

(3) 生产事故中断

1) 场站发生设备事故或因自然灾害和其他突发事件造成输气中断而影响燃气供应时，马上关闭事故段上下游阀门，如条件允许可切换流程。

2) 需停气时先切断气源，再关事故点其他相关阀门，开启放空阀放空。

3) 立即向公司调度中心和部门负责人汇报，根据险情及时做好监护、防范措施，当危及生命安全时应立即撤离。

4) 公司调度中心实施紧急状态下燃气供、销的协调及应急预案启动，下达调度指令，并保证调度指令的畅通，负责协调对外供气的解释和宣传工作。

5) 各场站服从调度指令，调整输气流程和输气量，根据供气量安排，及时调整生产工况。

6) 及时向下游重点用气单位或客服部相关人员通报事故及影响供气量下降的原因，取得理解配合。

7) 紧急通知有关用户并对工业用户采取减、停气安排或对部分工业用户实施限供气，确保民用用户用气，采取错峰避让措施。

8) 现场得到有效控制后，现场指挥组织人员制定抢修方案，并组织抢修组人员遵循相关安全、技术规范，进行抢修作业

9) 若场站发生大量泄漏、着火或爆炸事故，按场站发生大量泄漏的事故现场基本处理原则的相关要求执行，并上报部门负责人及公司调度中心。

10) 做好停气原因及处理、汇报、过程记录。

7. LNG 瓶组站发生生产供气故障的现场处置方案

(1) 可能导致生产供气故障的原因：场站生产设备发生故障，无法正常使用；场站发生大量泄漏着火或爆炸、气源不足。

(2) 因场站设备、管线等发生故障原因导致无法正常生产供气时，应通知公司调度中心及部门负责人，根据现场情况决定是否启动紧急预案，是否通知客服中心张贴停气通知，在停气时间较长的情况下停止公共福利用户用气，利用外管网存气保障民用用户用气；同时积极组织抢修，尽快恢复供气。

(3) 因车辆运输原因导致气源不足时，应立即报告公司调度中心及部门负责人，安排备用车辆提供气源。

(4) 若站内发生大量泄漏、着火或爆炸事故，按 LNG 场站泄漏、着火、爆炸现场处置方案进行处置，并上报公司调度中心及部门负责人。

8. 变配电系统事故应急处置措施

(1) LNG 场站必须配备有备用电源（UPS 不间断电源、双回路电源供电或者柴油发电机备用）。

在场站正常生产运行中，如遇突然停电，UPS 电源大约可供设备运行约半小时，在此时间段内应立即查明停电原因，停电时间等。

(2) 若出现跳闸断电，应进行如下处理：

1) 值班电工应立即与供电部门联系,查明是否属于正常停电;

2) 如停电只是在 10min 左右,并无大功率设备运行(如加热器、水泵等)可暂时不启动备用电源,等待来电。

3) 若获知停电时间较长,短时间内不会恢复供电,应立即切断主回路、转换备用电源(或启动发电机),并检查各运行参数是否正常(如有水泵等还应检查运行方向是否正确),保证场站可以正常持续运行。

(3) 若为电器故障,应对故障电气设备进行检测,确定修复方案,按照公司电工管理规范进行抢修作业。

(4) 若电气装置发生火灾事故,按照《电气装置火灾事故处置措施》进行处置。

(5) 恢复主回路供电前应先把备用电源切断,严禁主回路和备用电源同时合闸。

(6) 及时做好记录,并写明停电原因,如会影响正常运行或停电时间较长的还应向调度及主管领导汇报。

9. 电气装置火灾事故处置措施

(1) 电气装置、线缆着火,无论什么情况都必须先切断电源,才可灭火,同时应寻查着火的原因,向有关领导和消防机构报警,救护现场受伤人员。

(2) 电缆沟、井内电缆着火时,应先把起火电缆周围的电缆电源切断,然后用手提式干粉、二氧化碳等灭火器灭火,也可用干沙、黄土(必须干燥)灭火。对电缆灭火时,灭火人员戴绝缘手套。若沟内电缆较少且距离较短时,可将两端井口堵住封死窒息灭火。

(3) 电缆着火时,在没有确认停电和放电前严禁用手直接接触电缆外皮,更不准移动电缆。必要时,应戴绝缘手套、穿绝缘靴、用绝缘拉杆操作。

(4) 变配电装置着火时,必须先切断电源,用二氧化碳、水基型灭火器灭火,不得用干粉、沙子、泥土灭火。

(5) 火灾消除后,确定修复方案,按照安全规范进行抢修作业。

10. 触电事故处置措施

(1) 发生触电后,应立即使用绝缘物或远端关闭电源等方法使触电者脱离电源,然后向 120 求援和部门负责人报告。

(2) 使触电者脱离电源后必须立即就地根据触电者的具体症状实行抢救,主要采用人工呼吸法或胸外心脏挤压法,动作必须正确,不能空等医生到来或长途送往医院治疗,触电严重者应边送往医院边进行急救且不能停止,一直到交给医生。

11. 严重冻伤急救措施

(1) 除去所有影响冻伤部位血液循环的衣物。

(2) 立即将冻伤部位浸入 41~46℃ 的热水中,决不可使用干燥加热的方法。如果水温超过 46℃,会加剧冻伤部位组织的损伤。

同时,立即将受伤人员送往医院做进一步观察治疗。如果伤者是大面积冻伤,且体温已下降,就需将伤者整个浸在 41~46℃ 的热水中。在这种情况下,最好先将伤者送往医院去做,因为在受热过程中有可能出现休克。

(3) 冻伤的组织无疼痛感,呈现苍白、淡黄色的蜡样。当加热时,组织开始疼痛、肿胀且易感染。冻伤部位暖和起来需要 15~60min,之后还要不停地加热,直至皮肤由浅蓝色变成粉红色或红色。在加热过程中，使用吗啡、镇痛剂止痛。

（4）如果身体冻伤部位已接受医疗处理时加过热，就不需再加热了。这时，使用干燥的无菌纱布好好包裹即可。

（5）注射破伤风针剂。

（6）不允许受伤人员抽烟喝酒，因为这样会减少流往冻伤组织的血液量。

第7章 LNG站安全事故案例分析

我国LNG工业起步较晚，因其低温、气化后易燃易爆等危险性，LNG的储存使用一直以来是政府和企业关注的重点。历史上第一次LNG重大事故发生在1944年美国克利夫兰，系LNG储气站火灾爆炸，LNG站安全事故可分为建设过程事故和运行过程中事故，笔者查阅相关资料，将1944年至今公开发布的LNG相关事故做了统计，简要汇总于表7-1中。

LNG相关事故统计　　　　　表7-1

年份（年）	地点	事故简介
1944	美国克利夫兰	储罐材料失效，LNG储罐爆炸，131人死亡
1968	美国波特兰	测压时引发天然气泄漏导致储罐爆炸，4人死亡
1971	意大利拉斯佩齐亚	充装错误操作，罐内翻滚，2000tLNG泄漏
1971	加拿大蒙特利尔	工人误操作，天然气回流到氮气管线，泄漏后引发爆炸，1人死亡
1973	美国纽约	储罐检修时绝热材料发生燃烧，导致储罐超压爆炸，40人死亡
1973	英国肯维岛	气压计破损导致LNG泄漏，引发蒸气云爆炸
1977	阿尔及利亚阿尔泽	铝制阀门失效，$2\times10^3 m^3$ LNG泄漏，1人死亡
1977	印度尼西亚邦坦	液位报警器失效，储罐过量充装，超压泄漏
1978	阿拉伯联合酋长国达斯岛	储罐底管接头失效，LNG泄漏
1979	美国马里兰州	LNG泵密封失效，LNG蒸气泄漏引发爆炸，1人死亡，1人受伤
1983	印度尼西亚邦坦	控制阀失效，换热器超压爆炸，3人死亡
1985	美国亚拉巴马州	储罐焊口断裂，LNG泄漏后被点燃，6人重伤
1987	美国内华达州	易燃绝缘材料起火，点燃LNG蒸气云
1988	美国马萨诸塞州	法兰垫片失效，$114m^3$ LNG泄漏
1989	英国	气化器排水阀未关闭，LNC蒸气云喷出后被点燃造成两人重伤
1992	美国马里兰州	安全阀未开放，储罐过量充装后，罐壁断裂，$95m^3$ LNG泄漏
1992	印度尼西亚邦坦	线路改修时导致LNG管线被破坏，LNG泄漏
2004	阿尔及利亚斯基克达	锅炉爆炸导致LNG泄漏气化，引发蒸气云爆炸。27人死亡，2人受伤
2006	中国广东大鹏	广东大鹏LNG两名外商不慎坠落至珍珠岩保冷层，窒息死亡，事故造成2人死亡
2008	中国河南郑州	LNG储罐泄漏
2009	中国上海小洋山	储罐试压引发爆炸，1人死亡，16人受伤
2009	中国江苏南通	储罐第9层钢筋笼失衡倾覆，事故造成8人死亡，16人受伤
2011	中国江苏徐州	LNG储罐泄漏着火

续表

年份（年）	地点	事故简介
2013	中国榆林市上盐湾	LNG加气站氮气窒息伤亡事故，4人死亡
2013	中国	某撬装LNG加气站加气软管爆裂，1人受伤
2014	中国江西贵溪	LNG储罐泄漏
2015	中国黑龙江	LNG储配站低温气体冻裂管道造成一大型工业用户停气49h
2015	中国	LNG储配站低温气体管道冻裂，造成大型工业用户停气事故
2016	中国江苏	LNG储配站低温气体管道冻裂，造成一大型工业用户停气9h
2016	中国江苏江阴	LNG储罐泄漏着火，2人受伤
2016	中国郴州	中油中泰（郴州）天然气有限公司天龙加气站"7·18"液化天然气槽罐车泄漏涉险事故，直接经济损失260.64万元
2016	中国晋中	祁县某天然气公司第二加气站充装过液氧的低温绝热气瓶充装液化天然气时发生爆炸，事故共造成3人死亡，直接经济损失149.92万元
2018	中国延安	某油气服务公司WD混烃站内发生液化天然气泄漏事故，造成1人死亡，2人受伤，直接经济损失112万元（未包含事故罚款）
2019	中国保定	保定某天然气公司液化天然气气化供气站"4·15"火灾事故，事故未造成人员伤亡，直接经济损失30余万元

7.1 LNG站建站事故

LNG站建设过程中常见的事故类型主要有高处坠落、起重伤害、窒息、坍塌、物体打击、触电、爆炸等。

7.1.1 施工事故

随着LNG在我国快速发展，施工作业安全问题日益显现，尤其在高危作业过程中发生的各类事故，给企业和施工人员造成巨大损失和伤害。LNG站在建设施工过程中，由于技术和管理方面的原因，可能产生高处坠落、物体打击等相关事故，LNG储罐、气化器在运达施工现场后需要进行吊装作业，在此过程中容易出现物体打击、高空坠落等事故。有部分施工单位，对储罐重量估计不足或因吊装原因，可能导致储罐坠落损坏，造成人员伤亡和财产损失。

1. 江苏南通LNG钢筋网片倒塌、模板坠落事故

（1）事故简介

2009年6月16日，江苏某液化天然气（LNG）接收站1号储罐施工现场发生钢筋网片倒塌、模板坠落事故，共造成8人死亡，15人受伤，其中3人重伤。该接收站工程位于江苏如东县洋口港太阳岛，由上海某公司承建。当时1号储罐正在进行拱顶的模块吊装工作，因操作塔吊的工人操作失误，导致塔吊的吊臂碰触到已装的模板，正在施工的储罐第9层钢筋网片失衡倾覆，掀拉工人的施工平台倒塌，致使工人从高达30多米的平台上坠落，酿成重大伤亡事故。

(2) 事故的原因分析

1) 技术原因

① 塔吊操作工人操作失误,导致塔吊的吊臂碰触到已装的模板,固定钢筋网片的拉带太少,模板提升时,混凝土强度未达到要求是本次事故发生的主要原因。

② 事发位置内侧网片呈独立悬臂状超高安装,该层网筋规格加大,网片顶部有搭接接长钢筋,中部有横向加密筋,造成头重脚轻,加大了网片的不稳定性,网片间连接拉钩设置较少,缺少有效拉接,两侧吊拉带夹角过小,导致相互支持稳定作用较弱。

③ 内圈网片由于拉带和拉结筋安装不足,横向稳定性差,易在外力干扰下失稳,向内倾覆。

④ 工人在网片内施工过程中,擅自局部解除吊拉带,钢筋网有挂架和作业工人,导致超高超重网片在不对称荷载作用下,局部平面外失稳引发连续倒塌。

2) 管理原因

① 施工单位的塔吊安装方案不合理,对 9.3m 高的钢筋网片的危险性认识不足,未提出有效的安全措施,作业指导书未提供有效的绑系拉带的具体要求,塔吊安全操作距离不符合规范要求。

② 施工单位没有落实安全责任,在施工作业时未对现场安全进行确认,忽视了安全教育和安全技术交底,对施工现场存在的危险源和风险辨识不足,在塔吊安全操作距离不满足要求时未及时停止施工作业。对施工作业人员安全教育和安全技术交底工作不到位。

③ 总承包商作为项目建设的质量安全主体,在对施工单位的管理过程中监督不严,控制不力,未就 9.3m 高的特殊钢筋网片安装施工方案提出具体的施工安全技术措施要求。

④ 监理单位对项目建设质量安全负有监督责任,虽对超高钢筋网片的施工方案进行审查,但未对 9.3m 高的钢筋网片的危险性认识不足,未做专项要求。

(3) 事故的预防对策

1) 针对内侧网片呈独立悬臂状超高安装的情况,重新制定施工安全措施,每个网片安装 3 个与网片等高的 H 型钢支撑柱,增加有效拉接,增加增大钢筋网两侧的吊拉带。

2) 施工单位要进行风险识别,编制风险控制计划,制定风险控制措施,明确绑系拉带要求,制定详细的实施方法,由总包单位、监理单位、建设单位审核批准。

3) 组织施工单位开展作业前安全分析工作,所有施工作业人员在作业前必须针对作业内容进行安全分析,根据分析确定安全风险,落实安全措施。

4) 合理安排施工,避免交叉作业,在进行交叉作业前,采取有效安全措施。杜绝 2 人以上作业人员同时在钢筋网片的同侧作业,杜绝施工机具或设施直接用力在钢筋网片上,严禁网片受力重心偏移,确保超高超重网片载荷对称。

5) 加强对施工方案的审核管理,总包单位、监理单位对施工方案尤其是安全措施进行审核,审核其有效性,由相关专业人员对安全措施的有效性进行核实。

6) 加强对施工单位作业人员的安全教育,严格执行入场安全教育制度,作业人员要进行安全技术交底工作,监理单位加强对安全教育的监督检查,执行建设单位关于现场的安全教育要求,提高作业人员安全意识。

2. 广东某LNG储罐保冷施工过程中两人不慎坠落至珍珠岩保冷层窒息死亡事故

(1) 事故简介

2006年3月7日，广东某LNG接收站工程在保冷施工过程中发生一起总承包商管理人员坠入珍珠岩夹层事故，造成2人死亡。

该LNG接收站工程，由10多家企业共同投资，4家欧洲知名企业组成的联合体承担EPC总承包，2006年3月1日在进行保冷工程填充珍珠岩施工过程中，两名总承包商管理人员在未佩戴安全带的情况下进入施工区域开展检查，不慎坠入内罐与外罐之间的保冷珍珠岩层，事后虽立即进行救援，但两人已不幸死亡，事故现场如图7-1。

(2) 事故原因分析

1) 直接原因

储罐临边作业场所没有搭设防护栏，两人未按要求佩戴安全带是此次事故的直接原因。

2) 间接原因

① 总承包单位安全教育不足，未对员工进行安全技术交底，未进行风险源辨识与分析，员工对现场危险源认识不足。

② 施工单位现场管理不足，未对临边作业等危险作业进行有效管理，临边洞口未搭设防护栏，未设警示标识。

③ 总承包单位和对高危作业的安全管理存在漏洞，未采取有限空间作业的限制措施，现场安全管理人员没有及时制止或限制未佩戴安全带人员进入危险区域。

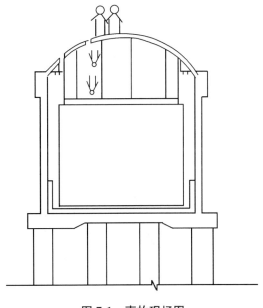

图7-1 事故现场图

④ 总承包单位和监理单位未对施工单位进行有效监管，对现场作业等高危作业缺乏有效监管。

(3) 相关规范规定

《建筑施工高处作业安全技术规范》JGJ 80—2016第2.0.2条规定：单位工程施工负责人应对工程的高处作业安全技术负责并建立相应的责任制度。施工前，应逐级进行安全教育及安全交底，落实所有安全技术措施和防护用品，未经落实不得进行施工。

第3.1.1条明确规定，所有临边高处作业，必须设置安全防护措施。然而，施工单位在保冷施工时并未对临边进行防护，违反了国家规范规定。总承包商对施工单位这一违章行为没有及时采取制止和强制整改，可见总承包商在对现场安全监督和安全管理上存在漏洞，对事故的发生负有管理责任。

(4) 事故的预防对策

① 总承包单位不能以包代管，要做好项目部内部和施工单位的安全监督和安全管理，总、分承包单位层层落实安全生产责任制，建立健全安全生产规章制度和管理网络。

② 总包、分承包单位要做好员工安全教育工作，做好安全技术交底，组织员工学习法律、法规、行业规范及安全操作规程，做好员工培训考核工作，使员工掌握相应的安全

知识技能，熟练使用劳动防护用品。

③ 做好施工现场的危险源辨识工作，开展现场安全隐患排查治理，对现场存在风险要进行挂牌公示，提出相应的防护措施。

④ 施工单位做好施工组织设计，加强对高危作业现场管理工作，对临边、洞口等易发生坠落事故的位置做好防护，设置警示标识。

⑤ 强化安全管理人员意识，及时对三违人员进行劝阻，必要时可根据规章制度，对三违人员进行处罚。

7.1.2 吹扫及压力试验物体打击、物理爆炸事故

上海小洋山 LNG 管道气体试压爆炸事故案例

(1) 事故简介

2009 年 2 月 6 日 11 时 30 分上海某 LNG 天然气外输管道在做气密性试验时突然发生爆裂事故，试压管径为 DN900，进行管道试压的过程当中，原来设计是 15.6MPa，当压力升到 12.3MPa 时，中间介质气化器突然发生爆裂和坍塌，超过 500m^2 范围内的管道被炸坏，造成 1 人死亡，15 人受伤，从现场照片可以看出当时爆炸的惨烈状况（图 7-2）。

图 7-2 爆炸现场

(2) 事故原因

管道焊缝存在质量问题和未遵守气密性试验程序是本次事故的根本原因。

1) 技术原因

气化器法兰根部断裂,端面较为整齐,距离焊缝 3~4cm,主要原因有焊接不合格、法兰材质和制造有问题,设计和试验参数不明确。

作业人员违反气密性试验操作规程,直接引入系统内 1.4MPa 的高压空气进入气化器,未按要求在 1/3 设计压力时进行泄漏性检查。试压隔离方案不合理,没有划出安全范围,未做好警示标志,在爆炸冲击波的影响范围内有临建营地和施工人员,图 7-3 为爆炸断裂的管道。

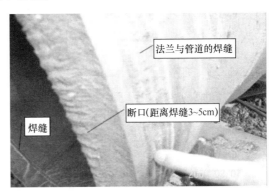

图 7-3 爆炸断裂的管道

2) 管理原因

① 总承包商作为质量安全管理的责任主体,对现场质量和施工安全监督管理不到位,对施工单位没有遵守气密性试验程序和违反试压隔离方案的行为未责令其停工整改,现场安全监督管理人员没有核查施工单位的安全措施。

② 总承包商、施工单位没有对现场存在的危险源进行有效的辨识和消减,没有针对现场的危害性质进行安全技术交底和安全教育培训。

③ 现场质量安全管理混乱,总承包商、施工单位漠视现场存在的质量问题和安全隐患。

(3) 相关规范要求

1)《工业金属管道工程施工及验收规范》GB 50235—2010

第 7.5.1.1 条,压力试验应以液体为试验介质。当管道的设计压力小于或等于 0.6MPa 时,也可以采用气体为试验介质,但应采取有效的安全措施。脆性材料严禁使用气体进行压力试验。

第 7.5.1.2 条,当现场条件不允许使用液体或气体进行压力试验时,经建设单位同意,可同时采用下列方法代替:

① 所有焊缝(包括附着件上的焊缝),用液体渗透法或磁粉法进行检验。

② 对接焊缝用 100% 射线照相进行检验。

2)《压力管道规范 工业管道 第 5 部分:检验与试验》GB/T 20801.5。

一般要求:

在初次运行前以及按《压力管道规范 工业管道 第 5 部分:检验与试验》GB/T 20801.5 第 6 章要求完成有关的检查后,每个管道系统应进行压力试验以保证其承压强度和密封性。除下述情况外,应按《压力管道规范 工业管道 第 5 部分:检验与试验》GB/T 20801.5 第 9.1.3 条规定进行液压试验:

当业主或设计认为液压试验不切实际时,可用《压力管道规范 工业管道 第 5 部分:检验与试验》GB/T 20801.5 第 9.1.4 条中的气压试验来代替,或考虑气压试验的危险性,而用《压力管道规范 工业管道 第 5 部分:检验与试验》GB/T 20801.5 第 9.1.5 条中的液压-气压试验来替代。

(4) 防范对策

1）严格执行国家相关质量、安全管理规范，认真执行安全生产各项规章制度，低压管道试验不应采用水压试验，应采用气体试验，介质宜选用氮气。

2）制定压力试验方案，对参与压力试验人员进行教育培训，严格佩戴安全防护用品。

3）加强对现场危险源的辨识，现场设置风险明示牌，试验区域进行隔离警戒，试验前对法兰连接、焊缝固定等进行检查。

4）排气口应进行固定，不得对着人和设备。

5）试压过程中缓慢升压，如发现泄漏，必须泄压后方可进行修理，严禁带压维修。

6）试验压力严禁超压。

7.1.3 预冷过程物理爆炸和窒息事故

LNG 储罐在第一次充液前需要对储罐进行预冷，一般采用液氮进行储罐预冷。预冷时，液氮进入储罐密闭空间内吸收热量气化，造成压力急剧升高，如压力超过罐体及管道的承受范围将通过安全阀进行泄压。在预冷过程中操作人员需注意，防止液氮进行无安全阀的封闭管道，以免造成管道损坏，操作人员应远离各连接点及泄压口，防止遭受物体打击及冻伤，防止发生吸入高浓度氮气及天然气，发生窒息事故。

榆林市某 LNG 加气站氮气窒息伤亡事故

(1) 事故简介

2013 年 12 月 7 日下午，榆林市上盐湾镇一 LNG 加气站，在设备调试过程中，进行液氮降温置换时，随意操作，就地排放液氮，造成 4 名人员窒息死亡事故。

当天，厂家调试人员到 LNG 加气站进行设备调试和置换投产。设备调试和置换过程中，先用液氮对储罐进行降温，然后再将液氮从安全出口排出。在注完液氮后，1 名调试人员为了快速将储罐内的液氮排出，站在储罐下的检修池中，将储罐底部备用泄放口处的盲板拆除，打开备用泄放管的阀门将液氮就地排放，且未采取任何防护措施，未做任何提醒。

随后又有 1 名工作人员下入检修池内调试设备。20min 后，地面池边的工作人员发现检修池内 2 人因缺氧倒地，立即下到检修池中救人，也先后昏倒在池中。后又有 4 人先后下去施救，施救过程中，又有 1 人因缺氧昏倒在池中。30min 后，赶来的救护人员将检修池内的人员全部救出并送往医院抢救，4 人经抢救无效死亡，4 人因缺氧住院治疗。

(2) 事故原因分析

1）直接原因

① 操作人员违规操作，未经许可将储罐底部的备用液体排放阀打开直接将氮气进行就地排放，造成检修池内聚集大量氮气，处于严重缺氧状态，致使调试人员窒息昏倒。

② 其他人员盲目进入检修池施救，没有采取任何安全措施。

图 7-4 为氮气违规排放法兰口。

2）间接原因

① 加气站未落实安全生产责任制，未签订安全生产责任书，安全生产目标未层层分解到每个员工身上。

② 安全管理缺失，高危作业未实行许可证制度。氮气置换属于危险作业，该站在实

7.1 LNG站建站事故

图7-4 氮气违规排放法兰口

行作业前，未编写作业方案进行审核审批。未进行危险源辨识，编制相应的防范措施，无相应的操作流程及注意事项，致使操作人员违规操作，擅自打开泄放阀盲板，就地排放液氮，造成人员窒息死亡。

③ 安全培训教育不足，员工安全意识淡薄，对LNG危险性不熟悉。在发生燃气泄漏情况下，现场人员未测定燃气浓度及空气含氧量，未穿戴正压式呼吸器进入泄漏现场，当发生员工窒息倒地，其他人员仍进入泄漏区域进行盲目救援，未采取有效措施。

④ 应急演练不到位，员工缺乏应急处置能力，缺乏基本的安全救援常识，对突发事件的应急处置不当。在发现液氮违规排放之后，在没有采取任何安全措施的情况下，就进入充满泄漏气体的受限空间抢修。发现下去维修的人员可能出了问题之后，继续在没有安全保障的情况下，多次下罐区冒险施救。

(3) 事故预防对策

1) 落实安全生产责任制，将安全生产目标层层分解，落实到每个员工身上，与员工签订安全生产责任书。

2) 制定安全管理制度，编写安全操作流程，严格按照操作流程进行生产操作。

3) 加强安全管理，对高危作业实行许可证制度，编制作业方案，进行危险源辨识，对存在风险采取相应措施，对作业方案进行审核审批，加强作业现场管理，严格按照操作流程进行作业。

4) 加强相关方管理工作，对相关方人员进行入场教育，加强安全监管。

5) 制定应急预案，定期进行演练，提高员工应急处置能力。

6) 加强安全培训及考核，定期对员工进行法律法规、规范操作流程等相关知识培训考核，使员工掌握相应的安全知识。

7.1.4 小结

(1) 施工单位要落实好安全生产责任制，对安全生产目标进行层层分解，落实到人，严格执行国家相关质量、安全管理规范，认真执行安全生产各项规章制度。

(2) 做好员工安全技术交底工作，定期对员工进行安全教育培训考核，要求员工掌握相应的安全知识技能，熟练使用劳动防护用品。

(3) 加强对现场危险源的辨识，现场设置风险明示牌，让工人熟知工作环境存在的安全隐患、危害性和逃生技能。

(4) 加强质量安全监督力度，严肃施工质量安全规章制度。

(5) 实行高危作业许可证制度，制定相应方案，检查施工人员资质，检查设备设施做好防护，做好现场隔离。

(6) 安全监督管理人员及时对现场存在的风险和安全隐患进行查处纠正。

7.2 LNG 站运行事故

天然气火灾危险性类别按照我国现行防火设计规范如《防火规》划为甲类，《石油规》及《石化规》细划分甲A类，即它的火灾危险性类别是最高的。其点火能量小，天然气的燃烧速度相对于其他可燃气体较慢（大约是 0.3m/s）。液化天然气为绝缘气体，在管道输送时，天然气与管壁摩擦会产生静电，且不易消除，其爆炸范围 5%～15%，泄漏后易扩散形成蒸气云，遇明火或静电发生爆炸；低温特性，接触造成严重冻伤，吸入导致窒息。

基于第 6 章 LNG 安全性分析，运行中 LNG 可能发生的危险主要有：LNG 储罐液体分层及翻滚、间歇泉现象、急冷和液击现象、快速相变（冷爆炸）、低温损害、泄漏、火灾、爆炸、物体打击等。

7.2.1 LNG 罐区泄漏、着火爆炸事故

LNG 低温储罐，内外筒之间用绝热材料填充并抽真空绝热，最大的危险性在于真空破坏，绝热性能下降。从而使低温深冷储存的 LNG 因受热而气化，储罐内压力剧增，安全放散阀开启，产生大量的天然气放空。另外，可能的危险性还有储罐根部阀门之前产生泄漏，如储罐进出液管道或内罐泄漏。

另外，低温管道支架安装不正确导致管道泄漏，管道内 LNG 不处于一种常态，温度不断变化，管道因此承担温差所产生的应力而不断变化，管道支架是承受应力变化的支点，管道支架安装不合理，会造成管道的热应力损坏，也会发生 LNG 泄漏。

当泄漏天然气遇到点火源时，易发生着火、爆炸事故，造成安全事故。

1. 罐区 LNG 泄漏原因

主要分为 3 大部分：管道泄漏、储罐泄漏、附件泄漏。其中附件泄漏是造成 LNG 泄漏最主要的原因。

(1) 管道泄漏有两种可能：①管壁破损以及接头处泄漏。管壁破损原因包括低温材料不合格、管道预冷不到位、管道预冷开裂、焊接失效、机械破坏，以及地震等自然灾害。

② 接头处泄漏原因为腐蚀以及密封性失效。相关事故案例如 1978 年阿拉伯达斯岛 LNG 储罐罐底接管低温下材料失效泄漏；1993 年印度尼西亚 LNG 管道遭机械破坏，造成 LNG 泄漏。

(2) 储罐泄漏有两种可能：罐底板破损和罐壁破损。

① 罐底板破损原因有：材料低温老化，储罐基础下沉（地震等自然灾害损坏、支撑材料承载力不足、焊接失效等）。

② 罐壁破损原因有：机械破坏、罐壁材料不合格、外保护层腐蚀、地震等自然灾害损坏。相关事故案例如 1945 年美国克利夫兰事故，储罐材料是 3.5% 镍钢，在低温下发生脆裂造成事故。1992 年美国马里兰州 LNG 储罐罐壁脆化断裂，造成事故。

(3) 附件泄漏分为 3 个方面：阀门、法兰、安全仪表连接处。

① 阀门失效原因有：设计缺陷、质量缺陷、使用缺陷、维修缺陷等。

② 法兰处泄漏分为两种：正常使用密封面失效以及安装错误导致泄漏，聚四氟乙烯垫片遇冷收缩，容易导致泄漏。相关事故如 2011 年徐州 LNG 储罐泄漏着火事故。

③ 安全仪表连接处泄漏原因有：腐蚀、机械破坏等。如：1983 年印度尼西亚邦坦 LNG 工厂控制阀失效，换热器超压爆炸；1988 年美国马萨诸塞州 LNG 公司，114m³ LNG 通过法兰垫片处发生泄漏等（低温法兰泄漏垫片发生损坏，低温阀门泄漏：阀门密封面发生损坏，可分为法兰泄漏和阀杆填料处泄漏两种，一般采用紧固的方法处理或更换填料。）

2. LNG 罐区火源

主要分为 5 类：明火、电火花、雷击火花、撞击火花、静电火花。

(1) 明火的产生原因为：员工在罐区吸烟、未经允许违章在罐区动火、罐区内其他设备爆炸（比如锅炉）产生的火花。如：2004 年阿尔及利亚基克达 LNG 提炼厂，因厂区内锅炉爆炸；引发 LNG 储罐泄漏继而爆炸；1972 年加拿大蒙特利尔 LNG 调峰站，LNG 泄漏挥发气进入控制室，被吸烟员工点燃，发生爆炸。

(2) 电火花的原因来自罐区电气设备：未使用防爆电器、防爆电器损坏未及时更换、通信设备射频产生的电火花等。如 1979 年，美国马里兰州 LNG 接收站，工人关闭断路器时产生火花，将泄漏的 LNG 蒸气引燃。

(3) 其他 3 类火源：雷击火花、撞击火花、静电火花

孙晓平等从人、物、环境 3 个方面对 LNG 罐区燃爆事故原因进行了统计，如表 7-2 所示。

事故原因分类表　　　　表 7-2

分类	事故原因	数量
人的原因	充装误操作，储罐翻滚	7
	试压方法有误	
	氮气管线未关闭，天然气回流被点燃	
	排水阀未关闭，造成 LNG 泄漏爆炸	
	压力测试时未完全隔离，造成天然气泄漏	
	人为关闭安全监测仪表	
	人员吸烟，明火引燃 LNG 蒸气	

续表

分类	事故原因	数量
物的原因	储罐罐壁材料缺陷	11
	储罐修复时，绝热材料燃烧	
	气压计破损，LNG 泄漏	
	液位报警器失效，储罐超压泄漏	
	阀体焊接失效破裂	
	罐底接管接头低温失效泄漏	
	LNG 输送泵密封失效	
	放空阀失效	
	储罐焊口断裂，LNG 泄漏	
	法兰垫片老化泄漏	
	安全阀失效，罐壁超压脆化断裂	
环境原因	富氧环境引发周围绝缘材料燃烧	3
	厂区锅炉爆炸引发 LNG 储罐爆炸	
	线路修改导致 LNG 管线遭机械破坏	

结果表明：人的原因占 33%，物的原因占 53%，环境原因占 14%。结合事故发展机理及事故后果分析，得到 LNG 罐区主要燃爆事故模式包括：闪火、喷射火、池火灾、蒸气云爆炸、沸腾液体扩展蒸气爆炸。

3. 1944 年美国俄亥俄州克利夫兰市 LNG 储罐发生事故

（1）事故简介

1944 年，美国俄亥俄州克利夫兰市 LNG 调峰站工程，LNG 储罐突然破裂，溢出 120 万加仑（相当于 4542m³）的液化天然气，由于防护堤不能满足要求而被淹没，而后液化天然气流进街道和下水道，引发爆炸，波及 14 个街区，财产损失巨大，其中有 200 辆轿车完全毁坏和 136 人丧生。

液化天然气在下水道气化引起爆炸，将古力盖抛向空中，下水管线炸裂。部分低温天然气渗透到附近住宅地下室，又被热水器上的点火器引爆，将房子炸坏。很多人被围困在家中，有些人试图冲出去，但没能逃离燃烧的街道和高温困境。10h 后，火灾才得到控制。此次爆炸波及 14 个街区，财产损失巨大，其中有 200 辆轿车完全毁坏和 136 人丧生。

（2）事故原因分析

1）技术原因

LNG 储罐材料不合格，用来制造内罐罐体的材料是 3.5%镍钢，在低温下易发生脆裂。

2）管理原因

LNG 调峰站管理欠缺，一年前，管理人员发现靠近罐底处产生了一道裂缝，仅仅是对裂缝做了简单修补，未调查裂缝产生的原因，随后该裂缝溢出的液体充满了内罐和外罐之间，气化后压力增大，超出罐体承受范围，导致外罐破裂。

（3）事故结论与教训

缺乏 LNG 设施设计规范和质量管理体系，忽视了对罐底裂缝的质量问题分析是此次事故的主要原因。

1) 当时的天然气应用技术、设备和材料还不成熟，内罐钢板采用3.5%镍钢板，它不适用于低温工作环境，事故发生后的20年间，各种研究机构和设备供应商做进一步调查，并开发了天然气应用技术、设备和材料，在这些领域所取得了重大进步。

2) 当时的设计标准和安全标准还不完善，20世纪60年代初期，美国消防协会（NFPA）建议并起草了LNG设施设计新标准。在这个综合性标准里，制定出了液化天然气的设计、选址、施工和设备运行以及液化天然气的储存、气化、输送和处理的要求。这些要求均包含在《液化天然气（LNG）生产、储存和处理标准》NFPA59A中。同年美国石油协会又采纳了《大型焊接液化天然气低压储罐设计和施工》的推荐标准附录QAP1620，其中论述的是低温应用的设计和选材。

3) 当时承包商的质量管理体系不健全，管理人员未坚持质量标准、严格检查、一切用数据说话的原则，在面对底板出现的裂缝时，只是想办法进行修复，未进行质量分析，没有进行彻底的调查，内罐出现裂缝的问题根本没有查找出来，最终使储罐带病运转，导致悲剧的发生。

（4）事故的预防对策

1) 严格按照设计规范和LNG安全标准进行工程设计，在设计上能发现潜在的安全隐患而提出保证安全的相应措施。它们包括：初步危险分析（PHA），操作危险性分析（HAZOP）、风险定量评估（QRA）、气体扩散研究和突变分析。工程初期使用PHA技术主要有两个优点：它能够鉴别出潜在的危险，并用最小的投资和措施来预防危险，它能够帮助设计小组明确或拓展用于整个工厂生产的运行目标。QRA的目的是明确LNG供气站潜在的主要危险，QRA对厂区的平面布置有重要的影响。

2) 在工程建设的后阶段通常要进行更详细的HAZOP研究。

3) 确定能保护边界线以外的人身和财产安全的初步半面布置。

4. 徐州LNG站储罐泄漏着火事故

（1）事故经过

2011年2月8日晚19时07分，江苏徐州市某加气站储气罐发生泄漏引发大火。徐州消防支队先后出动15辆消防车、80余名官兵赶往现场处置火情。大火从8日19时07分开始，8日晚19时50分，20余米高的火势被成功控制，9日16时30分扑灭，历时21h20min（图7-5、图7-6）。

图7-5 着火储罐

图7-6 过火现场

(2) 事故原因分析

1) 直接原因

LNG 储罐底部法兰发生泄漏，泄漏的燃气被附近居民燃放的烟花爆竹点燃，造成储罐火灾。

图 7-7　储罐法兰连接

2) 间接原因

① LNG 储罐区域天然气泄漏报警器安装位置不当或者是报警器灵敏度不够，在发生天然气泄漏的情况下，没有及时报警。

② LNG 储罐没有紧急切断的安全系统，未能实现"泄漏-报警-关闭出液管路"的自动切断功能，无"紧急切断按钮"，在发生危险时，不能人为启动紧急切断系统，导致着火后大量 LNG 泄漏，引发大火。

③ LNG 储罐底部管路系统大量采用法兰连接，极易发生泄漏，在火灾发生后，造成大量 LNG 泄漏（图 7-7）。

④ LNG 储罐增压气化器直接放在储罐下方，当发生泄漏时存在严重的安全隐患，遇火源引起火灾，也是造成火灾的重要原因（图 7-8）。

⑤ LNG 站安全管理不到位，未按要求进行定期巡检，未及时发现储罐泄漏。

(3) 事故预防措施

1) 按规范进行设计、安装，减少易泄漏法兰件使用，储罐根部采用焊接根部阀，根部阀处于常开状态，根部阀后增加常用阀门用于日常开关。已有 LNG 管道法兰密封面，宜采用耐低温的金属缠绕垫片，以免长期冷热交替垫片收缩变形造成泄漏事故。

2) 规范燃气报警探头安装，保证燃气泄漏报警探头可探测到泄漏燃气，并定期进行测试校验，保证其完好，确保其在泄漏时第一时间报警。

3) 增加站区紧急切断装置，当发生险情时，可及时进行泄漏—报警—关闭出液管路的自动切断功能。

4) 增压器要与 LNG 储罐保持一定的安全间距，防止因增压器泄漏时，对储罐造成损害。

图 7-8　LNG 储罐自增压气化器直接放在储罐下方

5)加强安全管理,建立安全管理体系,落实安全生产责任制,将安全生产目标层层分解,落实到每个员工身上,提高巡检频次,提高员工安全意识,及时消除发现的各类隐患。

6)加强对仪表设备的维护保养工作,确保各类设施仪表完好投用,加强对易泄漏位置巡检工作。

7)加强安全事故应急演练,确保员工应急能力和职业发展相互协调、相互适应。

5. 江阴某纺织厂 LNG 储罐卸车时发生燃爆事故

(1)事故经过

2016年2月17日晚17时,江阴某纺织厂LNG储罐首次进行卸液时发生爆燃事故,2名卸车人员发生二级烧伤,储罐变形严重,一个房间被烧毁(图7-9、图7-10),消防出动6辆消防车现场灭火。

图 7-9 烧毁的储罐

图 7-10 过火现场

(2)事故原因分析

1)直接原因

操作人员违规操作,首次充液未采用液氮预冷,直接用LNG边充边放空方法预冷,导致现场聚集大量天然气,后遇到静电火花发生爆燃事故。

2)间接原因

① 操作人员安全意识淡薄,违反安全生产规章制度,责任心不强。

② 安全管理欠缺,安全监督不到位,公司安全管理相关部门监督管理不到位。

③ 安全教育培训不到位,操作人员对预冷工艺不熟悉,违规操作。

④ 应急培训不到位,运行值班人员在遇到突发事件时,不知道如何进行现场处置,员工对突发事件的处置能力较差。

⑤ 站内设计、安装违规,安全间距不足,储罐无防护墙,无燃气泄漏报警装置,LNG储罐无钢筋混凝土支座,现场仅在储罐下方垫了一块铁板,一旦基础沉降,连接储罐管道很容易被拉裂,发生泄漏事故。

(3)事故预防对策

1)规范LNG站设计安装,严格按照法律法规、燃气设计规范及LNG相关规范进行

LNG 站的设计安装。

2）站区内应加装燃气报警设备及紧急停止设备，当发生泄漏、着火爆炸等事故时，操作人员可第一时间接到报警，快速关闭站内设备，防止储罐 LNG 液体外漏。

3）储配站应落实安全生产责任制，层层分解安全生产目标，落实到每个员工身上，增强员工安全意识，预防违规操作。

4）加强安全培训教育工作，加强对一线员工法律法规、燃气规范、操作规程等相关知识的培训教育，定期考核，员工应熟练掌握相应的安全知识。

5）严格按照操作规程对设备进行巡检，记录相关参数，安全监督管理人员不定期对值班巡检情况进行检查监督。

6）定期开展应急演练，提高员工应急反应能力。

6. 郑州某公司 LNG 子母罐泄漏事故

（1）事故经过

2008 年年底，郑州某公司 LNG 子母罐夹层出现可燃气体浓度，经多方论证、开罐检修，最终排除故障使设备恢复正常使用，该事件历时 406 天，造成直接经济损失 100 余万元。

2008 年 11 月，郑州某公司 LNG 运行人员在例行巡检时发现子母罐夹层出现可燃气体浓度，针对这一情况，郑州某燃气公司组织相关技术人员和厂家及河南省锅炉压力容器安全检测研究院的相关专家进行分析，鉴于夹层浓度极小（采用 XP-311 式可燃气体检测仪检测为 L 挡 6，实际浓度约为 0.3%），同时正值冬季用气高峰期，无法检修，遂采取 24h 对夹层压力及浓度进行监控，观测夹层压力和浓度的变化情况，每小时记录一次；降低液位至 50%，1 号罐只出不进；降低 1 号罐运行压力至 0.35MPa 等措施确保罐平稳供气，在此期间，夹层压力和浓度状况稳定，未出现异常。

2009 年 3 月，供气高峰期已过，1 号子母罐存在的问题引起了公司领导及公司安全技术部的高度重视。为了查明可燃气体浓度产生的原因，首先对夹层氮气气体成分检测和对可燃气体通过氮气系统进入夹层的可能性进行试验分析，将氮气系统隔离后对夹层进行吹扫。吹扫后夹层浓度明显降低，但 4h 后重新检测数据显示，夹层可燃气体浓度恢复至吹扫前数值。

对这一现象公司组织召开了多次研讨会进行分析，认为子罐本身和盘管（不锈钢管）的缺陷造成泄漏的可能性不大；泄漏点极有可能出现在上、下盘管于罐体的连接的管件部位，其形式可能有两种：一种是蝶形针孔，其进一步发展的可能性较小；另一种是裂纹，是由于冲压加工时局部材质减薄过度及不均匀等所引起，当压力升高时容易开裂发生缝隙泄漏，但裂纹不会超出管件部位。

因开罐检修费用较大，为进一步确定夹层浓度的产生系子罐或盘管出现泄漏所致，公司决定对 1 号罐进行阶梯式升压试验，因之前采用的检测设备为 XP-311 式可燃气体检测仪，该仪器采用燃烧式检测方法，夹层中的混合气体中含有大量氮气，检测结果误差较大，为确保检测数据的准确性，在 1 号罐顶部呼吸阀位置加装了红外式可燃气体检测仪，并将液位下降至 0.7m，以确保升压、稳压过程中出现大量泄漏时可以尽快出液排除危险，保障人员和设备的安全。

2009 年 5 月 18~21 日，LNG 公司协同燃气公司安全技术部组织了升压试验，试验过程共分 3 个梯度进行，升压梯度分别为：0.35~0.45MPa，0.45~0.55MPa，0.55~

0.59MPa，每梯度完成后稳压 24h，每小时记录数据一次。升压前红外式可燃气体检测仪显示数据为 23932（夹层气体为可燃气体与氮气混合物，燃气浓度为 1.97%），每一梯度升压、稳压过程中顶部浓度均有不同程度上升，当压力升至 0.59MPa 后仅稳压 4h，红外式可燃气体检测仪显示数据为 290.16（燃气浓度为 14.51%），由此可以判断子罐或盘管出现泄漏，燃气公司决定进行开罐检修。

在储罐生产厂家的协助下制定了具体的检修方案，放散 1 号罐中存储的 LNG，通过扒砂口及人孔进行扒砂作业，随后技术人员进入夹层对管件、焊缝及子罐本体进行升压检测（以氮气为介质将子罐及盘管系统升压至 0.5MPa），检测发现罐内顶部 BOG 盘管与四号子罐 BOG 支管连接三通的肩颈部位出现裂纹，裂纹长度约 3.50m。

燃气公司委托省锅炉压力容器安全检测研究院对 1 号罐内 27 个三通（包括出现裂纹的三通）进行了硬度及磁性检测，检测结果显示：所有三通肩颈部位硬度出现不同程度超过现行国家标准《钢制对焊管件 类型与参数》GB/T 12459 中规定奥氏体不锈钢布氏硬度不应高于 190），大多数三通具有较强磁性，部分管道也具有较强磁性，说明管件冲压后热处理不合格。随后将裂纹三通送往国家金属制品质量监督检验中心进行金相组织分析及成分的测定，结果显示三通本身材质不合格，检测数据与规范标准值对比如下：

项目碳 C、硅 Si、锰 Mn、硫 S、磷 P、铬 Cr、镍 Ni。

检测值分别是：0.089、0.77、0.66、0.007、0.035、17.73、8.8。

规范标准分别是：≤0.07，≤1.00，≤2.00，≤0.035，≤0.03，17.00～19.00，8.00～11.00。

因 1 号、2 号储罐同期建设，所采用的是同一厂家同批生产的管件，因此 2 号罐同样存在类似的问题，遂对 1 号、2 号罐在线检测硬度超标的内外所有管件和管道进行更换维修，消除了这一重大隐患。

（2）事故原因分析

1）技术原因

此次储罐内部盘管泄漏系低温三通管件出现应力裂纹所致。

2）管理原因

① 生产厂家在储罐建设时，对采用的管件未进行全面的深冷实验和材质检测，致使所使用的管件、管材不合格；

② 工程施工时，监理单位、特种设备管理部门把关不严，没有及时发现劣质管。

（3）预防措施

1）规范施工过程中对监理人员的管理和约束，明确监理公司的职责和责任，杜绝走过场的现象发生。

2）加强与特种设备管理部门门的沟通，提高监检的有效性和准确性，对建设单位负责。

3）弥补管理漏洞，加强员工教育，规范运行巡视程序，提高员工发现问题、处理问题的能力。

7. 贵溪某公司"8·29"LNG 储罐泄漏事故

（1）事故简介

2014 年 8 月 29 日 7 时 05 分，贵溪某公司 LNG 站值班人员在罐区例行巡视时发现 3

号 LNG 低温储罐出现异常，储罐罐体有湿痕，疑似储罐出现"冒汗"；值班人员立即将异常情况进行了上报，并加强了巡视工作。

2014 年 8 月 29 日 7 时 23 分，值班人员又在 3 号储罐底部的真空吸管旋盖处检测到有可燃气体漏出，值班人员会同赶到的部门负责人等人初步判断可能是 LNG 储气罐内胆发生天然气泄漏，泄漏的天然气进入绝热层，储气罐保温能力被损坏，组织人员将 3 号 LNG 储气罐液化气导入其他罐内储存，并指定专人负责 3 号存储罐压力、温度等参数重点监控。在 3 号储罐进行倒罐过程中，该储罐"冒汗"情况加剧并出现了顶部外壳防爆保护盖向外泄漏情况（倒灌压力为 0.48MPa，此时可以听见外罐顶部天然气泄漏声音）。经过 4 个多小时的作业，顺利将 3 号储罐存储的 $52m^3$ LNG 倒入 2 号和 4 号储罐中，将 3 号储罐残存的 BOG 供入城市管网，未造成大量天然气泄漏（图 7-11、图 7-12）。

图 7-11　储罐冒汗，储罐出现三圈黑印

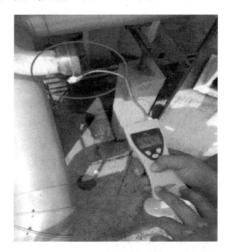

图 7-12　真空规管泄漏

（2）事故原因

某厂家技术人员到达现场后判断，此次事故原因是储罐内漏。

（3）事故预防措施

1）做好风险源辨识与隐患排查治理，对发现场站高风险隐患和常见隐患进行自查和整改工作，责任到人、限期整改。

2）加强场站运行管理，定期进行巡查检漏，安装现代化自动监控系统，配备抢险应急和检测设备、加强应急管理工作。

3）对已发生问题的储罐制造商制造的其他储罐应予以高度关注，要加强站区、储罐巡视和监控，出现异常情况及时报告和处理。

4）制定 LNG 应急预案，定期进行培训演练，并配备足够的应急设备，开展应急演练，提高员工的应急反应能力。

8. 郴州某加气站"7·18"液化天然气槽罐车泄漏事故

（1）事故简介

2016 年 7 月 18 日 13 时 22 分，郴州某加气站液化天然气槽车发生泄漏事故，造成直接经济损失 260.64 万元。

2016 年 7 月 18 日凌晨 6 时 56 分，事故车辆驾驶员常某打电话给该加气站站长陈某，告知车辆已到达加气站内（该液化天然气槽罐车是 19 日计划，属提前到达）。

13 时 22 分左右，加气站当班班长黄某在进行日常巡查时，发现事故车辆后门有结霜现象，并将现场情况及时报告了站长陈某，陈某与黄某用便携式天然气浓度检测仪对车辆后盖天然气浓度进行检测，发现天然气浓度超标，检测仪报警。陈某随后向相关领导汇报，密切观察其泄漏情况。

18 点 16 分左右，站长陈某正在办公室打电话时突然听到外面炸胎似的响声，车辆的真空保温层脆裂，站长陈某立即拨打 119 和 110 求援，并打电话向贺某（18 点 17 分）报告，说液化天然气槽罐车发生"爆炸"了。与此同时，站长陈某指挥站内工作人员停止加气站的加气作业，切断了加气站电源，及时划定警戒区划，并实施警戒。

2016 年 7 月 18 日 18 时 19 分许，郴州消防支队指挥中心接到报警，支队指挥中心在先后调集特勤中队、北湖中队、开发区中队、苏仙中队、战勤保障大队 5 个单位，17 辆车 92 人赶赴事故现场进行处置的同时，报告市政府应急办。市应急办先后调集公安、交警、安监、城管、质监、环保、供电、供水、市政等部门及有关专家迅速赶赴事故现场开展应急处置。

经专家组认证，唯一可行的处置方式是就地卸液排放，市政府指挥部采纳了专家组意见。23 时 10 分，技术人员打开槽罐车尾部手动放散阀对空排放，用卸车软管连接至增压器放散。同时，调集沙袋对水流经过的下水道井盖进行封堵，防止液化天然气进入下水道。截至 2016 年 7 月 19 日 11 点 40 许，槽罐车卸液完毕，并用氮气进行置换，事故泄漏险情排除。至 17 时 40 分左右，事故槽罐车移离事故地点，移至香山坪华润气站内。

（2）事故原因

1）技术原因

根据省特种设备检验检测研究院提供的"7·18"液化天然气罐车罐体脆裂事故鉴定报告：槽罐车液位计气相管接管侧熔合线处断裂，造成液化天然气泄漏。

气相接管断裂位于焊接熔合线处，该处形状突变，断口形式为双向弯曲疲劳断裂，该气相接管外表面存在微裂纹及双向弯曲应力（该应力为焊接残余应力、制造时强力组装产生的附加应力、温差应力及车体行走时产生振动作用的结果）是造成疲劳断裂的根本原因。

由于液位计气相管接管（材质：S30408，规格：$\phi 12 \times 3mm$）与管座接头（材质：S30408 Ⅲ，规格：$\phi 26 \times 6mm$）焊缝接管侧熔合线处断裂，造成真空层破坏，LNG（工作温度－162℃）长时间与外筒体（材质 Q345R，设计温度－20℃）接触部位产生低温脆性破裂。

2）管理原因

① 现场应急处置不力，加气站相关人员从检查发现问题到事故车辆真空层脆裂，中间有将近 5h 的时间，未采取有效的处置方案。槽罐车泄漏事故发生后，在出现紧急状况下，该加气站相关管理人员、技术人员和相关负责人风险预判失误，对泄漏事故的后果认识不足，未及时启动事故应急预案。

② 相关经营单位未履行各自安全责任。相关单位作为从事天然气运输经营、设备制造的企业，应具有对天然气泄漏事故处置的经验。在接到槽罐车泄漏信息后，没有认识到事态的严重性，应急处置责任不明，履职不力，互相推诿，事故处置出现"踢皮球"现象，失去了事故处理的最佳时机，最终导致事故扩大。

③ 该加气站安全意识不强，安全管理混乱。加气站事故隐患排查治理不力，生产经营调度违规，安全管理混乱，按照报备计划每天按线路按时间进站只有一车，而 7 月 18 日当天，却有 3 台液化天然气槽罐车先后运抵加气站，增加了加气站的安全风险。

(3) 防范措施

1) 制造单位要加强管理，改进生产工艺，提高制造质量。应召回与事故泄漏槽罐车同批次生产的车辆进行检查，排除隐患。

2) 相关燃气经营单位要深刻吸取事故教训，提高企业应对突发性事故的处置能力。制定科学合理的应急救援预案和现场处置预案，特别是要完善槽罐车泄漏现场处置预案，明确科学的处置方法和措施；完善突发性事故的预防、预警和应急响应机制，一旦发生城镇燃气突发性事故，事故现场第一发现人应以最快捷方式迅速向企业值班领导报告，值班领导应根据事故的严重程度，将事故信息向应急总指挥报告，应急总指挥应组织相关专家和人员进行风险评估，确定应急级别，及时启动企业的生产安全事故应急预案。

如果事故已超出企业的应急处置能力，可能对周边居民及环境造成影响，企业主要负责人应根据事故的严重程度和国家相关规定，及时向政府城镇燃气主管部门报告和其他政府相关部门报告，紧急情况，可越级报告；加强员工安全教育和应急能力培训，并有针对性地开展演练，全面提高员工的安全意识和突发性事故的应急处置能力。

3) 切实落实企业安全生产主体责任。各企业应落实安全生产管理主体责任，建立健全安全生产责任制，相关负责人应正确履行职责，切实加强隐患排查治理；燃气事故发生后，城镇燃气经营企业、供应商、运输企业、加气站应履行各自安全管理职责，共同应对突发性事故；城镇燃气的购销和运输，应严格履行"四必查"手续，承运人没有相应资质或超经营范围的、从业人员不具备资格的、运输车辆或罐体不合格的，一律不得委托运输，并按规定建立和健全供应商档案备查。

4) 减少城镇燃气的流通环节。一是城镇燃气经营单位应直接从生产厂家采购城镇燃气，尽量减少城镇燃气的流通环节，促使城镇燃气的经营市场走向良性循环道路；二是应按照拟定的计划采购燃气，LNG 槽罐车应按公安交警部门规定的路线行驶，到站后应及时卸液，尽可能地减少 LNG 槽罐车的卸液时间，将站场内 LNG 的数量限制在可控范围；三是对提前到达的 LNG 槽罐车，应及时向公安交警部门报告，并停放在公安交警部门指定的停车地点，不得在人员密集场所滞留。

5) 城管局应进一步完善应急预案，加强城市燃气行业应急队伍的建设。进一步完善全市城镇燃气应急预案，加强应急演练，切实提高燃气事故应急预案的有效性和可操作性；应急预案应明确城镇燃气事故处置过程中，政府各职能部门的职责、权限和任务，政府各职能部门应根据自己所承担的职责，做好应急准备，提高城镇燃气事故的应急处置能力；进一步加强应急救援队伍建设，加强队伍平时演练，加强应急装备配置，完善制度建设和管理，提高应急救援能力。

6) 相关监管部门应加强对燃气行业的安全管理。一是市政府城管、质监、消防、公安交警、安监等相关监管部门要深刻吸取教训，举一反三，对全市燃气行业进行安全大检查，排除安全隐患，保障安全生产；二是由行业主管部门对该加气站进行停产整顿，严格按照三级液化天然气加气站标准和要求规范管理；三是燃气主管部门加强城镇燃气经营企业的日常监管，严厉打击无证无照经营、超范围经营城镇燃气的非法违法行为，确保燃气经营依法有序和安全。

7) 对城区天然气加气站进行科学合理的规划布局,确保城市长治久安。城管局应会同政府相关职能部门加强城镇燃气设施的规划布局,认真做好城镇燃气建设项目的安全风险评估和专家技术论证工作,减少城镇燃气设施的安全风险。

8) 建议加强燃气行业安全监管能力建设。针对全市燃气经营企业点多面广、监管任务大、市燃气服务中心监管力量不足、职能弱化的问题,应加强燃气管理机构和队伍建设,增加单位编制,引进专业技术人才,充实监管力量,增加燃气隐患排查治理专项资金,强化安全监管。

9) 建议向上级政府反映完善天然气安全监管体制,消除因政出多门而造成的监管盲区。城镇燃气属于危险化学品,对城镇燃气作为工业生产原料的许可问题,城镇燃气主管部门与安全生产监督管理部门存在监管对象不明确、职能交叉重叠的现象。按照国家安全生产监督管理总局的现行规章,使用城镇燃气如果满足危险化学品使用条件的,应按《危险化学品安全使用许可证实施办法》的相关要求办理危险化学品使用许可证。为此建议省安监局向国家安监总局汇报,及时修订完善危险化学品和燃气管理的法律法规,进一步明确城镇燃气作为工业原料使用各职能部门的监管职责,理顺监管体制和机制,避免燃气经营多头许可现象,杜绝违规违法经营城镇燃气行为。

9. 保定某液化天然气气化站"4·15"火灾事故

(1) 事故简介及经过

2019年4月15日14时28分,保定某公司液化天然气(LNG)气化站,在给储罐加气过程中,(LNG)液化天然气泄漏发生闪燃事故,事故未造成人员伤亡,直接经济损失30余万元。

由于该液化天然气(LNG)气化站位于京广线保定南至于家庄间下行139km 400m线路左侧,与铁路中心线仅有21m,该场站站内大火冲过围墙并引燃了铁路沿线旁的树木和绿化带,使中国铁路北京局于15时30分左右扣停途径该区段列车,T175次等6趟列车晚点,当日16时24分恢复正常运行。

2019年4月13日15时左右,某天然气公司司机曹某和押车员赵某将载有11t天然气罐车驶入某科技公司院内天然气储罐卸载区后,曹某、赵某将车头开走。15日9时左右,某天然气公司操作员秦某和郑某(其中郑某无特种设备作业人员证)驾车来到某科技公司做卸车准备,期间外出,12时左右返回某科技公司开始卸车。13时30分左右卸车完毕后,秦某和郑某找某科技公司有关人员通知过泵。此时,罐车内剩余天然气1t左右。

14时左右,曹某和赵某驾驶天然气罐车车头驶入某科技公司卸载区,连接好罐车罐体,关闭罐车罐体后门,拆卸罐车支撑,此时赵某听到罐车尾部气体泄漏声音,迅速到某科技公司办公楼前向操作员秦某和郑某报告。秦某和郑某赶到卸载区后看到罐车尾部已经着火,立即通知某科技公司负责人。某科技公司负责人安排员工切断所有电源,并拨打119报警。大火持续燃烧又将罐车附近的空温式气化器天然气管道烧坏导致固定储罐内天然气持续外泄使火势进一步蔓延。

2019年4月15日14时37分,保定市消防支队接到火警报告,出动15辆消防车于14时53分左右到达现场进行灭火。竞秀区委、区政府组织人员对相关路段进行了警戒。

市应急管理局、市生态环境局、市住建局、市公安交警支队等部门领导赶赴现场处置。16时，火情处置完毕，无人员伤亡。

事故发生后，考虑到已卸载到固定储罐中液化天然气的安全，4月16日20时左右，某天然气公司另外调来一辆罐车将储罐中的液化天然气回装转移。为确保装车作业安全，保定市应急管理局和竞秀区应急管理局有关人员带领专家现场监督、指导，经过近4h的作业将储罐中液化天然气安全转移。

(2) 事故原因

1) 直接原因。

① 液化天然气罐车尾部阀组箱内安全放散阀因罐车内压力超压起跳，起跳泄放的天然气分别从出口接口密封处和天然气放散管口持续放散。泄漏的天然气及放散管放散的天然气迅速扩散，遇周围着火源（罐车东侧约12m厂区北围墙内某科技公司实验室工作状态的马弗炉高温炽热表面）发生闪燃是造成本次事故的直接原因。

② 由于液化天然气罐车安全放散管口直接对着固定罐的空温气化器，泄漏的天然气持续燃烧将空温式气化器天然气管道烧坏又导致固定储罐内天然气外泄，使火势进一步蔓延。

2) 间接原因。

① 天然气公司。

未履行新建项目安全设施与主体工程"三同时"规定。违反《铁路工程设计防火规范》TB 10063 第 3.1.3 条第 2 款关于液化烃罐外壁与铁路正线防火间距为 55m 的规定（经实地测量，从管体外壁距离铁路中心线只有 18.5m）。违反《中华人民共和国安全生产法》第二十九条规定，对用于生产、储存、装卸危险物品的建设项目，未按照国家有关规定进行安全设施设计和安全评价，消防设施不符合要求。

未按《中华人民共和国安全生产法》要求制定作业安全操作规程、现场应急预案并进行演练，气体泄漏后未能及时正确处置，导致事故发生。

未按要求开展风险辨识和隐患排查，对员工教育培训不到位，安排未取得《特种设备作业人员证》人员郑某进行操作。装卸操作人员秦某和郑某，安全知识不足，未及时发现隐患。

在装卸作业中，未安排专人进行现场安全检查和管理，未及时发现周围火源等事故隐患并消除。

② 某科技公司。将生产经营项目、场所发包给某天然气公司，未与其签订专门的安全生产管理协议，或者在承包合同、租赁合同中约定各自的安全生产管理职责，对承包单位的安全生产工作未进行统一协调、管理，未对现场作业进行监督检查。

③ 区政府、乡政府。区政府对辖区企业安全生产监管责任不明确，属地监管责任和监管制度落实不到位，使某公司长期脱离有效监管，问题隐患不能及时发现整改；乡政府安全发展理念树得不牢，安全生产监管能力差，监管人员责任心不强，对企业督导检查流于形式，使某公司风险辨识、隐患排查落实不到位，隐患长期存在。

④ 高新区管委会。作为某天然气公司安全生产监管单位，未发现该公司在建设项目安全设施"三同时"规定的落实、风险辨识和隐患排查、教育培训、应急预案制定等方面存在严重问题，未督促整改。

(3) 事故预防措施

1) 某天然气公司要在停业停产整顿的基础上，认真吸取事故教训，建立健全企业"三项制度"，加强职工安全生产教育培训，加大隐患排查力度。将某科技公司院内的液化天然气气化供气站拆除，消除事故隐患，严防类似事故再次发生。

2) 某科技公司能源存储区域距离京广客运铁路最近处不足18m，建议由区应急管理局监督该公司按照国家法律法规和标准规范要求重新规划燃料使用种类和方式。

3) 依据《中华人民共和国安全生产法》《铁路安全管理条例》、铁路建设相关设计规范，在全市开展安全生产建设项目"三同时"履行情况专项检查，重点对铁路沿线所有生产经营单位建设项目"三同时"履行情况进行检查。凡未落实要求的，责令制定计划、措施，限期整改。

4) 在全市范围内推进安全生产"双控"机制建设，组织企业按照"一企一标准、一岗一清单"标准，建立健全隐患排查和风险管控责任清单，将安全生产主体责任明确到具体岗位和从业人员。督促企业严格落实清单，规范企业安全管理，强化员工教育培训，有效遏制"三违"引发的安全生产事故。

5) 组织全市各县（市、区）政府、开发区管委会严格按照《铁路安全管理条例》，对铁路沿线安全保护区内的生产企业、建筑工地、物流仓储、林区草原、水利设施以及燃气、压力、电力管线等可能存在安全隐患的重点处所，以及在铁路沿线或跨铁路施工、危险运输等生产经营活动开展隐患排查，积极推动有关单位和部门做好辖区内影响铁路运输安全的整治工作。

6) 严格对铁路沿线生产经营单位负责人进行培训，强化安全意识，掌握《中华人民共和国安全生产法》、《铁路安全管理条例》等相关法律法规，确保职责履行到位。

7.2.2 LNG储罐翻滚、分层事故

分层翻滚是指两层不同密度的LNG在储罐内分层后，随着外部热量的导入，底层LNG温度升高，密度变小，顶层LNG由于BOG的挥发而密度变大。经过传质，下部LNG上升到上部，压力减小，积蓄的能量迅速释放，产生大量的BOG，即产生翻滚现象。罐内LNG的气化量可达到平时自然蒸发量的100多倍，这将导致储罐内的气压迅速上升并超过设定的安全压力，使储罐超压产生危险。

大量研究证明由于以下原因引起LNG出现分层而导致翻滚：由于储罐中先后充注的LNG产地不同、组分不同，因而密度不同；由于先后充注的LNG温度不同，因而密度不同；先充注的LNG由于轻组分甲烷的蒸发与后充注的LNG密度不同；LNG含氮量较高。

1. 英国BG公司Pantington LNG储罐翻滚事故

(1) 事故简介

英国BG公司Pantington LNG调峰站设有2套天然气液化装置，4座$5 \times 10^4 m^3$的LNG储罐，1993年10月储罐充装前有存液17266t。

在第1阶段充装新液的过程中，液化装置的原料气和生产工艺基本上没有变化，因此生产出的LNG与储罐内的LNG比较一致，密度差为$3kg/m^3$，新液加入量1533t。由于北海新的气田投产，原来向调峰站供气的气田关闭。

北海新气田的天然气含氮量少，致使生产的 LNG 密度减小，又由于新原料气中的二氧化碳和重烃含量较高，液化生产工艺中新增的脱碳装置和重烃提取塔同时投产，使生产出的 LNG 中的乙烷体积分数只有 2%，生产出的 LNG 密度仅为 $433kg/m^3$，与存液的密度差高达 $13kg/m^3$，LNG 加液量为 1900t。充装完毕后的最初 58d 内，只蒸发掉 160t LNG，而不是预计的 350t。

充装完毕后的第 68 天，突然发生翻滚，储罐压力迅速上升，安全放散阀和紧急放散阀全部打开，整个过程持续 2h。由于翻滚排入大气的天然气约为 150t，排放的平均质量流量为 75t/h。因储罐排放天然气的总能力为 123.4t/h，可以满足 75t/h 的排放，储罐本身没有受到损坏。储罐正常 BOG 的排放量为 0.25t/h，因此翻滚的排放量为正常排放量的 300 倍。

(2) 事故原因

新充装的 LNG 密度比存液小 $13kg/m^3$，形成了分层，上进液使重量轻的 LNG 积聚在上层而盖满了表层，阻碍了下层 LNG 的蒸发。Pantington 站是 LNG 调峰站，充装后在长达 68d 的储存时间内，使两层的密度趋于一致有了足够的时间，为翻滚创造了条件。

2. 意大利拉斯佩齐亚市的某 LNG 接收站翻滚事故

(1) 事故简介

1971 年 8 月，意大利拉斯佩齐亚市的某 LNG 接收终端站，S-1 储罐充装完毕 18h 后发生翻滚事故。突然产生的大量 LNG 蒸发气使储罐内压力迅速上升。在压力达到 57.3kPa 时，8 个安全放散阀打开。此时压力仍然继续上升，最高压力达 94.7kPa，然后压力开始下降，压力降至 42.1kPa 时安全放散阀关闭。蒸发气通过通常的放散途径继续高速排放，直至储罐内压力下降至 24.5kPa 时恢复正常。整个过程历时 2h。事故导致排放损失 LNG181.44t。

(2) 事故原因

充装的新 LNG 密度比存液密度大，密度差为 $3.8kg/m^3$，形成分层。充装的新 LNG 的温度比存液温度高，温差约为 4℃，带入了较多热量，促进层间混合。充装量比存液量大得多，且充装时间短，仅为 18h，在翻滚发生前 4h，由于控制阀的故障使储罐内压力下降，上层的蒸发量增大，使上层 LNG 的密度增大，加快了上下两层的混合。

(3) LNG 翻滚预防措施

1) 选择的 LNG 供应商应相对稳定，防止由于组成差异而产生分层。

2) 检测控制进站的 LNG 中氮的体积分数在 1% 以下，并保证安全放散阀在翻滚时能全部打开，防止储罐超压破坏。对于含氮量较高的 LNG，应尽量避免在 LNG 储罐内长时间储存，尽快外输。

3) 不允许密度差和温度差过大的 LNG 存入同一个储罐中，充装液和罐内液密度差不宜超过 $10kg/m^3$。

4) 若确实不具备条件进行分罐储存，应正确选择上、下进液方式，以应对不同密度的 LNG 进入同一储罐。储罐中的进液管使用混合喷嘴和多孔管，可使新充注的 LNG 与原有 LNG 充分混合。密度小的 LNG 充装到存液密度大的 LNG 储罐中时，应该采用底部进液；密度大的 LNG 充装到存液密度小的 LNG 储罐中时，应该采用顶部进液。

5）对LNG储罐的压力、液位和日蒸发率进行密切监控。对于安装有密度、温度监测设备的LNG储罐，应严密监测储罐内垂直方向的密度和温度。当分层液体之间的温差大于0.2℃、密度差大于0.5kg/m³时，可采用内部搅拌、倒罐或输出部分液体的方法来消除分层。未安装密度监测设备的储罐不宜长时间储存LNG，储存期超过一个月时应进行倒罐处理。

6）对长期储存的LNG，采取定期倒罐的方式防止其因静止而分层。

7.2.3 低温损害事故

LNG温度为-162℃，在运行过程中可能因站区设计缺陷、设备管道质量问题及人为操作原因造成低温液体泄漏，对操作人员造成低温冻伤，冻裂常温管道，造成站区瘫痪，引发安全事故。

人员接触到LNG液体或气化后蒸气会造成严重冻伤，具体表现为皮肤发白、麻木，严重者可导致死亡，此外人员还有低温麻醉的危险，人体随着体温下降，生理功能和智力活动下降，心脏功能衰竭，进一步下降会导致死亡。LNG泄漏后的冷蒸气云或者来不及气化的液体都会对人体产生低温灼烧、冻伤等危害。

对冻伤的处理应注意：(1) 去除冻伤部位阻碍血液循环的衣物；(2) 立即将冻伤部位放入40~46℃的温水中，绝对不能热敷；(3) 观察人体的体温，如发现体温下降，应用衣物或其他物品保暖；(4) 注射破伤风预防针。

LNG泄漏后的冷蒸气云、来不及气化的液体或喷溅的液体，会使所接触的一些材料变脆、易碎，或者产生冷收缩，材料脆性断裂和冷收缩，会对LNG站设备如储罐、泵撬、卸车阀组、加气车造成危害，特别是LNG储罐和LNG槽车储罐可能引起外筒脆裂或变形，导致真空失效，保冷性能降低失效，从而引起内筒液体膨胀造成更大事故。

1. LNG储配站低温气体冻裂管道造成停气事故

(1) 事故简介

2015年某日某燃气公司LNG储配站出站PE管道两次发生冻裂，燃气大量泄漏，该公司一大型工业用户停气49h。

2005年12月14日4时30分，该LNG储配站第一次发生PE管低温冻裂，发生燃气大量泄漏，造成一大型工业用户停气。事故发生后，值班人员依程序逐级上报。公司领导得到消息后迅速赶往现场，得知事故原因后立即组织安排施工队伍到场进行抢修作业。抢修作业于12月14日20时30分结束，完成压力试验后进行置换，于当日22时恢复供气。

2015年12月15日凌晨1时07分，事故原地点第二次发生燃气大量泄漏，值班人员立即逐级上报，公司领导再次赶赴现场指挥抢修。查明原因后立即组织人员、材料进行抢修作业，抢修作业于12月16日7时30分结束，完成压力试验后进行置换，于当日9时恢复供气。

(2) 事故原因

1) 技术原因

① 在环境温度过低情况下，该LNG储配站违规使用空温式气化器进行LNG气化供气，因气化器气化能力不足导致低温液体进入下游管网，PE管道因低温发生收缩拉断套

筒及阀门，造成燃气大量泄漏；之后未采取有效措施造成第二次管道冻裂并发生燃气大量泄漏；

② 出站管道无温度监控报警系统，未能及时发现设备运行异常情况。

图 7-13、图 7-14 为冻裂的阀门井、冻裂的阀门。

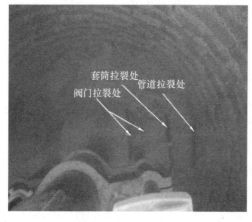

图 7-13　冻裂的阀门井

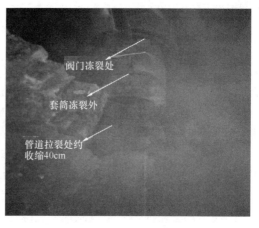

图 7-14　冻裂的阀门

2）管理原因

① LNG 储配站安全管理不到位，未落实安全生产责任制，安全生产目标未层层分解落实到位。

② 安全教育培训不到位，未对员工进行有效培训考核，值班人员未能熟练掌握 LNG 工艺流程和操作规程。

③ 设备巡检不到位，值班人员未定期进行巡检。

（3）事故预防对策

1）LNG 储配站宜加装水浴式气化器或新型 LNG 浸没燃烧式气化器，提高换热能力。

2）LNG 气化器出口处应加装温度报警设备，当出口气体温度低于 5℃时自动报警，及时采取措施，避免造成损害。

3）储配站应落实安全生产责任制，层层分解安全生产目标，落实到每个员工身上，加强考核评比。

4）加强对一线员工法律法规、燃气规范、操作规程等相关知识的培训教育，定期考核，员工应熟练掌握相应的安全知识。

5）严格按照操作规程对设备进行巡检，记录相关参数，安全监督管理人员不定期对值班巡检情况进行检查监督。

2. LNG 储配站员工卸车操作错误冻裂出站管道事故

（1）事故简介

2016 年 3 月 17 日，某燃气公司 LNG 储配站运行工卸车时未关闭液相与气相管之间的旁通阀门，造成低温液体进入常温管道，冻裂出站主管，燃气大量泄漏，造成一工业用户停气约 9h（图 7-15、图 7-16）。

图 7-15 泄漏现场冒起的白烟

图 7-16 出站 DN300 钢管开裂处

3 月 17 日上午 7 点 06 分,该站运行工在关闭 1 号卸液台的所有阀门后开启 2 号储罐上、下进液和气相管阀门,随后开启槽车增压器阀门对槽车进行增压。7 点 49 分,在卸液过程中发现上一次 2 号卸液台液相管与气相管的旁通阀门未关闭,随即关闭了该旁通阀,7 点 50 分左右,发现场站西侧出站主管(钢管 DN300)与预留三通焊缝处发生开裂,现场天然气发生泄漏,未发生燃烧和爆炸,事故发生后,该储配站立即组织抢修并制定了临时保供方案,于 11:50 分进行临时供气,经过 5 个多小时的抢修,于 17:00 修复冻裂管道,全面恢复供气,本次事故共造成工业用户停气约 9h。

(2) 事故原因

1) 直接原因

该储配站运行工操作错误,误打开 2 号卸车台液相管与气相管之间的旁通阀,卸车过程中,低温 LNG 液体直接进行常温出站管道,造成管道冻裂,燃气大量泄漏(图 7-17)。

2) 间接原因

① 安全培训不到位,LNG 储配站内作业人员经验不足,不能胜任该工作岗位。

② 站内可视化标识标牌不足,肇事阀门(2 号卸车台汽液旁通阀)无开关标识。

③ 站内设备管理欠缺,出站温度变送器故障,无法正常工作,未及时维修;站控系统无声光报警。

(3) 事故预防对策

1) 储配站应落实安全生产责任制,层层分解安全生产目标,落实到每个员工,加强考核评比。

图 7-17 肇事阀门(2 号卸车台汽液旁通阀)

2) 加强对一线员工法律法规、燃气规范、操作规程等相关知识的培训教育,定期考核,员工应熟练掌握相应的安全知识。

3) 加强站区内设备管理工作,定期对设备进行维护保养校验,发现故障设备,及时进行维修,保障设备的完好性。

4) 加强风险源辨识工作,将站区内存在风险挂牌展示,定期进行考核,增强员工安全意识。

3. LNG 储配站员工操作错误导致储罐低温液体倒流，造成冻裂常温管道事故

（1）事故简介

2015年2月6日，某公司LNG储配站员工，在卸车完毕后，违反操作规程，在未关闭储罐下进液阀的情况下，直接打开气液连接阀，储罐中的LNG液体倒流至场站常温管道中，导致场站部分管道冻裂，LNG场站供气系统瘫痪。

（2）事故原因

1）直接原因

该储配站运行工违反操作规程，在未关闭储罐下进液阀的情况下，打开气液连接阀，导致管内低温液体进行常温管道，造成管道冻裂（图7-18、图7-19）。

图7-18 肇事旁通阀门

图7-19 值班人员进行卸车操作

2）间接原因

① 值班人员安全意识淡薄，违反安全生产规章制度，责任心不强，中控室多次发出报警警报，值班人员未重视。

② 安全监督不到位，公司安全管理相关部门对场站监督管理不到位；

③ 公司员工的安全教育培训不到位，值班人员场站的工艺流程不熟悉；

④ 应急培训不到位，运行值班人员在遇到突发事件时，不知道如何进行现场处置，员工对突发事件的处置能力较差。

（3）事故预防对策

1）储配站应落实安全生产责任制，层层分解安全生产目标，落实到每个员工，加强考核评比。

2）加强对一线员工法律法规、燃气规范、操作规程等相关知识的培训教育，定期考核，员工应熟练掌握相应的安全知识。

3）加强考核，提高员工责任心。

（4）相关规范条文解释

《聚乙烯燃气管道工程技术标准》CJJ 63—2018 第1.0.2条规定：本标准适用于工作温度在 −20~40℃，工作压力不大于0.8MPa，公称直径不大于630mm 埋地聚乙烯管道工程的设计、施工及验收。

《工业金属管道设计规范》GB 50316—2000（2008年版）第4.2.2.1条规定：除低温

低应力工况外,材料的使用温度,不应超出本规范附录 A 所规定的温度上限和下限;《工业金属管道设计规范》GB 50316—2000（2008 年版）附录 A 规定：Q235B 钢管使用温度下限为 -10 ℃；20 号无缝钢管使用温度下限为 -20 ℃。

《城镇燃气设计规范》GB 50028—2006 第 9.4.17 条规定：液化天然气气化器和天然气气体加热器的天然气出口应设置测温装置,并应与相关阀门连锁。

4. 小结

因 LNG 温度极低,在日常操作及维护抢修中,操作人员需严格按照规定穿戴好劳动防护用品,尤其是在泄漏抢险过程中,抢修人员需着低温防护服。

空温式气化器换热不足,导致气体出口温度过低,超出 PE 管道与钢制管道的温度下限,管道收缩产生较大拉应力导致管道拉裂。安装水浴式气化器或新型 LNG 浸没燃烧式气化器,可大大提高换热能力。

场站设计存在缺陷,无气体出口温度报警系统,无燃气泄漏报警系统,值班人员安全意识淡薄,导致事故发生。

加强对员工教育培训,增强员工安全意识,提高员工安全知识水平,要求员工熟练掌握工艺流程和设备操作。

开展风险源辨识工作,挂牌展示,让员工充分了解站区内存在的风险,掌握相应的防护措施,定期对站内设备进行维护保养,发现问题及时进行维修,保证设备设施的完好性,防止因报警装置故障造成事故扩大。定期开展应急演练,提高员工的应急反应能力。

7.2.4 物体打击损伤

LNG 运行压力在 1.0MPa 左右,压力较高,在卸车和操作过程中要求禁止将 LNG 液体留置在封闭常温管道中,防止其升温气化造成压力急剧增加,发生物理性爆炸,损坏管道设备。

加液软管爆裂造成一人眼部受伤事故。

1. 事故简介

2013 年 1 月 27 日,某撬装 LNG 加气站操作工准备为一重卡加液,在插加液枪加注时,加液软管发生了爆裂,当场将加气工右眼及脸部崩伤,该起事故造成加气工右眼球遭到重物击打后,眼球塌陷,视力受到严重影响,同时加气软管报废,综合经济损失约 5 万元（图 7-20）。

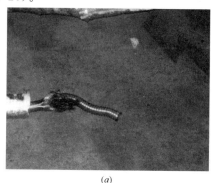
(a)

(b)

图 7-20 超压爆炸的软管

2. 事故原因

（1）技术原因

加气软管超压，未及时开启回流阀泄压，导致金属软管超压爆裂，爆裂管线击中加气工面部，造成损伤。

（2）管理原因

1）LNG 储配站安全管理不到位，未落实安全生产责任制，安全生产目标未层层分解落实到位。

2）安全教育培训不到位，值班人员未能熟练掌握 LNG 工艺流程和操作规程，较长时间不加液时应将加液枪插到加液机的回液口，使其回流泄压。

3）设备管理缺失，回流阀处于故障状态，未定期进行检查和确认关键设备的完好状态。

3. 事故预防对策

（1）更换加气软管前应严格对软管吹扫干燥，确保管线无水、无杂质。

（2）落实安全生产责任制，层层分解安全生产目标，落实到每个员工，加强考核评比。

（3）加强对员工教育培训，增强员工安全意识，提高员工安全知识水平，要求员工熟练掌握工艺流程和设备操作。

（4）操作过程中严格佩戴劳动保护用品。

（5）开展风险辨识工作，对发现风险挂牌展示，员工应了解岗位风险，掌握安全防护措施。

7.2.5 窒息事故

气态 LNG 无毒，但吸入纯 LNG 会导致人窒息。通常空气中氧气含量为 18.5%～20%，低于 18%时，人体会感到呼吸困难，含氧量 10%是人体不出现永久性损伤的最低限，含氧量持续降低情况下人体出现痉挛、呼吸停止，直至死亡。

通常认为天然气的密度比空气小，LNG 泄漏后可气化，随空气飘散，较为安全。但事实并非如此，当 LNG 泄漏后迅速蒸发，然后降至某一固定的蒸发速度。开始蒸发时气体密度大于空气密度，在地面形成一个流动层，当温度上升约－110℃以上时，蒸气与空气的混合物在温度上升过程中形成了密度小于空气的"云团"。

同时，由于 LNG 泄漏时的温度很低，其周围大气中的水蒸气被冷凝成"雾团"，然后，LNG 再进一步与空气混合过程完全气化。因 LNG 液体泄漏后先产生的低温气体密度大于空气，容易在地面沉积，加之吸热产生的水蒸气，造成泄漏区域氧气含量较低，操作人员在无防护状态下进入该区域，极易造成窒息，轻者呼吸困难，重者窒息死亡。

1. 某油气技术服务有限公司"12·24"液化天然气泄漏事故

（1）事故简介及经过

2018 年 12 月 24 日晚 21 时 30 分许，延安市某油气公司 WD 混烃站内发生液化天然气泄漏事故，造成 1 人死亡，2 人受伤，直接经济损失 112 万元（未包含事故罚款）。

2018 年 11 月 24 日晚 21 时 30 分许，某油气公司 WD 混烃站，当班员工白某通过电脑控制系统发现液氮储罐压力有下降趋势（LNG 设备联动调试期间生产的不合格 LNG 暂时储存在液氮储罐中,储罐总容积为 20m³,实际储存 LNG 液量大约为 3m³,液氮储罐安装在站内的一个长 8.5m、宽 4m、深 2.8m 的长方体地下坑池内),经值班人员现场排查发现液氮储罐进口法兰存在泄漏情况,遂将情况汇报给站长刘某。刘某与韩某、张某等人赶至现场后发现泄漏量较大,随即现场商量处置方案。

站长刘某提议他本人进入储罐底部关闭阀门后再处理法兰泄漏源,技术负责人韩某、副站长郑某当即表示不同意此行为,并对现有的受限空间作业风险辨识分析并告知。刘某依然决定冒险进入地下坑槽进行作业,经过当时现场人员两次劝阻,最终刘某听取了别人劝阻,安排员工切换相关流程后停机处理。

就在其他员工分工干活期间,刘某戴上防毒面具,独自一人擅自通过爬梯进入地下坑池内切换流程。技术员韩某看见刘某正在进入地下坑池作业,赶忙过去制止。刘某返回至坑池底部的爬梯旁时晕倒,韩某立即通过对讲机求助站内人员,先后有几名员工赶到现场,用安全绳绑住韩某下到坑池底部后,韩某用另一根安全绳绑住刘某,随即失去意识。地面人员将遂将刘某往上拉,刘某被拉至坑池口附近时,张某发现捆绑刘某的绳子有些松动,立即弯腰伸手拉住刘某的一只手,拉的过程中,张某觉得眼前"黑"了一下。随后刘某被拉至地面,此时刘某已处于昏迷状态,随后地面人员又将韩某拉至地面,韩某当时意识模糊,张某对刘某做了短暂的人工呼吸。

事故发生后,站内其他员工立即参与抢险救人,并马上拨打了 120 急救电话。站内技术员赵某给某油气公司生产部部长刘某汇报了有人员发生昏迷的情况,公司副经理李某当时正和刘某在一起,接到通知后随即启动应急预案,安排各个小组开展应急救援工作。

李某又联系了公司技术部的技术员贾某,与刘某 3 人一起开车赶赴事故现场,途中电话通知现场技术员赵某切断所有电源、关停发电机,撤离站内人员至安全地带,等待公司处置人员赶到后进行处置。3~5min 后,李某再次接到赵某的电话称站长刘某昏迷,李某立即在电话中安排赵某拨打 120 急救电话,并安排站内值班车将刘某、韩某等人送与救护车会合。在运送的路途中,张某对刘某进行了嘴对嘴人工呼吸抢救,后感觉身体不适。约 20min 后,两车在高速路口会合,经医护人员抢救,确诊刘某已无生命体征,最终救护车将韩某、张某两人送至医院。2018 年 12 月 26 日,公司安排 LNG 槽车将剩余的 LNG 液体转运后,将事故罐拉运至安全区域处理。

(2) 事故原因

1) 直接原因

① 天然气储罐出现气体泄漏情况后,某油气公司 WD 混烃站站长刘某不顾现场其他多位同事的多次安全提醒和劝阻,在未采取有效安全防护措施的情况下,擅自违规冒险进入地下受限空间进行处置,导致本人发生中毒窒息死亡。

② 现场员工韩某、张某在未采取确保安全防护措施的情况下盲目进行施救,导致自身受到伤害。

2) 间接原因

① 某油气公司未将由省安全生产监督管理局危险化学品登记中心登记的危险化学品情况向区安全生产监督管理局告知,安全生产主体责任落实不到位。一是安全生产责任制落实不到位,隐患排查治理不彻底,风险管控措施缺失;二是日常安全教育培训不扎实,员工安全意识淡薄,对安全风险认识不足;三是应急培训和应急处置能力不够。

② 某油气公司在 WD 混烃站发生事故后,未按《生产安全事故报告和调查处理条例》规定时限向区安监部门和负有安全生产管理职责的有关部门进行事故报告。

③ 西安某科技公司延安分公司,在将混烃生产加工委托给某油气公司时,对某油气公司的安全生产工作,没有按照《撬装混烃装置安全生产三方协议》约定的安全生产管理职责进行有效的统一协调、管理,安全生产监督检查工作不到位,安全生产管理上存在缺失。

④ 油田分公司第一采油厂对某油气公司的安全生产工作,没有按照《撬装混烃装置安全生产三方协议》约定的安全生产管理职责进行有效的统一协调、管理,安全生产监督检查工作不到位。

(3) 事故防范措施

针对事故暴露出事故发生相关单位在生产过程中重生产、轻安全、安全生产制度不健全、管理不严格、培训不到位、事故应急处置不规范等突出问题,为了进一步加强企业安全生产工作,有效防范类似事故发生,特提出以下措施建议:

1) 进一步夯实企业安全生产主体责任。西安某科技公司延安分公司、某油气公司和油田分公司采油厂要严格按照安全生产"党政同责"、"一岗双责"及"三个必须"要求,认真履行企业安全生产主体责任,根据《陕西省生产经营单位安全生产主体责任规定》(省政府令第 156 号)、《中共陕西省委办公厅、陕西省人民政府办公厅关于进一步加强安全生产工作的意见》(陕办〔2013〕10 号)的规定,突出抓好制度建设、现场管理、操作规程、岗位职责、装备管理、隐患排查、风险管控和事故应急处置等方面的精细化工作。建立健全主要负责人、生产技术负责人、班组长等重点岗位人员安全职责,构建"横向到边、纵向到底"安全生产责任体系。

2) 进一步强化企业安全生产基础工作。某油气公司要按照《国家安全监管总局关于加强化工工程安全管理的指导意见》(安监总管三〔2013〕88 号)和有关法规标准的规定,装备自动化控制系统,对重要工艺参数进行实时监控预警,采用在线安全监控、自动检测或人工分析数据等手段,及时判断发生异常情况的根源,评估可能产生的后果,制定完善的安全事故抢险处置和应急预案,严禁违章指挥和强令他人冒险作业,严禁违规操作,避免因处理不当造成事故发生。

3) 进一步加强设备安全管理工作。西安某科技公司延安分公司和油田分公司采油厂要按照有关安全生产法律法规的规定,加强对某油气公司安全生产监督检查工作力度,督促该企业要按照安全生产双重预防机制工作要求,建立健全事故隐患排查治理工作制度,完善设备管理台账、管理制度和操作规程,对生产装置及储存设施,严格对照新规范、新标准进行安全评估,不具备安全生产条件的必须全部停用。

4) 进一步严格作业安全管理。某油气公司要按照安全生产双重预防机制要求,对企业生产区域、设施、设备进行事故隐患风险辨识,加强隐患风险管控工作,不断强化安全管理制度,完善危险作业许可制度,规范动火、进入受限空间、动土、临时用电、高处作业、断路、吊装等特殊作业安全条件和审批程序。落实危险作业安全管理责任,实施危险作业前,必须进行安全风险分析,确认安全条件,配齐劳动防护用品,确保安全作业。

5) 进一步深化安全教育培训。相关单位要严格执行安全教育培训制度,建立厂、车间、班组三级安全教育培训体系,定期开展安全培训,健全培训考核档案,使从业人员熟悉安全生产基本知识，了解岗位危险因素，掌握岗位操作规程和应急自救措施。当工艺流程、设施设备功能等变化时，应及时对操作人员进行再培训、再考核。同时要运用典型事故案例，教育职工严格遵守操作规程。

6）进一步开展安全隐患大排查大整顿工作。西安某科技公司延安分公司、某油气公司和油田分公司采油厂要深刻汲取此次事故教训，严格按照《中华人民共和国安全生产法》、《危险化学品安全管理条例》、《危险化学品企业事故隐患排查治理实施导则》和安全生产双重预防工作机制要求，组织所属企业，从生产设施设备、工艺装置、工艺流程、防护措施、安全管理等各个环节，进行细致排查，彻底消除事故隐患，确保生产安全。

2. 小结

（1）加强对员工教育培训，增强员工安全意识，提高员工安全知识水平。

（2）开展风险辨识工作，对发现风险挂牌展示，员工应了解岗位风险，掌握安全防护措施。

（3）定期开展应急演练，提高员工应急处置能力。

（4）站内配备甲烷分析仪、氧气分析仪等设备，发生泄漏后实时监测周围可燃气体及氧气浓度，气体含量不合格及时撤离。

（5）站内配备正压式空气呼吸器，泄漏维修时操作人员应着正压式空气呼吸器和低温防护服。

7.2.6 快速相变事故

快速相变又称为冷爆炸，指温度不同的两种液体在一定条件下接触时，一种液体受热迅速气化，轻者引起液体飞溅，严重时可产生冲击波。举个最简单的例子，将水倒入滚烫的油中，引起液体飞溅，产生爆炸的效果，即为快速相变。

当LNG与水接触时，水与LNG之间有着超强的热传递速率，在LNG表面和水表面形成蒸汽层，加剧两者的换热，LNG会迅速气化，体积瞬时扩大600倍，导致接触面的压力越来越大，伴随发出爆炸声响与冲击波，对周围造成相当大的损害，可引发严重事故。

1. 快速相变案例简介

1973年5月英国肯维岛（Canvey），在一艘正规的LNG运输船进行卸液作业时，位于直径为35cm的出口管线上的一个长度10cm的破裂膜片破裂了。LNG泄漏流进其中一个有LNG储罐的码头，那里由于当时的阵雨积存了雨水，于是响起了3声爆炸声，所幸只是损坏了邻近大楼的一扇窗户。

1977年3月，阿尔及利亚阿尔泽某天然气液化厂，由于阀门破裂，在10h内泄漏了大量LNG，LNG流入海中，产生若干次快速相变，冲击波损坏了海边建筑物的门窗。

1982年3月法国南特市（Nantes）。法国某煤气公司（GDF）某研究所里通过一项LNG贮液池灭火试验，来评价一种新型乳化剂产品。该产品并未获得成功，而是形成了泡沫与水的抗乳化剂混合物，将其倾倒到燃烧着的LNG上。持续燃烧大约11min后，火势并未被有效地扑灭。遂决定停止使用该产品。又过了6min后，突然发生了剧烈的RPT，出现了一高达40m的大火球，大约是先前火焰高度的4倍。据估计，火球持续了5~10s。

1992年12月，印度尼西亚邦坦，LNG装置发生泄漏，但操作人员仍旧继续操作，为降低泄漏LNG造成的影响，操作人员使用保护水幕。在装置启动11h后，一盖有混凝土石板的排水管沟内发生快速相变，造成排水管沟及相邻管道损坏，混凝土碎块被抛掷100m远处，所幸该区域已进行紧急疏散，未造成人员伤亡。

1995年10月，法国Montoir LNG接收站，开架式海水气化器顶部高压阀的盘根盒处出现了泄漏，海水在气化器管束的外侧由上而下流动，泄漏的高压LNG流进海水收集池中与海水接触，产生快速相变，造成环绕着气化器的波纹状塑胶结构破坏。

2. 快速相变的预防措施

对于快速相变，首先要做的就是做好预防措施，防止LNG发生泄漏。包括使用合适的低温材料，定期对储罐、管道进行巡检维护，除此之外还应注意以下几个方面：

（1）建立LNG围堰区对储罐进行隔离，在隔离区内修建集液池，配备潜液泵，及时排除围堰区内的积水，定期检查，清理围堰区内的杂物。

（2）做好应急预案演练，加强员工培训，当LNG发生泄漏时，严禁用水喷淋，包括喷淋LNG蒸气，以免发生快速相变，应使用高倍泡沫对泄漏LNG及蒸气进行覆盖，控制其气化速率。

7.2.7 LNG加气站充装事故

祁县某天然气公司加气站"6·13"低温绝热气瓶爆炸

（1）事故简介

2016年6月13日17时40分，祁县某天然气公司加气站（以下简称某气站）在给祁县某玻璃制品公司充装过液氧的低温绝热气瓶充装液化天然气时发生爆炸，事故共造成3人死亡，直接经济损失149.92万元。

2016年6月13日17时28分25秒（监控视频显示时间，下同），祁县某玻璃制品公司冯某和渠某驾驶一辆晋牌面包车拖挂载有一台立式垂直放置低温绝热气瓶（经调查充装过液氧，容积为175L）的小车驶入某气站，17时28分41秒两人下车后对低温绝热气瓶的相关阀门进行了操作，17时30分50秒该站加气工孟某按下2号加液机预冷键，17时31分32秒将加液枪与小车上低温绝热气瓶的固定接口进行接驳，17时31分37秒按下2号加液机加液开始键，17时31分57秒监控摄像头信号中断，小车上的低温绝热气瓶发生爆炸。

祁县110指挥中心接到事故报告后，第一时间调派4辆消防车赶赴现场。在爆炸现场附近演练的祁县消防大队和救护车辆迅速到达现场开展救援，同时及时启动企业专职消防队联动机制，调派祁县某油库2辆消防车增援。事故救援结束后，对现场LNG储罐中残留的液化天然气进行排空、置换，彻底消除了次生事故隐患；吸取事故教训，在全县范围内开展加气站、加油站、储气配送站等企业的安全检查，杜绝类似事故发生。

（2）事故原因

1）直接原因

某气站违规为车用以外的移动式气瓶充装液化天然气；加气工违规操作，直接将液化天然气充入低温绝热气瓶，气瓶内残留的液氧和液化天然气混合并达到爆炸极限；由于气瓶在运输和充装过程中导致静电累积，达到了点火能的最低阈值，导致瓶内发生闪爆，进而引起氧气和天然气发生强烈的化学反应,此反应释放物质所含的化学能,致使瓶内压力瞬间急剧增加,超过低温绝热气瓶的极限承载能力,引起钢瓶瞬间爆炸碎裂。

2) 管理原因

① 企业层面

某气站未履行安全生产主体责任,长期违法建设运营。

该企业在 2013 年 6 月~2016 年 6 月期间,违反《中华人民共和国城乡规划法》、《中华人民共和国消防法》、《城镇燃气管理条例》等有关法律法规规定,未批先建、边经营边办手续;拒不执行管理部门责令停工停业的指令,在不具备安全条件的情况下擅自运营。

祁县某玻璃制品公司安全主体责任落实不到位,企业负责人安全意识淡薄。

该企业负责人将充装液氧的低温绝热气瓶拉运到加气站充装液化天然气;违反《中华人民共和国道路危险货物运输管理规定》,未取得道路危险货物运输许可,擅自从事道路危险货物运输。

② 部门及政府层面

A. 祁县住建局行政审批初审把关不严,日常监管不到位

对某气站《燃气经营许可证》申报资料初审把关不严,在明知未取得燃气工程项目规划许可和竣工验收等批准文件的情况下,初审同意并将申报资料上报市规划和城市管理局。

作为燃气管理部门,未发现某气站给车用以外的移动气瓶充装液化天然气,致使安全隐患未及时消除;在 8 次执法检查过程中,对某气站未取得《燃气经营许可证》,非法运营行为均未依法依规处理到位,行政处罚不到位。

B. 祁县市场和质量监督管理局日常安全监管不到位

违反了《中华人民共和国特种设备安全法》第 85 条①规定,对某气站未取得充装许可擅自从事气瓶充装的行为,措施不够,制止不力,安全监管不到位。

违反了《中华人民共和国特种设备安全法》第 11 条②规定,对祁县某玻璃制品公司使用气瓶等特种设备情况排查检查不到位,未进行气瓶安全知识普及。

C. 祁县消防大队日常监管不到位,行政处罚执行不彻底

没有严格按照《中华人民共和国消防法》第 58 条第 3 款③规定,对某气站未经消防验收擅自投入使用的行为予以查处,未及时制止并督促整改,履行监管职责不到位。

没有严格按照《中华人民共和国消防法》第 70 条④规定,对不执行停业决定的某气站未采取强制措施,行政处罚执行不彻底。

D. 祁县发改局未认真履行监管职责

祁县发改局违反《山西省企业投资项目核准暂行办法》第 24 条⑤规定,在某气站从 2013 年 6 月开工建设至 2015 年 12 月 3 日完成项目立项期间,对某气站未批先建的行为,未按规定予以制止并处理。

E. 祁县安监局日常安全监管不到位

祁县安监局安监大队违反《国家安全监管总局关于进一步深化安全生产行政执法工作的意见》第 4 条⑥规定,在编制 2016 年执法工作计划时,对新增企业祁县某玻璃制品公司的检查计划编制不科学不合理,导致未能及时对该企业进行日常监管并排除安全生产隐患。

F. 祁县运管所对擅自从事道路危险货物运输的问题失察

祁县运管所违反《中华人民共和国道路危险货物运输管理规定》第 57 条⑦规定，对祁县某玻璃制品公司未取得道路危险货物运输许可，擅自从事道路危险货物运输的问题失察。

G. 祁县交警大队对不符合安全条件的车辆上路行驶的问题失察

祁县交警大队违反《危险化学品安全管理条例》第 88 条⑧规定，对安全技术条件不符合国家标准要求的车辆运输危险化学品的问题失察，履行监管职责不到位。

H. 镇政府未认真履行安全监管职责，日常监管不到位

镇政府未按照《中华人民共和国安全生产法》第 8 条⑨规定，依法对区域内某气站进行监督检查，未及时发现和上报企业违法行为；组织开展"打非治违"和安全生产大检查工作不力，对某气站存在的问题失察。

I. 镇政府未按要求开展日常监管

镇政府未按照《中华人民共和国安全生产法》第 8 条规定，对辖区内生产经营单位底数不清，未依法对区域内祁县某玻璃制品公司进行日常监管。

J. 市规划和城市管理局审批许可把关不严

市规划和城市管理局违反《城镇燃气管理条例》第 15 条⑩、住房城乡建设部《燃气经营许可管理办法》第 5 条、第 7 条⑪规定及该局《关于印发建设项目规划审查制度的通知》（市规管党发〔2015〕9 号）⑫有关要求，资料审核把关不严，履行职责不到位，为企业发放有效期为半年的《燃气经营许可证》。

K. 祁县人民政府打非治违不到位

祁县人民政府未督促相关职能部门对手续不全的某气站依法予以整治，未能有效制止企业非法违法行为；对相关职能部门的履职情况督促检查不到位。

《中华人民共和国特种设备安全法》第 85 条规定：违反本法规定，未经许可，擅自从事移动式压力容器或者气瓶充装活动的，予以取缔，没收违法充装的气瓶，处十万元以上五十万元以下罚款；有违法所得的，没收违法所得。

《中华人民共和国特种设备安全法》第 11 条规定：负责特种设备安全监督管理的部门应当加强特种设备安全宣传教育，普及特种设备安全知识，增强社会公众的特种设备安全意识。

《中华人民共和国消防法》第 58 条第 3 款规定：违反本法规定，有下列行为之一的，责令停止施工、停止使用或者停产停业，并处三万元以上三十万元以下罚款：（三）依法应当进行消防验收的建设工程，未经消防验收或者消防验收不合格，擅自投入使用的。

《中华人民共和国消防法》第 70 条规定：当事人逾期不执行停产停业、停止使用、停止施工决定的，由作出决定的公安机关消防机构强制执行。

《山西省企业投资项目核准暂行办法》第 24 条规定：违反本办法规定，企业投资项目未经政府投资主管部门核准擅自开工建设的，以及未按照项目核准文件的要求进行建设的，由政府投资主管部门责令其停止建设，可以并处 3 万元以下罚款；构成犯罪的，依法追究有关责任人员的刑事责任。

《国家安全监管总局关于进一步深化安全生产行政执法工作的意见》第 4 条规定：强化年度执法工作计划导向。按照统筹兼顾、突出重点、量力而行、提高效能的原则，科学

合理地编制安全生产年度执法工作计划,严格执行执法计划的批准和备案程序,保证执法计划的协调运转。要根据执法计划编制现场检查方案,明确检查的区域、内容、重点及方式。年度执法工作计划及其落实情况,要通过适当方式向社会公开。

《中华人民共和国道路危险货物运输管理规定》第 57 条规定:违反本规定,有下列情形之一的,由县级以上道路运输管理机构责令停止运输经营,有违法所得的,没收违法所得,处违法所得 2 倍以上 10 倍以下的罚款;没有违法所得或者违法所得不足 2 万元的,处 3 万元以上 10 万元以下的罚款;构成犯罪的,依法追究刑事责任:(一)未取得道路危险货物运输许可,擅自从事道路危险货物运输的。

《危险化学品安全管理条例》第 88 条规定:有下列情形之一的,由公安机关责令改正,处 5 万元以上 10 万元以下的罚款;构成违反治安管理行为的,依法给予治安管理处罚;构成犯罪的,依法追究刑事责任:(二)使用安全技术条件不符合国家标准要求的车辆运输危险化学品的。

《中华人民共和国安全生产法》第 8 条规定:乡、镇人民政府以及街道办事处、开发区管理机构等地方人民政府的派出机关应当按照职责,加强对本行政区域内生产经营单位安全生产状况的监督检查,协助上级人民政府有关部门依法履行安全生产监督管理职责。

《城镇燃气管理条例》第 15 条规定:国家对燃气经营实行许可证制度。从事燃气经营活动的企业,应当具备下列条件:…(五)法律、法规规定的其他条件。符合前款规定条件的,由县级以上地方人民政府燃气管理部门核发燃气经营许可证。

住房城乡建设部《燃气经营许可管理办法》第 5 条规定:申请燃气经营许可的,应当具备下列条件:燃气设施工程建设符合法定程序,竣工验收合格并依法备案。第 7 条:发证部门通过材料审查和现场核查的方式对申请人的申请材料进行审查。

市规划管理局"市规管党发〔2015〕9 号《关于印发建设项目规划审查制度的通知》"文件中审查程序第 4 条规定:燃气项目审查(包括燃气经营许可;新建、扩建、改建燃气工程项目审批;燃气供气许可)由审批科派单给燃气办进行现场勘查,并提出初审意见,经燃气业务分管领导同意后,由审批科办理。

(3) 事故预防措施

1) 牢固树立安全发展理念。各县(区、市)党委、政府要牢固树立以人为本、安全发展理念,深入学习贯彻习近平总书记关于总体安全观的战略思想和关于安全生产的重要讲话精神,以铁的担当尽责、铁的手腕治患、铁的心肠问责、铁的办法治本,坚决守住不发生重大生产安全事故这条底线,将安全生产工作摆在经济社会发展的重要位置,定期研究部署、督促检点安全生产工作,着力解决本区域内突出性的安全风险和隐患。

2) 强化企业安全主体责任落实。各生产经营单位必须建立"安全自查、隐患自除、责任自负"的企业自我管理机制,认真履行安全生产法定职责,进一步完善企业安全生产责任体系,依法依规开展各项生产经营活动,不断健全并严格执行企业安全管理制度和安全技术操作规程。自觉加大安全投入,强化安全教育培训,夯实安全基础,确保企业安全生产"五落实、五到位"。

3) 推动部门落实监管责任。各有关部门要严格落实以工商注册登记倒逼监管责任落地的工作要求,逐户现场核实摸底,逐一明确监管部门和人员。要进一步加大"打非治违"力度,对非法生产经营建设项目依法果断采取停产、停建、停供、停电、扣押、拆除装置、关闭取缔等处理措施。要建立执法行为审议制度和重大行政执法决策机制，依法规范执法程序和自由裁量权，确保执法规范。

4) 强化低温绝热气瓶安全管理。使用低温绝热气瓶的单位要主动向质监部门申报，并主动按规定检验；要确保低温绝热气瓶充装介质有醒目的标识，不得随意变更气瓶的充装介质；要加强对作业人员的安全教育培训，使其充分掌握气瓶的结构原理和介质的理化特性，以确保气瓶的使用安全。质监部门要对低温绝热气瓶登记造册，建立台账严格管理。

5) 加强危险化学品道路运输安全监管。各有关部门要加强危险化学品运输的源头管理，严查无证运输危险化学品行为。要进一步加大路面管控力度，对未取得道路运输许可，擅自从事危险化学品道路运输，以及安全技术条件不符合国家标准要求的危险化学品运输车辆，要依法查处，确保危险化学品道路运输安全。

6) 尽快规范加气站审批流程。建议以市政府名义向省政府请示，恳请省政府尽快研究制定加气站审批流程，并按照行政审批制度改革要求，进一步规范和理顺审批流程，精简和下放审批事项，缩短项目审批时限，推动加气站行业有序、安全发展。

7.2.8 泄漏事故

"6·20"狮山甲烷泄漏事故

2016年6月20日凌晨3时47分，一辆装载有20t甲烷（天然气）的槽罐车到佛山市某燃气公司狮山液化天然气综合储配站卸气，在离气站约60m处发生意外泄漏，造成不良影响。为查清事故经过、原因和损失，认定事故责任，总结事故教训，提出整改措施，并对事故责任者依法追究责任。根据国务院《生产安全事故报告和调查处理条例》的相关规定及佛山市南海区人民政府《关于授权区安全生产监督管理局组织调查一般生产安全事故的批复》的文件要求，当地成立了"6·20"狮山甲烷泄漏事故调查组，由区安监局、监察局、市公安南海分局、总工会、人社局、国土城建和水务局（住建）、交通局、南海区市场监督管理局（质监）、狮山镇等单位人员组成，并邀请区人民检察院派员参加，区安监局副局长担任组长。经调查取证和分析研究，事故原因调查情况报告如下：

1. 事故概述

(1) 事故名称："6·20"狮山甲烷泄漏事故。

(2) 事故发生时间：2016年6月20日3时15分。

(3) 事故发生地点：佛山市某燃气公司狮山液化天然气综合储配站站外60m处。

(4) 事故单位（个人）：荆门市某贸易公司。

(5) 事故相关单位（个人）：佛山市某燃气公司。

(6) 事故类别：天然气泄漏事故。

(7) 直接经济损失：65970.85元。

2. 事故基本情况

事故单位（个人）基本情况。

荆门市某贸易公司（以下简称某贸易公司），住所：荆门高新区某大道以南、某路以东；法定代表人：蔡某；注册资本：1000万元；营业期限：长期；经营范围：许可经营项目：2类1项；甲醇、乙醇、溶剂油（石脑油）、煤焦油、硫酸、燃料油、丙烯、天然气、液化石油气、液氨、丙烷、盐酸、氢氧化钠（票面）批发。一般经营项目：汽车（不含9座及以下品牌乘用车）零售，废旧物料回收、销售（不含危险废物）。（依法须经批准的项目，经相关部门批准后方可开展经营活动）

事故相关单位（个人）基本情况。

佛山市某燃气公司（以下简称燃气公司），住所：广东省佛山市南海区某街道某大厦605室；法定代表人：刘某；类型：其他有限责任公司；注册资本：5697.5万元；营业期限：1995年2月24日至2040年2月24日；经营范围：管道燃气、瓶装液化石油气、液化天然气（LNG）的储存与供应，燃气工程的技术咨询和信息服务，市政公用工程；（以下项目仅限分支机构经营）：普通货运，危险货物运输。（依法须经批准的项目，经相关部门批准后方可开展经营活动。）佛山市某燃气公司狮山液化天然气综合储配站（以下简称狮山储配站）是燃气公司的分公司。

事故车辆及人员的基本情况。

1) 鄂牌重型半挂牵引车，所有人：荆门市某物流公司；使用性质：危化品运输；品牌型号：东风牌；准牵引总质量：40000kg；检验有效期至2016年7月。持中华人民共和国道路运输证，经营范围为2类1项（易燃气体），年审有效期至2016年7月15日。

2) 鄂牌重型罐式半挂车，所有人：荆门市某物流公司；使用性质：危化品运输；品牌型号：宏图牌；核定载质量：21500kg；检验有效期至2016年7月。持中华人民共和国道路运输证，经营范围为2类1项（易燃气体），年审有效期至2016年7月15日。

3) 司机吴某，男，汉族，出生：1965年7月2日；住址：湖北省某村，持中华人民共和国道路运输从业人员从业资格证，从业资格类别：道路危险货物运输驾驶员；从业资格证：有效期至2020年4月8日。

4) 押运员陈某，男，出生日期：1965年10月3日；住址：湖北省某社区，持中华人民共和国道路运输从业人员从业资格证，从业资格类别：道路危险货物运输押运员，证件有效期至2020年8月12日。

5) 事故单位与事故相关单位的关系情况。

燃气公司与深圳市前海某能源公司（以下简称前海公司）签订天然气销售与购买合同，前海公司与新奥贸易公司签订非管输天然气购销合同，新奥贸易公司与简称新奥物流公司签订运输合同，新奥物流公司与某贸易公司签订液化天然气运输合同。某贸易公司与荆门市某物流公司签订租赁合同，租赁事故车辆，某贸易公司负责租赁车辆的日常维护、保养、检验。司机吴某和押运员陈某是某贸易公司员工。

3. 事故发生经过、救援过程

(1) 事故发生经过：2016年6月19日凌晨1时左右，鄂牌重型半挂牵引车牵引鄂牌挂重型罐式半挂车（以下简称事发槽罐车）驶至狮山储配站外排队进站。6月19日上午8时左右，司机吴某发现槽罐的液相切断阀根部法兰与接管连接处的焊缝出现裂痕且轻微泄漏，采用湿毛巾包扎的方法堵漏。6月19日20时许，事发槽罐车进入狮山储配站停于地磅前。狮山储配站值班员马某对事发槽罐车进行卸车前检查，发现该车液相紧急切断阀的包扎情况，请示副经理黄某后要求吴某将事发槽罐车开出站外。6月20日凌晨3时15分左右，狮山储配站值班员黄某在例行巡查时发现停于狮山储配站外60m处的事发槽罐车泄漏，请示副经理黄某后向119报警。

（2）事故救援过程：6月20日凌晨4点左右消防队伍到达事故现场，然后启动应急预案，南海区主要领导、应急救援领导机构各成员迅速到达现场，成立现场应急指挥部。相关的应急专家、专业救援队伍也到达事故现场，及时组织涉险区域群众（事故现场中心周围1km内）迅速、有序撤离。泄漏事故于6月20日上午11时得到了有效控制，20时30分，槽罐车内天然气安全放散完成，险情处置结束。

4. 事故原因及性质

（1）事故调查组认定本起事故的原因如下：

1）直接原因

液相紧急切断阀安装时可能因强力组装而产生应力，也可能是焊后热处理做得不彻底，造成热影响区材质脆化；槽车行驶过程中由于应力的作用，脆化的材质最终产生裂痕而发生泄漏；泄漏产生了结冰现象，使阀体各部温差加大，导致膨胀系数差异过大，且出现裂缝后车辆又继续行驶产生的振动，都可能导致裂缝进一步扩大，是本起事故发生的直接原因。

2）间接原因

某贸易公司安全生产管理不到位，在对车辆的检查中没有能够及时发现事故隐患。19日上午8时左右，司机吴某发现槽罐的液相切断阀根部法兰与接管连接处的焊缝出现裂痕且轻微泄漏，采用湿毛巾包扎的方法堵漏；某贸易公司未将上述情况向安全生产监督管理部门和有关部门报告。某贸易公司发现事故隐患后处置不当，导致事故发生，是本起事故发生的间接原因。

6月19日20时许，事发槽罐车进入狮山储配站停于地磅前，狮山储配站值班员马某对事发槽罐车进行卸车前检查，发现该车液相紧急切断阀的包扎情况，请示狮山储配站副经理黄某后要求吴某将事发槽罐车开出站外；燃气公司未将上述情况向安全生产监督管理部门和有关部门报告。燃气公司发现事故隐患后处置不当，未能有效阻止涉事车辆事故影响扩大。

（2）事故性质

经过对事故的调查，分析事故的原因，根据国务院《生产安全事故报告和调查处理条例》第三条和国家安监总局办公厅《生产安全事故统计管理办法（暂行）》第三条第二款"没有造成人员伤亡、直接经济损失小于100万元（不含）的生产安全事故，暂不纳入统计"的规定，认定本起事故为隐患处置不当造成，不予认定为生产安全责任事故。

5. 事故的责任认定及处理建议

（1）该起事故没有造成人员伤亡、直接经济损失小于100万元（不含），依据国务院《生产安全事故报告和调查处理条例》第19条规定，建议由区交通运输局负责协调事故单位属地交通运输部门，督促荆门市某贸易公司成立事故调查组，依照"四不放过"原则进行调查处理，并将处理结果报区安委办。

（2）该起事故没有造成人员伤亡、直接经济损失小于100万元（不含），依据国务院《生产安全事故报告和调查处理条例》第19条规定，建议由区国土城建和水务局（住建）督促燃气公司成立事故调查组，依照"四不放过"原则进行调查处理，并将处理结果报区安委办。

（3）荆门市某贸易公司有存在重大事故隐患不报或者未及时报告的行为，导致事故发生，建议由区安全生产监督管理局依法调查处理。

（4）燃气公司有存在重大事故隐患未及时报告的行为，建议由区安全生产监督管理局依法调查处理。

6. 事故教训和防范措施

本起事故教训是深刻的，部分单位（个人）不重视安全生产，生产安全意识薄弱，对安全生产事故隐患排查治理认识不足，忽视事故隐患的监控治理，导致事故发生。为加强对同类事故的监管，杜绝类似事故的发生，具体采取如下防范措施：

（1）生产经营单位要严格落实安全生产的主体责任，认真检查企业安全生产管理制度存在的问题和漏洞，并加以改进和完善；对检查中发现的安全问题采取有效措施进行整改，及时消除安全生产事故隐患；要进一步加强从业人员的安全教育培训工作，提高员工的安全防范意识。

（2）政府相关行政主管部门要加大安全生产监管力度，督促相关生产经营单位尤其燃气行业和道路运输行业要加强行业自律管理，要加强对安全生产的监管以及日常检查，加大处罚力度，督促相关企业认真开展隐患排查治理，及时修订生产安全事故应急预案，开展应急演练，提高安全事故应急处置能力，有效预防和遏制此类生产安全事故的发生。

（3）政府相关行政主管部门要加强安全生产宣传教育，提高从业人员的安全生产知识和应急处置能力，从源头上防止和减少生产安全事故的发生。

7.2.9 雷击事故

2006年9月6日下午晋江市出现大范围强雷暴天气，晋江广安LNG站位于磁灶镇境内，地处宽阔，储罐孤立，2006年9月6日16时34分出现雷击事故，造成安全控制系统直流部分设备损毁，气化站停止运行，直接经济损失30多万元。

根据福建省闪电监测系统资料，2006年9月6日16时33分55秒出现一次的强度为20.3kA的负雷闪，该闪击点就是在广安LNG站的4号储罐上。

1. 雷电防护情况

晋江广安LNG站占地12113m^2，由储罐区、气化区、灌瓶间、办公楼、附属用房组成，其中储罐区、气化区、灌瓶间按二类建（构）筑物设防，办公楼、附属用房按三类建（构）筑物设防，站内设共用接地网，接地电阻2.8Ω。

（1）储罐区配设地上立式金属储罐4座，利用罐体作防雷接闪器兼作引下线，环形防雷接地兼作防静电接地。储槽增压器2台，作防静电接地。

（2）气化区气化器、缓冲罐、加臭机、燃气调压器、液体加热器、放散塔利用自身外壳作接闪器兼作引下线，每个设备接地点各2点，环形防雷接地兼作防静电接地。

（3）传输子系统金属管、金属线槽利用共用地网接地。

（4）办公楼明设避雷带框架结构柱主筋引下，利用基础接地。控制室置于办公楼二楼，综合控制台利用汇流排接地，接地良好。

（5）供、配电系统采用TN-S系统，接地电阻符合规定，总配电室安装一组SPD（电涌保护器），低压端埋地引入办公楼供电子系统使用。

（6）气化站安全控制系统所处的防雷区

储罐区监测子系统、气化区监测子系统、传输子系统处于室外的 LPZ0$_B$ 区内，不可能遭到大于滚球半径 45m 对应的雷电流直接雷击，区内的电磁场强度没有衰减。控制室、供电子系统处于室内的 LPZ1 区内，不可能遭到直接雷击，区内的电磁场强度得到有效衰减。

2. 雷击成因分析

按照现行国家标准《建筑物防雷设计规范》GB 50057—2010、《石油与石油设施雷电安全规范》GB 15599—1995、《建筑物电子信息系统防雷技术规范》GB 50343—2012 要求，气化站及安全控制系统防雷技术措施主要从搭接（B）、传导（C）、分流（D）、接地（G）、屏蔽（S）5 部分进行综合考虑。经实地勘察发现如下问题：

（1）经检漏，探测器、报警器的探头和连接线及液位仪、温压表和连接线没有任何防范电磁干扰的保护措施，直接置于 LPZ0$_B$ 区内，且探测器、报警器的探头和连接线与罐体的最近距离仅 0.4m。

1）电磁干扰的感应效应。

计算 LPZ0$_B$ 区的磁场强度。4 号储罐顶出现 20.30kA 的负闪击在 VS 空间内计算 H_0。

$$H_0 = i_0/(2\pi S_a)$$

式中　H_0——无屏蔽时所产生的无衰减磁场强度（A/m）；

　　　i_0——雷电流（A）；

　　　S_a——雷击点与屏蔽空间的距离（m）。

根据现况得 i_0=20.3kA，S_a=13m。H_0=248.7A/m，转化为特斯拉（T）：

$$H_0 = 248.7 \text{A/m} \times 0.01256 = 3.1 \text{GS} = 3.1 \times 10^{-4} \text{T}$$

根据 IEC 及国外研究，当 $B_m \geq 2.4 \times 10^{-4}$T 时，电子元件将发生永久性损坏。因此处于 LPZ0$_B$ 区内监测子系统的液位仪、温压表、检漏探测器、报警器等设备内的电子器件将损坏不能工作。

2）高电位反击。

防止雷电流流经引下线和接地装置时产生的高电位对附近金属物或电气线路的反击应符合：

$$S_{a3} \geq 0.3K_c(R_i + 0.1L_x)$$

式中　S_{a3}——空气中距离；

　　　K_c——分流系数；

　　　R_i——引下线接地电阻（Ω）；

　　　L_x——引下线计算点到地面长度（m）。

根据现场情况得 K_c=0.44，R_i=2.8Ω，L_x=15m，$S_{a3} \geq 0.57$m。

由于探测器、报警器的探头和连接线与罐体的最近距离仅 0.4m，小于 0.57m 的要求，产生的高电位反击必将造成探测器和探头的损坏。

（2）金属线槽内多（单）芯线发现多处环形缠绕。不符合现行国家标准《建筑物电子信息系统防雷技术规范》GB 50343—2012 要求。

3. 解决方法

（1）为减少电磁干扰的感应效应，充分的屏蔽措施是解决问题的办法。将检漏探测器、报警器的探头和连接线及液位仪、温压表和连接线置于屏蔽网格内,计算 LPZ1 区的磁场强度。

$$H_i = H_0/10^{SF/20}$$

式中　H_i——LPZ1 区的磁场强度;
　　　SF——屏蔽系数。

雷击点在储罐顶,根据二类建筑物要求 $i_0=150\text{kA}$,现况 $S_a=13\text{m}$,假设采用铜丝网格 $W=0.01\text{m}$,$H_0=1837.3\text{A/m}$。

$$H_i = H_0/10^{SF/20} = 2.16\text{A/m} = 0.027\text{GS} = 2.7 \times 10^{-6}\text{T}$$

根据 IEC 及国外研究,当 $B_m \geqslant 3.0 \times 10^{-6}\text{T}$ 时,电子元件才会出现误动作;当 $B_m \geqslant 3.0 \times 10^{-5}\text{T}$ 时,电子元件才会出现假性损坏。因此,采用 1cm 的铜网格作为屏蔽网格就可避免电磁干扰的感应效应,达到屏蔽要求,同时屏蔽网格与共用接地网良好的连接就可完全避免高电位反击。

(2) 采用网格宽度≤1cm 的铜网、铜网软管分别对检漏探测器、报警器的探头和检漏探测器、报警器、液位仪、温压表的单芯连接线进行屏蔽处理,并与共用地网形成良好接地。对金属线槽内多(单)芯线进行整理,使之符合布置信号线缆的路由走向时,应尽量减少由线缆自身形成的感应环路面积的要求。

7.2.10　其他事故危害

1. 间歇泉、水锤危害

LNG 由于在充装的过程中需要较长的管道,而管道上阀门的位置上会发生较多的漏冷现象,且与储罐相连的管道内部会形成闪蒸气 BOG(Boil Off Gas),但只有 BOG 压力升高到一定值时其才可以上升至储罐的液面,而这一部分的 BOG 具有较高的温度,在上升的过程中会与附近的 LNG 交换热量,致使大量的 LNG 发生闪蒸现象,从而导致储罐内部的压力急剧升高,并有可能造成储罐上的安全阀开启排放压力。

在管道内部的 BOG 将 LNG 推到储罐的过程中,管道的内部空间同时也被排空,致使储罐内部的 LNG 会快速填充到管道内部,又再次进行 BOG 积累和聚集,经过一定的时间后重新产生喷发,可以把这种间歇时喷发现象称作间歇泉。

在 BOG 排空管道内部的 LNG 和重新注入 LNG 到管内的过程中会发生水锤现象。

2. 急冷和水击的危害

由于 LNG 具有很低的温度并且以液体的形态存在,那么就很有可能发生急冷和水击的危险事故。若发生急冷危害,则会导致温度较低的密封面发生泄漏,以及温度较低的管道发生挠曲现象。

因为用于充装 LNG 的管道在顶端与底端存在一定的温度差,所以造成在支架处的管道发生挠曲,又由于管道在发生挠曲时会产生较大的应力,那么就会造成相关事故的发生。水击危害主要是因为阀门在迅速停泵、开启或者关闭的过程中,形成的某个瞬间的流体压力,造成流体的速度忽然改变而产生的。

3. 选址不当导致的事故

2013 年 8 月,由于连日持续强降雨,某 LNG 站附近山体发生滑坡,受其影响,该场站站内地基发生严重沉降、开裂现象,导致燃气设施漏气,因整改费用过高,最终该站被整体拆除(图 7-21)。

图 7-21　附近山体发生滑坡造成的伤害

(1) 事故原因:场站选址不合理,设于山坡位置,存在山体滑坡重大安全隐患,但未采取任何防护措施(图 7-22)。

图 7-22　围堰发生大规模开裂造成的伤害

（2）防范措施：严把场站选址关，尽量避开地质灾害区域，做好防范措施。

4. LNG 瓶组站换瓶不当导致的供气事故

2017年3月3日，某 LNG 瓶组站未及时换瓶，导致下游某食堂异常停气，在处理该停气事故的过程中，应急处置不当，将另一 LNG 瓶组站瓶组违规转至某食堂，导致该瓶组站也供气不足，致使用户1340户民用户，2户工商业用户停气。

1）事故原因：事发瓶组站运行维护人员未按时运输、更换 LNG 瓶组，致使某食堂先发生停气，后期因应急处置不当，导致另一瓶组站也发生供气事故。

2）防范措施：加强瓶组站日常调度管理，加强瓶组站巡查，发现液位、压力不足时及时换瓶，加装无线远传装置，将场站运行参数信息传送至调度中心，定期组织应急预案培训及演练，提高应急处置能力。

第8章 LNG站适用的相关法律法规

8.1 LNG站建设一般报建程序

8.1.1 基本报建程序

1. 规划选址

（1）基本含义

业主单位按照基本符合城市规划和标准规范中消防、环保、安全的要求，进行初建站选址，选址位置关系到建设项目实施顺利与否。

（2）包含内容及审批部门

1）在城区或交通主干道上，按靠近水、电、气源，靠近车源，加气方便，基本符合城市规划和标准规范中消防、环保、安全要求，初选建站地址；

2）LNG主管部门、LNG专家、建委、规划、消防、环保、设计到现场定点；

3）项目选址论证报告；

4）环境评估报告；

5）安全评估报告；

6）控制性详细规划；

7）国土部门办理土地征用手续和土地证；

8）规划部门办理规划用地许可证、施工用地许可证。

9）编制"建设计划指导书"。

2. 项目立项

（1）基本含义

项目通过业主单位的申请，得到发改委的审核批准，并列入项目实施组织或者政府计划的过程叫作发改委立项。分别对应的报批程序为备案制、核准制、审批制，LNG场站的建设一般采用核准制。报批程序结束即为项目立项完成。

（2）包含内容及审批部门

1）项目公司向当地LNG产业主管部门或发改委提出建站申请。

2）提供相应资料立项报告、可研报告、选址定点报告。

3）产业部门或发改委批准立项。

4）特许经营授权协议书；特许经营授权书；项目建议书（可研报告）。

5）《关于项目建议书的批复》。

6）《关于同意某燃气有限公司的批复》。

3. 设计评审

（1）完成初步设计后向相关部门报批。

（2）组织燃气主管部门、建设局、规划、消防、环保、安办、业主对初步设计进行评审。

（3）由相关部门出具评审意见。

（4）施工图设计。

4. 项目报建

（1）基本含义

项目由建设单位或其代理机构在工程项目可行性研究报告或其他立项文件被批准后，须向当地建设行政主管部门或其授权机构进行报建，交验工程项目立项的批准文件，包括银行出具的资信证明以及批准的建设用地等其他有关文件的行为。

（2）包含内容及审批部门

1）初步设计报消防、环保审查，并出具审批意见，办理安全证书；

2）初步设计总图（含消防、环保、安办审批意见）报规划审查，进行勘测，画红线；

3）规划部门办理工程规划许可证；

4）住建部门办理工程施工许可证。

5. 项目验收

（1）基本含义

依照国家有关法律、法规及工程建设规范、标准的规定完成工程设计文件要求和合同约定的各项内容，建设单位已取得政府有关主管部门（或其委托机构）出具的工程施工质量、消防、规划、环保、城建等验收文件或准许使用文件后，组织工程竣工验收并编制完成《建设工程竣工验收报告》。

（2）包含内容及审批部门

1）出具质检报告。

2）进行消防、安全、环保、压力容器等单项验收，并出具报告。办理危化品评价报告，防雷静电检测报告、环评报告。

3）办理压力容器施工登记证、危化品经营许可证、气体充装许可证。

4）出具计量使用登记证。

5）员工技术培训，取得上岗证书。

6）试运行。

7）进行综合验收。

8）办理燃气经营许可证。

9）投产运行。

8.1.2　LNG新建工程办理相关手续清单

1. 本地或地区发改委办理立项手续清单

（1）特许经营授权协议书。

（2）立项申请书。

（3）项目建议书（可研报告）。

(4)特许经营授权书。

(5)《关于项目建议书的批复》。

(6)《关于同意某燃气有限公司的批复》。

2. 地区工商局批复企业名称手续清单

(1)《关于项目建议书/可研报告的批复》。

(2)《关于某燃气有限公司的批复》。

(3)《关于同意某燃气有限公司名称的批复》。

3. 所在地域地区技术监督局办理机构代码手续清单

(1)《关于项目建议书/可研报告的批复》。

(2)《关于某燃气有限公司的批复》。

(3)《关于同意某燃气有限公司名称的批复》。

(4)《机构代码证书》。

4. 住建部门燃气办审批燃气项目手续清单

(1)《营业执照》。

(2)《特许经营授权书》或《特许协议》、《燃气项目建设批准书》。

5. 营业执照工商局

(1)《关于同意某燃气有限公司名称的批复》。

(2)《机构代码证书》。

(3)《验资报告》。

(4)营业执照(筹建期)。

6. 可研报告评审审计委

(1)《可研报告》。

(2)《单位对可研报告评审的申请报告》当地、地区计委的评审意见。

7. 确定站址

(1)自然资源局。

(2)住建局。

(3)《用地红线图》。

(4)《站区设计图》。

(5)《建设用地规划许可证》。

(6)《消防审批意见》。

8. 站区初步设计的评审(环评)

(1)《初步设计方案》。

(2)《环评报告》。

(3)《初步设计方案审批单》。

9. 安监评审本地或地区安监局

(1)《站区设计图》。

(2)《安监评审报告》。

(3)《安评批复或意见》。

10. 建设用地当地建委规划科

（1）《立项批复》。
（2）规划设计院《站区规划平面图》。
（3）勘探设计院《地址勘探报告》。
（4）《建设工程规划许可证》。

11. 征地国土资源局

（1）《营业执照》。
（2）《建设用地许可证》。
（3）《土地出让合同》。
（4）《国有土地使用证》。

12. 消防设计审批公安消防局

（1）计委立项批复文件。
（2）工程报批图。
（3）《国有土地使用证》。
（4）《消防设计审批意见书》。

13. 统计登记统计局

（1）《组织机构代码证》。
（2）《营业执照》、《统计证》。

14. 建设工程规划许可证

（1）《用地红线图》。
（2）站区施工图及施工图规划评审意见。
（3）《建设工程规划审批单》、《建设工程规划许可证》。

15. 开工审批地区燃气办或技术监督局特种设备科

（1）《建设工程规划许可证》。
（2）《设计合同、资质》。
（3）《施工合同、资质》。
（4）《监理合同、资质》。
（5）《燃气管道路由规划》。
（6）《建设工程施工许可证》。

16. 其他

（1）物价批复，所在地物价局：物价批复申请报告、相关文件、周边标准资料《物价批复文件》；
（2）临时占道，市政、城管：《建设工程规划许可证》、《建设工程施工许可证》、《临时占道许可证》；
（3）压力容器，当地、地区技术监督局：相关图纸资料《压力容器使用证》；
（4）消防验收，公安消防局：相关竣工资料《消防验收合格证》、《易燃易爆危险品消防安全许可证》；
（5）站区竣工验收，建委、技监局、燃气办：《竣工资料》、《验收报告》、《气站建设合格意见书》；

(6) 燃气经营，建委、地区燃气办、省燃气办：《设计施工监理资料资质》竣工材料及验收合格意见书、《燃气经营许可证》或者《管道天然气特许经营许可证》；

(7) 税务登记，国税地税局相关材料税务登记证。

以上为基本的工作流程，同时需根据当地的实际情况及当地的政府相关部门的政策、要求等灵活掌握办事程序（表8-1）。

工作流程　　　　　　　　　　　　　　表8-1

步骤	手续内容	审批机构	审批需要相关材料	批复文件或者证书名称
1	立项	市（县）发改委	立项申请书；项目建议书（可研报告）	《关于项目建议书的批复》；《关于同意某燃气有限公司的批复》
2	企业名称批复	地区工商局	《关于项目建议书的批复》；《关于同意某燃气有限公司的批复》	《关于同意某燃气有限公司名称的批复》
3	办理机构代码	所在地域地区技术监督局	《关于项目建议书/可研报告的批复》；《关于某燃气有限公司的批复》；《关于同意某燃气有限公司名称的批复》	《机构代码证书》
4	验资	当地会计事务所	开户行、验资款、公章	《验资报告》
5	营业执照	工商局	《关于同意某燃气有限公司名称的批复》；《机构代码证书》；《验资报告》	营业执照（筹建期）
6	可研报告评审	审计委	《可研报告》；《单位对可研报告评审的申请报告》	当地、地区发改委的评审意见
7	确定站址	规划管理局（建设局规划科）公安消防局	《用地红线图》；《站区设计图》	《建设用地划许可证》；《消防审批意见》
8	站区初步设计的评审（环评）	本地有资质的环境评审单位	《初步设计方案》	《环评报告》；《初步设计方案审批单》
9	安监评审	本地或地区安监局	《站区设计图》；《安监评审报告》	《安评批复或意见》
10	建设用地	当地建委规划科	《立项批复》；规划设计院《站区规划平面图》；勘探设计院《地址勘探报告》	《建设工程规划许可证》

8.1 LNG站建设一般报建程序

续表

步骤	手续内容	审批机构	审批需要相关材料	批复文件或者证书名称
11	征地	国土资源局	《营业执照》； 《建设用地许可证》	《土地出让合同》； 《国有土地使用证》
12	银行开户	某银行	《营业执照》； 《组织机构代码证》； 《验资报告》； 公章、预留印章	《基本账户开户许可证》
13	统计登记	统计局	《组织机构代码证》； 《营业执照》	《统计证》
14	建设工程规划许可证	规划管理局 （建设局规划科）	《用地红线图》站区施工图及施工图规划评审意见； 《建设工程规划审批单》	《建设工程规划许可证》
15	燃气项目建设审批	建委燃气办	《营业执照》； 要求的其他文件	《燃气项目建设批准书》
16	消防设计审批	公安消防局	发改委立项批复文件； 工程报批图； 《国有土地使用证》	《消防设计审批意见书》
17	开工审批	地区燃气办或技术监督局特种设备科	《建设工程规划许可证》； 《设计合同、资质》； 《施工合同、资质》； 《监理合同、资质》	《燃气管道路由规划》； 《建设工程施工许可证》
18	物价批复	所在地物价局	物价批复申请报告； 相关文件； 周边标准资料	《物价批复文件》
19	临时占道	市政、城管	《建设工程规划许可证》； 《建设工程施工许可证》	《临时占道许可证》
20	压力容器	当地、地区技术监督局	相关图纸资料	《压力容器使用证》（要办理压力容器登记）
21	消防验收	公安消防局	相关竣工资料	《消防验收合格证》
22	消防安全	公安消防局	《消防验收合格证》	《易燃易爆危险品消防安全许可证》
23	站区竣工验收	建委、技监局、燃气办	《竣工资料》； 《验收报告》	《气站建设合格意见书》
24	燃气经营	建委、地区燃气办、省燃气办	《设计施工监理资料资质》； 竣工材料及验收合格意见书等材料	《燃气经营许可证》或《汽车加气特许经营许可证》

续表

步骤	手续内容	审批机构	审批需要相关材料	批复文件或者证书名称
25	更换营业执照	工商局	《燃气经营许可证》；筹建期营业执照等	营业执照
26	税务登记	国税局、地税局	相关材料	税务登记证

8.2 LNG站相关国家及各地法规性文件

8.2.1 关于加快推进天然气储备能力建设的实施意见

发改价格〔2020〕567号

各省、自治区、直辖市人民政府：

近年来，我国天然气行业迅速发展，天然气消费持续快速增长，在国家能源体系中重要性不断提高。与此同时，储气基础设施建设滞后、储备能力不足等问题凸显，成为制约天然气安全稳定供应和行业健康发展的突出短板。为贯彻落实《国务院关于促进天然气协调稳定发展的若干意见》（国发〔2018〕31号）、《国务院关于建立健全能源安全储备制度的指导意见》（国发〔2019〕7号），加快储气基础设施建设，进一步提升储备能力，经国务院同意，现提出以下实施意见。

1. 优化规划建设布局，建立完善标准体系

（1）加强统筹规划布局。根据石油天然气有关规划和国务院明确的各环节各类主体储气能力建设要求，制定发布全国年度储气设施建设重大工程项目清单；各省（区、市）编制发布省级储气设施建设专项规划，提出本地区储气设施建设项目清单。城镇燃气企业储气任务纳入省级专项规划，集中建设供应城市的储气设施。引导峰谷差大、需求增长快的地区适当提高建设目标，并预留足够发展空间，分期分批有序建设。调整并停止储气任务层层分解的操作办法，避免储气设施建设小型化、分散化，从源头上消除安全隐患（发展改革委、能源局、省级人民政府负责，持续推进）。

（2）明确重点建设任务。支持峰谷差超过4∶1、6∶1、8∶1、10∶1的地区，梯次提高建设目标。突出规模效应，优先建设地下储气库、北方沿海液化天然气（LNG）接收站和重点地区规模化LNG储罐。鼓励现有LNG接收站扩大储罐规模，鼓励城市群合建共用储气设施，形成区域性储气调峰中心。发挥LNG储罐宜储宜运、调运灵活的特点，推进LNG罐箱多式联运试点示范，多措并举提高储气能力。（发展改革委、能源局、省级人民政府负责，持续推进）

（3）建立完善行业标准体系。加快建立并完善统一、规范的储气设施设计、建设、验收、运行、退役等行业标准，尽快形成储气设施标准体系。（能源局负责，持续推进）完善已开发油气田、盐矿和地下含水层等地质信息公开机制，便于投资主体选址建设储气设施项目（能源局、自然资源部按职责分工负责，2020年完成）。对于拟作为地下储气库的油气田、盐矿依法加快注销矿业权，积极探索地下空间租赁新模式。（地方人民政府、自

然资源部负责，持续推进）

2. 建立健全运营模式，完善投资回报渠道

（1）推行储气设施独立运营模式。地下储气设施原则上应实行独立核算、专业化管理、市场化运作。鼓励在运营的储气设施经营企业率先推行独立运营，实现储气价值显性化，形成典型示范效应。推动储气设施经营企业完善内部管理机制，进行模式创新和产品创新，提高经营效率和盈利能力。（相关企业负责，发展改革委、能源局加强指导，持续推进）

（2）健全投资回报价格机制。对于独立运营的储气设施，储气服务价格、天然气购进和销售价格均由市场形成。鼓励储气设施经营企业通过出租库容、利用季节性价差等市场化方式回收投资并获得收益，加快构建储气调峰辅助服务市场机制。城镇燃气企业自建自用的配套储气设施，投资和运行成本可纳入城镇燃气配气成本统筹考虑，并给予合理收益。（相关企业、地方人民政府负责，发展改革委加强指导，持续推进）

（3）完善终端销售价格疏导渠道。城镇燃气企业因采购储气设施天然气、租赁库容增加的成本，可通过天然气终端销售价格合理疏导。城市群合建共用的配套储气设施，各城镇燃气企业可按比例租赁库容，租赁成本通过终端销售价格合理疏导。探索建立淡旺季价格挂钩的中长期合同机制，形成合理的季节性价差，营造储气设施有合理回报的市场环境。（地方人民政府负责，发展改革委加强指导，持续推进）

3. 深化体制机制改革，优化市场运行环境

（1）加快基础设施互联互通和公平开放。推进天然气管网、LNG接收站等基础设施互联互通。对于储气设施连接干线管网和地方管网，管道运输企业应优先接入并保障运输。管道运输企业的配套储气库，原则上应公平开放，为所有符合条件的用户提供服务。（发展改革委、能源局负责，持续推进）

（2）推进储气产品交易体系建设。指导上海、重庆石油天然气交易中心加快研究开发储气库容等交易产品，并与管容预定和交易机制互相衔接，确保与储气设施相连的管网公平开放，实行储气服务公开交易，体现储气服务真实市场价值。积极发展二级交易市场，提高储气设施使用效率。（发展改革委负责，2020年上半年完成）积极引导储气设施销售气量进入交易中心公开交易。引导非民生天然气进入交易中心公开交易，通过市场发现真实市场价格，形成合理季节性价差。（相关企业负责，发展改革委加强指导）

4. 加大政策支持力度，促进储气能力快速提升

（1）土地等审批政策。优化储气设施建设用地审批和规划许可、环评安评等相关审批流程，提高审批效率。各地要保障储气设施建设用地需求，对分期分批建设的储气设施，做好新增建设用地统筹安排。储气设施建设的项目用地符合《划拨用地目录》的，可以通过划拨方式办理用地手续，不符合《划拨用地目录》的实行有偿使用。（地方人民政府负责，自然资源部、生态环境部加强指导，持续推进）

（2）财税金融政策。在准确计量认定的基础上，研究对达到储气目标的企业给予地下储气库垫底气支持政策。（财政部负责研究支持政策，能源局负责准确计量工作）储气设施经营企业按现行政策规定适用增值税期末留抵税额退税政策。支持地方政府专项债券资金用于符合条件的储气设施建设。鼓励金融机构提供多种金融服务，支持储气设施建设。支持储气企业发行债券融资，支持储气项目发行项目收益债券。（发展改革委、财政部等

部门按职责分工负责，持续推进）

（3）投资政策。2020年底前，对重点地区保障行政区域内平均3天用气需求量的应急储气设施建设，给予中央预算内投资补助，补助金额不超过项目总投资（不含征地拆迁等补偿支持）的30%。鼓励有条件的地区出台投资支持政策，对储气设施建设给予资金补助或奖励。（发展改革委、地方人民政府负责，持续推进）

5. 落实主体责任，推动目标任务完成

（1）切实落实主体责任。加强储气能力建设跟踪检查，定期通报工作进展。对工作推进不力的地方政府、企业及相关责任人，必要时可约谈问责。对未能按照规定履行调峰责任的企业，根据情形依法予以处罚，对出现较大范围停供民生用气等严重情节的企业，依法依规实施惩戒。充分考虑储气设施运营特点，探索实施降低储气设施运营成本的政策措施。（发展改革委、住房城乡建设部、能源局按职责分工负责）各地区在授予或变更燃气特许经营权时，应将履行储气责任和义务列入特许经营协议，对储气能力不达标且项目规划不落地的燃气企业，依法收回或不得授予特许经营权。（地方人民政府负责）对开工情况较好、进度较快但暂未能实现建设目标的企业和地区，要采取签订可中断合同等临时过渡措施弥补调峰能力。（相关企业负责，发展改革委、住房城乡建设部、能源局督促落实）

（2）建立健全考核制度。制定储气能力建设任务目标考核制度。（发展改革委、能源局负责，2020年上半年完成）上游供气企业储气能力建设任务，由国务院有关部门进行考核；城镇燃气企业和地方应急储气能力建设任务，由国务院有关部门会同省级人民政府进行考核。各省（区、市）人民政府要加强统筹协调，建立完善推进储气能力建设工作机制，确保建设任务顺利推进。多方合资建设的储气设施，原则上按股比确认储气能力，储气能力确认方案应在既有或补充合同、协议中予以明确。实行集团化运营的城镇燃气企业，在实现互联互通的前提下，可以集团公司为整体进行考核，对集团内异地建设、租赁的储气能力予以确认，但不得重复计算。（发展改革委、住房城乡建设部、能源局、省级人民政府按职责分工负责）

国家发展改革委
财　政　部
自然资源部
住房城乡建设部
国家能源局
2020年4月10日

8.2.2　国家发展改革委关于加快推进储气设施建设的指导意见

（国家发展和改革委员会　发改运行〔2014〕603号）

各省、自治区、直辖市及计划单列市、新疆生产建设兵团发展改革委、经信委、能源局、物价局，中国城市燃气协会、中国石油天然气集团公司、中国石油化工集团公司、中国海洋石油总公司：

为切实推进储气设施建设，进一步做好天然气供应保障工作，维护经济社会平稳运

行,特提出以下意见:

(1) 增强推进储气设施建设的紧迫感。

随着国内天然气产量增加、进口天然气规模扩大以及管网设施建设力度加大,我国天然气产业保持快速增长态势。天然气利用领域不断拓展,深入到城市燃气、工业燃料、发电、化工等各方面。稳定供气已成为关乎国计民生的重大问题。但是,由于城市燃气用气不均衡及北方地区冬季供暖用气大幅攀升,部分城市用气季节性峰谷差巨大,加之目前储气设施建设相对滞后,调峰能力不足,冬季供气紧张局面时有发生。为确保天然气安全稳定供应,必须高度重视储气设施建设,加强统筹协调,加大资金投入,集中力量加快推进相关工作。

(2) 加快在建项目施工进度。

各级有关部门、项目建设单位要加强沟通联系和统筹协调,形成工作合力,全力推进储气设施建设发展。各级有关部门要强化要素保障,积极落实用地、银行贷款等,加快征迁交地,确保无障碍施工。各储气设施建设单位要加强管理,推进标准化施工,优化施工组织,在确保安全、质量前提下,加快在建储气设施项目建设进度,确保按期建成投用。

(3) 鼓励各种所有制经济参与储气设施投资建设和运营。

承担天然气调峰和应急储备义务的天然气销售企业和城镇天然气经营企业等,可以单独或者共同建设储气设施储备天然气,也可以委托代为储备。各级政府要优先支持天然气销售企业和所在区域用气峰谷差超过 3:1、民生用气(包括居民生活、学校教学和学生生活、养老福利机构用气等)占比超过 40% 的城镇燃气经营企业建设储气设施。

(4) 加大对储气设施投资企业融资支持力度。

积极支持符合条件的天然气销售企业和城镇天然气经营企业发行企业债券融资,拓宽融资渠道,增加直接融资规模。创新债券融资品种,支持储气设施建设项目发行项目收益债券。支持地方政府投融资平台公司通过发行企业债券筹集资金建设储气设施,且不受年度发债规模指标限制。

(5) 出台价格调节手段引导储气设施建设。

各级价格主管部门要进一步理顺天然气与可替代能源价格关系。推行非居民用户季节性差价、可中断气价等政策,鼓励用气峰谷差大的地方率先实施,引导用户削峰填谷。2015 年底前所有已通气城市均应按照我委印发的《关于建立健全居民生活用气阶梯价格制度的指导意见》的精神,建立起居民生活用气阶梯价格制度。对独立经营的储气设施,按补偿成本、合理收益的原则确定储气价格;对城镇天然气经营企业建设的储气设施,投资和运营成本纳入配气成本统筹考虑,并给予适当收益。

(6) 加大储气设施建设用地支持力度。

储气设施建设的项目用地可通过行政划拨、有偿出让或租赁等方式取得。对储气设施建设用地,有关方面要优先予以支持。

(7) 优化项目核准程序,提高核准效率。

地方投资部门要研究制定简化核准工作手续、优化核准工作程序、提高核准工作效率的具体办法,配合住建、国土、环保等部门,优化规划选址、用地、环评、初设等环节的审批程序,缩短办理时限。

(8) 在落实《国务院办公厅关于促进进出口稳增长、调结构的若干意见》(国办发

[2013] 83号) 有关政策过程中, 采取措施进一步加快推动储气设施建设。

(9) 继续执行现有支持大型储气库建设的有关政策, 进一步加大支持力度, 适时扩大适用范围。

有条件的地区可出台鼓励政策, 对储气设施建设给予一定的资金补助。

(10) 天然气销售企业在同等条件下要优先增加配建有储气设施地区的资源安排, 增供气量要与当地储气设施规模挂钩。

国家发展改革委
2014 年 4 月 5 日

8.2.3 天然气基础设施建设与运营管理办法

第一章 总 则

第一条 为加强天然气基础设施建设与运营管理, 建立和完善全国天然气管网, 提高天然气基础设施利用效率, 保障天然气安全稳定供应, 维护天然气基础设施运营企业和用户的合法权益, 明确相关责任和义务, 促进天然气行业持续有序健康发展, 制定本办法。

第二条 中华人民共和国领域和管辖的其他海域天然气基础设施规划和建设、天然气基础设施运营和服务, 天然气运行调节和应急保障及相关管理活动, 适用本办法。本办法所称天然气基础设施包括天然气输送管道、储气设施、液化天然气接收站、天然气液化设施、天然气压缩设施及相关附属设施等。城镇燃气设施执行相关法律法规规定。

第三条 本办法所称天然气包括天然气、煤层气、页岩气和煤制气等。

第四条 天然气基础设施建设和运营管理工作应当坚持统筹规划、分级管理、明确责任、确保供应、规范服务、加强监管的原则, 培育和形成平等参与、公平竞争、有序发展的天然气市场。

第五条 国家发展改革委、国家能源局负责全国的天然气基础设施建设和运营的管理工作。县级以上地方人民政府天然气主管部门负责本行政区域的天然气基础设施建设和运营的行业管理工作。

第六条 国家鼓励、支持各类资本参与投资建设纳入统一规划的天然气基础设施。国家能源局和县级以上地方人民政府天然气主管部门应当加强对天然气销售企业、天然气基础设施运营企业和天然气用户履行本办法规定义务情况的监督管理。

第七条 国家鼓励、支持天然气基础设施先进技术和装备的研发, 经验证符合要求的优先推广应用。

第二章 天然气基础设施规划和建设

第八条 国家对天然气基础设施建设实行统筹规划。天然气基础设施发展规划应当遵循因地制宜、安全、环保、节约用地和经济合理的原则。

第九条 国家发展改革委、国家能源局根据国民经济和社会发展总体规划、全国主体功能区规划要求, 结合全国天然气资源供应和市场需求情况, 组织编制全国天然气基础设施发展规划。省、自治区、直辖市人民政府天然气主管部门依据全国天然气基础设施发展规划并结合本行政区域实际情况，组织编制本行政区域天然气基础设施发展规划，并抄报国家发展改革委和国家能源局。天然气基础设施发展规划实施过程中，规划编制部门要加强跟踪监测，开展中期评估，确有必要调整的，应当履行原规划编制审批程序。

第十条 天然气基础设施发展规划应当包括天然气气源、供应方式及其规模，天然气消费现状、需求预测，天然气输送管道、储气设施等基础设施建设现状、发展目标、项目布局、用地、用海和用岛需求、码头布局与港口岸线利用、建设投资和保障措施等内容。

第十一条 天然气基础设施项目建设应当按照有关规定履行审批、核准或者备案手续。申请审批、核准或者备案的天然气基础设施项目应当符合本办法第九条所述规划。对未列入规划但又急需建设的项目，应当严格规范审查程序，经由规划编制部门委托评估论证确有必要的，方可履行审批、核准或者备案手续。未履行审批、核准或者备案手续的天然气基础设施项目不得开工建设。由省、自治区、直辖市人民政府审批或者核准的天然气基础设施项目的批复文件，应当抄报国家发展改革委。

第十二条 天然气基础设施建设应当遵守有关工程建设管理的法律法规的规定，符合国家有关工程建设标准。经审批、核准或者备案的天然气基础设施项目建设期间，原审批、核准或者备案部门可以自行组织或者以委托方式对审批、核准或者备案事项进行核查。

第十三条 经审批的天然气基础设施项目建成后，原审批部门应当按照国家有关规定进行竣工验收。经核准、备案的天然气基础设施项目建成后，原核准、备案部门可以自行组织或者以委托方式对核准、备案事项进行核查，对不符合要求的书面通知整改。项目单位应当按照国家有关规定组织竣工验收，并自竣工验收合格之日起三十日内，将竣工验收情况报原核准、备案部门备案。

第十四条 国家鼓励、支持天然气基础设施相互连接。相互连接应当坚持符合天然气基础设施发展规划、保证天然气基础设施运营安全、保障现有用户权益、提高天然气管道网络化水平和企业协商确定为主的原则。必要时，国家发展改革委、国家能源局和省、自治区、直辖市人民政府天然气主管部门给予协调。

第十五条 天然气基础设施发展规划在编制过程中应当考虑天然气基础设施之间的相互连接。互连管道可以作为单独项目进行投资建设，或者纳入相互连接的天然气基础设施项目。互连管道的投资分担、输供气和维护等事宜由相关企业协商确定，并应当互为对方提供必要的便利。天然气基础设施项目审批、核准的批复文件中应对连接方案提出明确要求。

第三章 天然气基础设施运营和服务

第十六条 天然气基础设施运营企业同时经营其他天然气业务的，应当建立健全财务制度，对天然气基础设施的运营业务实行独立核算，确保管道运输、储气、气化、液化、压缩等成本和收入的真实准确。

第十七条 国家能源局及其派出机构负责天然气基础设施公平开放监管工作。天然气基础设施运营企业应当按照规定公布提供服务的条件、获得服务的程序和剩余服务能力等信息，公平、公正地为所有用户提供管道运输、储气、气化、液化和压缩等服务。天然气基础设施运营企业不得利用对基础设施的控制排挤其他天然气经营企业；在服务能力具备的情况下，不得拒绝为符合条件的用户提供服务或者提出不合理的要求。现有用户优先获得天然气基础设施服务。国家建立天然气基础设施服务交易平台。

第十八条 天然气基础设施运营企业应当遵守价格主管部门有关管道运输、储气、气化等基础设施服务价格的规定，并与用户签订天然气基础设施服务合同。

第十九条 通过天然气基础设施销售的天然气应当符合国家规定的天然气质量标准，并符合天然气基础设施运营企业的安全和技术要求。天然气基础设施运营企业应当建立健全天然气质量检测制度。不符合前款规定的，天然气基础设施运营企业可以拒绝提供运输、储存、气化、液化和压缩等服务。全国主干管网的国家天然气热值标准另行制定。

第二十条 天然气基础设施需要永久性停止运营的，运营企业应当提前一年告知原审批、核准或者备案部门、供气区域县级以上地方人民政府天然气主管部门，并通知天然气销售企业和天然气用户，不得擅自停止运营。天然气基础设施停止运营、封存、报废的，运营企业应当按照国家有关规定处理，组织拆除或者采取必要的安全防护措施。

第二十一条 天然气销售企业、天然气基础设施运营企业和天然气用户应当按照规定报告真实准确的统计信息。有关部门应当对企业报送的涉及商业秘密的统计信息采取保密措施。

第四章 天然气运行调节和应急保障

第二十二条 县级以上地方人民政府天然气运行调节部门应当会同同级天然气主管部门、燃气管理部门等，实施天然气运行调节和应急保障。天然气销售企业、天然气基础设施运营企业和城镇天然气经营企业应当共同负责做好安全供气保障工作，减少事故性供应中断对用户造成的影响。

第二十三条 县级以上地方人民政府天然气运行调节部门应当会同同级天然气主管部门、燃气管理部门等，加强天然气需求侧管理。国家鼓励具有燃料或者原料替代能力的天然气用户签订可中断购气合同。

第二十四条 通过天然气基础设施进行天然气交易的双方，应当遵守价格主管部门有关天然气价格管理规定。天然气可实行居民用气阶梯价格、季节性差价、可中断气价等差别性价格政策。

第二十五条 天然气销售企业应当建立天然气储备，到2020年拥有不低于其年合同销售量10％的工作气量，以满足所供应市场的季节（月）调峰以及发生天然气供应中断等应急状况时的用气要求。城镇天然气经营企业应当承担所供应市场的小时调峰供气责任。由天然气销售企业和城镇天然气经营企业具体协商确定所承担的供应市场日调峰供气责任，并在天然气购销合同中予以约定。天然气销售企业之间因天然气贸易产生的天然气储备义务转移承担问题，由当事双方协商确定并在天然气购销合同中予以约定。天然气销售企业和天然气用户之间对各自所承担的调峰、应急用气等具体责任，应当依据本条规定，由当事双方协商确定并在天然气购销合同中予以约定。县级以上地方人民政府应当建立健全燃气应急储备制度，组织编制燃气应急预案，采取综合措施提高燃气应急保障能力，至少形成不低于保障本行政区域平均3天需求量的应急储气能力，在发生天然气输送管道事故等应急状况时必须保证与居民生活密切相关的民生用气供应安全可靠。

第二十六条 可中断用户的用气量不计入计算天然气储备规模的基数。承担天然气储备义务的企业可以单独或者共同建设储气设施储备天然气,也可以委托代为储备。国家采取措施鼓励、支持企业建立天然气储备,并对天然气储备能力达到一定规模的企业,在政府服务等方面给予重点优先支持。

第二十七条 天然气基础设施运营企业应当依据天然气运输、储存、气化、液化和压缩等服务合同的约定和调峰、应急的要求,在保证安全的前提下确保天然气基础设施的正常运行。

第二十八条 县级以上地方人民政府天然气运行调节部门、天然气主管部门、燃气管理部门应当会同有关部门和企业制定本行政区域天然气供应应急预案。天然气销售企业应当会同天然气基础设施运营企业、天然气用户编制天然气供应应急预案,并报送所供气区域县级以上地方人民政府天然气运行调节部门、天然气主管部门和燃气管理部门备案。

第二十九条 天然气销售企业需要大幅增加或者减少供气(包括临时中断供气)的,应当提前72h通知天然气基础设施运营企业、天然气用户,并向供气区域县级以上地方人民政府天然气运行调节部门、天然气主管部门和燃气管理部门报告,同时报送针对大幅减少供气(包括临时中断供气)情形的措施方案,及时做出合理安排,保障天然气稳定供应。天然气用户暂时停止或者大幅减少提货的,应当提前48h通知天然气销售企业、天然气基础设施运营企业,并向供气区域县级以上地方人民政府天然气运行调节部门、天然气主管部门和燃气管理部门报告。天然气基础设施运营企业需要临时停止或者大幅减少服务的,应当提前半个月通知天然气销售企业、天然气用户,并向供气区域县级以上地方人民政府天然气运行调节部门、天然气主管部门和燃气管理部门报送措施方案,及时做出合理安排,保障天然气稳定供应。因突发事件影响天然气基础设施提供服务的,天然气基础设施运营企业应当及时向供气区域县级以上地方人民政府天然气运行调节部门、天然气主管部门和燃气管理部门报告,采取紧急措施并及时通知天然气销售企业、天然气用户。

第三十条 县级以上地方人民政府天然气运行调节部门、天然气主管部门和燃气管理部门应当会同有关部门和企业对天然气供求状况实施监测、预测和预警。天然气供应应急状况即将发生或者发生的可能性增大时,应当提请同级人民政府及时发布应急预警。天然气基础设施运营企业、天然气销售企业及天然气用户应当向天然气运行调节部门、天然气主管部门报送生产运营信息及第二十九条规定的突发情形。有关部门应对企业报送的涉及商业秘密的信息采取保密措施。

第三十一条 发生天然气资源锐减或者中断、基础设施事故及自然灾害等造成天然气供应紧张状况时,天然气运行调节部门可以会同同级天然气主管部门采取统筹资源调配、协调天然气基础设施利用、施行有序用气等紧急处置措施,保障天然气稳定供应。省、自治区、直辖市天然气应急处理工作应当服从国家发展改革委的统一安排。天然气销售企业、天然气基础设施运营企业和天然气用户应当服从应急调度,承担相关义务。

第五章 法 律 责 任

第三十二条 对不符合本办法第九条所述规划开工建设的天然气基础设施项目,由项目核准、审批部门通知有关部门和机构,在职责范围内依法采取措施,予以制止。

第三十三条 违反本办法第十六条规定,未对天然气基础设施运营业务实行独立核算的，由国家能源局及其派出机构给予警告，责令限期改正。

第三十四条 违反本办法第十七条规定，拒绝为符合条件的用户提供服务或者提出不合理要求的，由国家能源局及其派出机构责令改正。违反《反垄断法》的，由反垄断执法机构依据《反垄断法》追究法律责任。

第三十五条 违反本办法第十八条规定的，由价格主管部门依据《价格法》、《价格违法行为行政处罚规定》等法律法规予以处罚。

第三十六条 违反本办法第二十条规定，擅自停止天然气基础设施运营的，由天然气主管部门给予警告，责令其尽快恢复运营；造成损失的，依法承担赔偿责任。

第三十七条 违反本办法第二十五条规定，未履行天然气储备义务的，由天然气主管部门给予警告，责令改正；造成损失的，依法承担赔偿责任。

第三十八条 违反本办法第二十九条规定的，由天然气运行调节部门给予警告，责令改正；造成损失的，依法承担赔偿责任。

第三十九条 相关主管部门未按照本办法规定履行职责的，对直接负责的主管人员和其他直接责任人员依法进行问责和责任追究。

第六章 附 则

第四十条 本办法中下列用语的含义是：

（一）天然气输送管道：是指提供公共运输服务的输气管道及附属设施，不包括油气田、液化天然气接收站、储气设施、天然气液化设施、天然气压缩设施、天然气电厂等生产作业区内和城镇燃气设施内的管道。

（二）液化天然气接收站：是指接收进口或者国产液化天然气（LNG），经气化后通过天然气输送管道或者未经气化进行销售或者转运的设施，包括液化天然气装卸、存储、气化及附属设施。

（三）储气设施：是指利用废弃的矿井、枯竭的油气藏、地下盐穴、含水构造等地质条件建设的地下储气空间和建造的储气容器及附属设施，通过与天然气输送管道相连接实现储气功能。

（四）天然气液化设施：是指通过低温工艺或者压差将气态天然气转化为液态天然气的设施，包括液化、储存及附属设施。

（五）天然气压缩设施：是指通过增压设施提高天然气储存压力的设施，包括压缩机组、储存设备及附属设施。

（六）天然气销售企业：是指拥有稳定且可供的天然气资源，通过天然气基础设施销售天然气的企业。

（七）天然气基础设施运营企业：是指利用天然气基础设施提供天然气运输、储存、气化、液化和压缩等服务的企业。

（八）城镇天然气经营企业：是指依法取得燃气经营许可，通过城镇天然气供气设施向终端用户输送、销售天然气的企业。

（九）天然气用户：是指通过天然气基础设施向天然气销售企业购买天然气的单位，包括城镇天然气经营企业和以天然气为工业生产原料使用的用户等，但不包括城镇天然气经营企业供应的终端用户。

（十）调峰：是指为解决天然气基础设施均匀供气与天然气用户不均匀用气的矛盾，采取的既保证用户的用气需求，又保证天然气基础设施安全平稳经济运行的供用气调度管理措施。

（十一）应急：是指应对处置突然发生的天然气中断或者严重失衡等事态的经济行动及措施。如发生进口天然气供应中断或者大幅度减少，国内天然气产量锐减，天然气基础设施事故，异常低温天气，以及其他自然灾害、事故灾难等造成天然气供应异常时采取的紧急处置行动。

（十二）可中断用户：是指根据供气合同的约定，在用气高峰时段或者发生应急状况时，经过必要的通知程序，可以对其减少供气或者暂时停止供气的天然气用户。

第四十一条 本办法由国家发展改革委负责解释。各省、自治区、直辖市可在本办法规定范围内结合本地实际制定相关实施细则。

第四十二条 本办法自 2014 年 4 月 1 日起实施。

8.2.4 关于加快储气设施建设和完善储气调峰辅助服务市场机制的意见

为认真践行习近平新时代中国特色社会主义思想，加快推进天然气产供储销体系建设，落实《中共中央国务院关于深化石油天然气体制改革的若干意见》（中发〔2017〕15号）要求，补足储气调峰短板，制定本意见。

1. 充分认识加快储气设施建设和完善储气调峰市场机制的必要性和紧迫性

截至目前，我国地下储气库工作气量仅为全国天然气消费量的 3%，国际平均水平为 12%～15%；液化天然气（以下简称 LNG）接收站罐容占全国消费量的 2.2%（占全国 LNG 周转量的约 9%），日韩为 15% 左右；各地方基本不具备日均 3 天用气量的储气能力。去冬今春全国较大范围内出现的天然气供应紧张局面，充分暴露了储气能力不足的短板。这已成为制约我国天然气产业可持续发展的重要瓶颈之一。

此外，储气和调峰机制上也存在诸多问题，制约天然气稳定安全供应。已有规定中储气责任界定不清，储气能力和调峰能力混淆，储气能力核定范围不明确，储气责任落实的约束力不够。辅助服务市场未建立，企业除在属地自建储气设施外，储气责任落实缺乏其他途径；支持政策不完善，峰谷差价等价格政策未完全落实，市场化、合同化的调峰机制远未形成，各类企业和用户缺乏参与储气调峰的积极性。

加强储气和调峰能力建设，是推进天然气产供储销体系建设的重要组成部分。天然气作为优质高效、绿色清洁的低碳能源，未来较长时间消费仍将保持较快增长。尽快形成与我国消费需求相适应的储气能力，并形成完善的调峰和应急机制，是保障天然气稳定供应，提高天然气在一次能源消费中的比重，推进我国能源生产和消费革命，构建清洁低碳、安全高效能源体系的必然要求。

2. 总体要求

以习近平新时代中国特色社会主义思想为指导，全面贯彻党的十九大和十九届二中、三中全会精神，统筹推进"五位一体"总体布局、协调推进"四个全面"战略布局，落实党中央、国务院关于深化石油天然气体制改革的决策部署和加快天然气产供储销体系建设的任务要求，遵循能源革命战略思想，着力解决天然气发展不平衡不充分问题，加快补足储气能力短板，明确政府、供气企业、管道企业、城镇燃气企业和大用户的储气调峰责任与义务，建立和完善辅助服务市场机制，形成责任明确、各方参与、成本共担、机制顺畅、灵活高效的储气调峰体系，为将天然气发展成为我国现代能源体系中的主体能源之一提供重要支撑。

3. 基本原则

明确责任划分。供气企业和管道企业承担季节（月）调峰责任和应急责任。其中，管道企业在履行管输服务合同之外，重在承担应急责任。城镇燃气企业承担所供应市场的小时调峰供气责任。地方政府负责协调落实日调峰责任主体，供气企业、管道企业、城镇燃气企业和大用户在天然气购销合同中协商约定日调峰供气责任。坚持市场主导，推进天然气价格市场化，全面实行天然气购销合同。储气服务（储气设施注采、存储服务等）价格和储气设施天然气购销价格由市场竞争形成。构建储气调峰辅助服务市场机制，支持企业通过自建合建、租赁购买储气设施，或者购买储气服务等手段履行储气责任。

加强规划统筹。建立以地下储气库和沿海 LNG 接收站储气为主，重点地区内陆集约、规模化 LNG 储罐应急为辅，气田调峰、可中断供应、可替代能源和其他调节手段为补充，管网互联互通为支撑的多层次储气调峰系统。

严格行业监管。加强对违法违规、履责不力行为的约谈问责、惩戒查处和通报曝光。将各地和有关企业建设储气设施、保障民生用气、履行合同等行为分别纳入政府及油气行业信用体系建设和监管范畴。

4. 主要目标

（1）储气能力指标。

供气企业应当建立天然气储备，到 2020 年拥有不低于其年合同销售量 10% 的储气能力，满足所供应市场的季节（月）调峰以及发生天然气供应中断等应急状况时的用气要求。

县级以上地方人民政府指定的部门会同相关部门建立健全燃气应急储备制度，到 2020 年至少形成不低于保障本行政区域日均 3 天需求量的储气能力，在发生应急情况时必须最大限度保证与居民生活密切相关的民生用气供应安全可靠。北方供暖的省（区、市）尤其是京津冀大气污染传输通道城市等，宜进一步提高储气标准。城镇燃气企业要建立天然气储备，到 2020 年形成不低于其年用气量 5% 的储气能力。不可中断大用户要结合购销合同签订和自身实际需求统筹供气安全，鼓励大用户自建自备储气能力和配套其他应急措施。

以上各方的储气指标不得重复计算。2020 年以后各方储气能力配套情况，按以上指标要求，以当年实际合同量或用气量为基数进行考核。作为临时性过渡措施，目前储气能力不达标的部分，要通过签订可中断供气合同，向可中断用户购买调峰能力来履行稳定供气的社会责任。同时，各方要根据 2020 年储气考核指标和现有能力匹配情况，落实差额部分的储气设施建设规划及项目，原则上以上项目 2018 年要全部开工。

（2）指标核定范围。

储气指标的核定范围包括：一是地下储气库（含枯竭油气藏、含水层、盐穴等）工作气量；二是沿海 LNG 接收站（或调峰站、储配站等，以下统称 LNG 接收站）储罐罐容（不重复计算周转量）；三是陆上（含内河等）具备一定规模，可为下游输配管网、终端气化站等调峰的 LNG、CNG 储罐罐容（不重复计算周转量，不含液化厂、终端气化站及瓶组站、车船加气站及加注站)等。合资建设的储气设施,其储气能力可按投资比例分解计入相应出资方的考核指标,指标认定的具体方案应在相关合同或合作协议中明确约定。可中断合同供气、高压管存、上游产量调节等不计入储气能力。

5. 重点任务

(1) 加强规划统筹,构建多层次储气系统。

加大地下储气库扩容改造和新建力度。各企业要切实落实国家天然气发展专项规划等对地下储气库工作气量的约束性指标要求。加快全国地下储气库的库址筛选和评估论证,创新工作机制,鼓励各类投资主体参与地下储气库建设运营。加快LNG接收站储气能力建设。鼓励多元主体参与,在沿海地区优先扩大已建LNG接收站储转能力,适度超前新建LNG接收站。以优化落实环渤海地区LNG储运体系实施方案为重点,尽快完善全国的LNG储运体系。推动LNG接收站与主干管道间、LNG接收站间管道互联,消除"LNG孤站"和"气源孤岛"。LNG接收站要形成与气化能力相配套的外输管道。鼓励接收站增加LNG槽车装车撬等,提高液态分销能力。统筹推进地方和城镇燃气企业储气能力建设。针对地方日均3天需求量、城镇燃气企业年用气量5%的储气能力落实,各省级人民政府指定的部门要统筹谋划,积极引导各类投资主体通过参与LNG接收站、地下储气库等大型储气设施建设来履行储气责任(含异地投资、建设);在此基础上,结合本地实际情况适度、集约化的建设陆上LNG、CNG储配中心,确保储气能力达标。县级以上地方人民政府或其指定的部门要在省级规划统筹的基础上,将储气设施建设纳入本级规划体系,明确储气设施发展目标、项目布局和建设时序,制定年度计划。

全面加强基础设施建设和互联互通。基础设施建设和管网互联互通两手抓,加快完善和优化全国干线管网布局,消除管输能力不足和区域调运瓶颈的制约。加快管网改造升级,协调系统间压力等级,实现管道双向输送,最大限度发挥应急和调峰能力。县级以上人民政府指定的部门要加强规划统筹和组织协调,会同相关部门保障互联互通工程实施以及储气设施就近接入输配管网,并推动省级管网与国家干线管道互联互通。

(2) 构建规范的市场化调峰机制。

以购销合同为基础规范天然气调峰。全面实行天然气购销合同管理,供用气双方签订的购销合同原则上应明确年度供气量、分月度供气量或月度不均衡系数、最大及最小日供气量等参数,并约定双方的违约惩罚机制。鼓励企业采购LNG现货、签订分时购销合同(调峰合同),加强用气高峰期天然气供应保障。超出合同的需求原则上由用气方通过市场化采购等方式解决,但应急保供情况下供气方和管道企业在能力范围内须予以支持并可获得合理收益,额外产生的费用由用气方承担。供气方不能履行合同供应,用气方外采气量超额支出原则上由供气企业承担。积极推行天然气运输、储存、气化、液化和压缩服务的合同化管理。基础设施使用方应与运营方签订服务合同,合理预定不同时段、不同类型的管输服务等。设施使用及运营方应共同加强用气曲线的科学预测,提高基础设施运营效率。设施运营方不能履行服务合同的,保供支出(含气价和服务收费)超出正常市场运行的部分原则上由设施运营方承担。基础设施尚有剩余能力,且存在第三方需求时,基础设施运营企业应以可中断、不可中断等多样化服务合同形式,无歧视公平开放基础设施并可获得合理收益。

(3) 构建储气调峰辅助服务市场。

自建、合建、租赁、购买等多种方式相结合履行储气责任。鼓励供气企业、管输企业、城镇燃气企业、大用户及独立第三方等各类主体和资本参与储气设施建设运营。支持企业通过自建合建储气设施、租赁购买储气设施或者购买储气服务等方式，履行储气责任。支持企业异地建设或参股地下储气库、LNG接收站及调峰储罐项目。

坚持储气服务和调峰气量市场化定价。储气设施实行财务独立核算，鼓励成立专业化、独立的储气服务公司。储气设施天然气购进价格和对外销售价格由市场竞争形成。储气设施经营企业可统筹考虑天然气购进成本和储气服务成本，根据市场供求情况自主确定对外销售价格。鼓励储气服务、储气设施购销气量进入上海、重庆等天然气交易中心挂牌交易。峰谷差大的地方，要在终端销售环节积极推行季节性差价政策，利用价格杠杆"削峰填谷"。坚持储气调峰成本合理疏导。城镇区域内燃气企业自建自用的储气设施，投资和运行成本纳入城镇燃气配气成本统筹考虑，并给予合理收益。城镇燃气企业向第三方租赁购买的储气服务和气量，在同业对标、价格公允的前提下，其成本支出可合理疏导。鼓励储气设施运营企业通过提供储气服务获得合理收益，或利用天然气季节价差获取销售收益。管道企业运营的地下储气库等储气设施，实行第三方公平开放，通过储气服务市场化定价，获得合理的投资收益。支持大工业用户等通过购买可中断气量等方式参与调峰，鼓励供气企业根据其调峰作用给予价格优惠。

（4）加强市场监管，构建规范有序的市场环境。

各地在授予或变更特许经营权时，应将履行储气责任、民生用气保障等作为重要的考核条件，对存在不按规定配套储气能力、连年气荒（或供气紧张）且拒不签订购销合同等行为的城镇燃气企业，应要求其加强整改直至按照《城镇燃气管理条例》等法律法规吊销其经营许可，收回特许经营权，淘汰一批实力差、信誉低、保供能力不足的城镇燃气企业。供气企业储气能力不达标且项目规划不落地、不开工、进度严重滞后的，视情研究核减该企业的天然气终端销售比例，核减的气量须井口、接收站转卖给无关联第三方企业，不得一体化运营进入中下游或终端销售。对供气企业利用产业链优势，强行转嫁储气调峰责任的，各类企业在用气高峰期存在实施价格垄断协议、滥用市场支配地位等垄断行为的，各类企业不制定不落实应急预案的，以及管道企业、基础设施运营企业不提供公开公平的接入标准和服务的要加大查处和通报力度。

（5）加强储气调峰能力建设情况的跟踪调度，对推进不力、违法失信等行为实行约谈问责和联合惩戒。国家发展改革委、能源局会同相关部门对储气调峰能力建设情况等进行跟踪检查，视情对工作推进不力的政府部门、企业及相关责任人约谈曝光。加强对各地和有关企业建设储气设施、保障民生用气、履行合同等情况的信用监管。对未能按照规定履行储备调峰责任的企业、出现较大范围恶意停供居民用气的企业，根据情形纳入石油天然气行业失信名单，对严重违法失信行为依法实施联合惩戒。有关信用信息归集至全国信用信息共享平台，经主管部门认定后，相应纳入城市信用监测和石油天然气行业失信联合惩戒范畴，通过"信用中国"网站向社会公布。

6. 保障措施

（1）强化财税和投融资支持。研究对地下储气库建设的垫底气采购支出给予中央财政补贴，对重点地区应急储气设施建设给予中央预算内投资补助支持。在第三方机构评估论证基础上，研究液化天然气接收站项目进口环节增值税返还政策按实际接卸量执行。支持地方政府、金融机构、企业等在防范风险基础上创新合作机制和投融资模式,创新和灵活运用贷款、基金、租赁、证券等多种金融工具,积极推广政府和社会资本合作(PPP)等方式,吸引社会资本参与储气设施建设运营。

(2)强化用地保障,加快项目推进。各企业要切实加快国家规划的地下储气库、LNG接收站及配套管道建设,各省(区、市)相关部门要给予大力支持。各省(区、市)相关部门要做好本地区应急储气设施建设规划与土地利用、城乡建设等规划的衔接,优化、简化审批手续,优先保障储气设施建设用地需求。各级管道企业要优先满足储气设施对管网的接入需求。鼓励储气设施集约运营、合建共用,支持区域级、省级应急储气中心建设,减少设施用地,降低运行成本。

(3)深化体制机制改革,强化政策配套。加快放开储气地质构造的使用权,配套完善油气、盐业等矿业权的租赁、转让、废弃核销机制以及已开发油气田、盐矿的作价评估机制。鼓励油气、盐业企业利用枯竭油气藏、盐腔(含老腔及新建)与其他主体合作建设地下储气库。严格执行管道第三方公平准入,加快LNG接收站第三方开放。加强天然气管道输配价格管理和成本监审,输配价格偏高的要尽快降低。鼓励有条件的地区先行放开大型用户终端销售价格。探索储气服务两部制定价,适时推进天然气热值计价。鼓励用户自主选择资源方和供气路径、形式,大力发展区域及用户双气源、多气源供应。加强储气领域技术和装备创新,推动出台小型LNG船舶在沿海、内河运输,以及LNG罐箱多式联运等方面的相关法规政策。天然气、燃气相关标准规范中关于储气调峰的相关规定,有冲突的以本意见为准。

(4)加强应急保障,确保运营安全。县级以上人民政府指定的部门应建立完善重大突发情况下的天然气保障应急预案,建立联动应急机制。在重大突发情况下,由地方政府指定的部门启动应急预案,相关方应给予配合。建立应急保供的责任划分和成本分担机制,应急调度过程中发生的气量采购、基础设施服务等成本,原则上由高出合同量的用气方、低于合同量的供气方、基础设施服务的违约方等按责任比例或全额承担,保供方可获得合理收益。天然气领域从业企业要严格履行安全生产主体责任,严格执行相关技术、工程、安全标准规范,加强检查巡查,及时排查处置安全隐患,确保设施安全运行。

(5)加强宣传引导。各方要利用多种媒介,主动宣传天然气季节性供需现状,积极回应社会关切,加强政策解读。加强经验总结和典型示范,推广复制成功经验,积极营造良好有利的社会环境和氛围。

7. 附则

本《意见》中供气企业是指从事天然气销售业务,直接与城镇燃气企业、其他终端用户(不含城镇燃气企业终端用户)签订购销合同的企业。其中,自主拥有国产或进口气源且气源销售未实行财务独立核算的各类企业视为供气企业,其全部的自产、进口气量纳入该企业当年销售合同量核定。供气企业是子公司、分公司的,可纳入母公司、总公司等整体考核。

8.2.5 关于统筹规划做好储气设施建设运行的通知

发改办运行〔2018〕563号

各省、自治区、直辖市发展改革委、经信委（工信委、工信厅）、能源局，中国石油天然气集团有限公司、中国石油化工集团公司、中国海洋石油集团有限公司：

今年以来，各地区、有关部门和企业深入贯彻落实习近平总书记重要指示批示精神和李克强总理等中央领导同志一系列批示要求，加快推进天然气产供储销体系建设，迅速展开储气设施规划编制实施。但一些地区对储气设施建设的实现方式在理解上还不全面，出现储气设施规划布局小而散、投资运营效率明显偏低等问题，为指导各地和有关企业加强统筹规划、合理布局，优化投资运行管理方式，科学地补上储气能力不足的短板，切实防范地方债务风险，结合我委印发的《关于加快储气设施建设和完善储气调峰辅助服务市场机制的意见》，现就有关事项通知如下：

（1）加强储气设施建设统筹规划、合理布局。各地要以省级为单位在2018年上半年制定储气设施建设专项规划，根据本区域储气设施建设需要、管网建设联通等实际情况，因地制宜，合理布局，科学选址，集中建设为主，加快推进地下储气库、沿海LNG接收站和重点地区集约、规模化LNG储罐建设，避免分散建设、"遍地开花"。对没有气源保障条件的地区，要科学地论证建设或合作、购买储气设施的方式。鼓励建设供储结合的储气设施，提高设施利用率。鼓励根据天然气需求规模持续提升的情况，一次规划、集中布局，预留足够建设用地，分期分批扩建，不断满足储气能力增长的需要。

（2）鼓励通过多种方式满足储气能力要求。鼓励地方通过自建、合资、参股等方式集中建设储气设施。合资建设的储气设施，储气能力可按投资比例分解计入相应出资方的考核指标，指标认定的具体方案应在相关合同或合作协议中明确约定。支持通过购买、租赁储气设施或者购买储气服务等方式，履行储气责任。鼓励天然气管网互联互通的地区在异地投资或参股建设储气设施，具备管网联通条件的内陆地区通过合资、参股等方式参与沿海大型LNG接收站建设。

（3）切实防范地方政府债务风险。对储气能力项目建设，要按照尽力而为、量力而行的原则，充分论证、科学决策，对建设规划的制定实施、建设项目的审批、投资计划的编制执行从严把关，提高项目建设运行效率，降低综合成本，提升储气设施项目经济性。

（4）加快办理项目核准和建设手续。各地对于已规划建设的储气设施，要在确保项目安全和质量的前提下，依法依规简化项目核准和建设程序。对于审批涉及部门多的项目，必要时可通过联审联批形式缩短项目核准和建设周期，加快办理各项审批手续。

（5）促进储气设施与天然气管网统筹协调运行。中石油、中石化、中海油要签订协议落实天然气互联互通商务模式，在保供期间确保跨省长输管道在具有剩余能力的情况下相互开放、LNG接收站实现对各方LNG资源的全国调度与联保联供，并建立天然气资源采购协调机制，定期沟通资源缺口与采购安排，促进储气设施与天然气管网在保供期间统筹协调运行。

（6）加强建设运行监管。各地天然气、城市燃气主管部门要对储气设施开工建设、按计划建成投运开展全面监管，按时达到储气能力要求。各地运行部门要做好储气设施运行监测，保持在役储气设施处于正常运行状态。已建成储气设施的相关信息要及时上报，国家发展改革委、国家能源局将委托第三方信用机构加强储气设施建设运营情况信用监管，不定期抽查核查，对发现没有达到实际要求的严肃问责。

各地区、各有关企业要认真贯彻落实党中央、国务院决策部署，以高度负责的态度，统筹规划、合理布局、优化投资建设运行管理方式，科学高效推进储气设施建设。

国家发展改革委办公厅
2018 年 5 月 16 日

8.2.6 陕西省人民政府办公厅转发省发展改革委关于加快构建全省天然气稳定供应长效机制实施意见的通知

各设区市人民政府，省人民政府各工作部门、各直属机构：

省发展改革委《关于加快构建全省天然气稳定供应长效机制的实施意见》已经省政府同意，现转发给你们，请认真贯彻执行。

陕西省人民政府办公厅
2014 年 7 月 10 日

关于加快构建全省天然气稳定供应长效机制的实施意见

省发展改革委

为了落实国家关于建立天然气稳定供应长效机制总体要求，不断提升我省天然气保障供应能力，确保天然气供需平衡与长期稳定供应，结合我省实际，提出以下实施意见。

(1) 增强天然气保供能力。落实好国家关于鼓励天然气开发的政策措施，优先做好天然气生产保障工作，努力增加天然气供应。加大常规天然气和煤层气、页岩气等非常规油气资源勘探开发，加强油田伴生气回收利用，合理规划、有序推进我省煤制天然气项目，研究生物能制气开发，力求通过多种途径解决气源保障问题，力争 2020 年以前全省煤制气产能达到 100 亿 m^3，天然气供应能力达到 300 亿 m^3。

(2) 建立有序用气机制。按照量入为出、供需平衡、民生优先的原则，加强天然气需求侧管理，进一步规范用气秩序。结合国家天然气商品量平衡计划，制订下达我省年度供气计划和有序用气方案，加强民生用气与非民生用气之间用气调度，优化天然气使用方式，做好天然气与其他能源的统筹平衡，确保新型城镇化发展中居民用气、天然气分布式能源项目用气、集中供热用气、车用燃气等民生用气安全稳定供应。

(3) 有序推进"煤改气"工程。落实《陕西省"治污降霾·保卫蓝天"五年行动计划(2013～2017 年)》有关加快燃煤锅炉拆改、推进清洁能源替代的部署要求，根据我省天然气资源保障情况和各市用气计划，科学组织实施年度"煤改气"工程。加快推动拆改燃煤锅炉的天然气替代工作，争取到 2017 年关中地区新增"煤改气"工程用气 10 亿 m^3。

(4) 加快储气调峰设施建设。落实国家发展改革委《关于加快推进储气设施建设的指导意见》精神，积极做好"削峰填谷"引导工作。支持鼓励各类市场主体依法平等参与储气调峰设施投资、建设和运营。按照至少形成不低于保障本地区用气高峰期间平均 3 天以上用气需求量的要求，推进西安等峰谷差较大城市应急储气设施建设。优先支持天然气销售企业和所供区域用气峰谷差超过 3∶1、民生用气占比超过 40％的城镇燃气经营企业建设储气设施。支持符合条件的天然气销售企业和城镇天然气经营企业发行债券筹集资金用于储气设施建设。对储气设施建设用地优先予以支持，对独立经营的储气设施，按照补偿成本、合理收益的原则确定储气价格。

（5）建立监测、预警和监管机制。加快建立天然气资源供求监测和预测、预警制度，加强天然气供求信息分析，及时协调处置天然气供应风险。完善城镇燃气经营企业信息系统，全面掌握市场用户及用气结构。建立重点城市高峰时段每日天然气信息统计制度，按要求报送国务院能源主管部门。加强对天然气销售企业和城镇燃气经营企业落实合同和保障民生用气情况的监督管理，做好天然气合同备案管理，督促各方严格履行天然气购销合同和供气、用气合同。严禁在未明确落实气源情况下，批复包括 LNG 在内的非民生用气项目。科学制订并严格执行天然气应急预案及"压非保民"措施，防止因无序推进"煤改气"等影响民生用气。

（6）稳步推进天然气领域改革。按照国家部署，有序推进我省油气勘探开发体制改革，探索推进油气领域混合所有制经济发展；落实好我省天然气管网和 LNG 接收、存储设施向第三方公平接入、公平开放的政策措施，推动大用户直供气改革，有效解决燃气特许经营变为垄断经营问题。深化天然气价格改革，适时出台我省天然气门站价格及下游市场价格调整方案。理顺车用天然气与汽柴油的比价关系，落实居民生活用气阶梯价格制度；研究推行非居民用户季节性差价、可中断气价等价格政策。

（7）切实加强组织领导。各市（区）要高度重视天然气供应工作，进一步加强监管，落实主体责任，统筹做好调度，督促城市燃气企业抓好调峰设施建设，增强应急保障能力。天然气生产销售企业要按照长供有规划、增供按计划、供需签合同的要求，做好天然气供应保障工作。各级发展改革和能源主管部门要加强综合协调，做好天然气年度供需平衡，强化日常运行监管，及时研究解决天然气供需矛盾，完善年度供暖高峰期应急预案。其他有关部门要密切配合，按照职能分工，抓紧细化相关政策措施，协同做好相关工作，确保取得实效。

附录1：LNG站储罐吊装方案

1. LNG站储罐吊装施工组织

（1）施工组织机构

施工组织见附表1-1。

施工组织机构　　　　　　　　　　　　　　　　附表1-1

序号	项目	姓名	单位	职务
1	现场总指挥			
2	安装指挥			
3	安全监护			
4	起重指挥			
5	安全监督			
6				
7				

1）现场总指挥职责：主要负责吊装现场总协调工作，包括主次吊车的位置停放、罐车的进场顺序及停放位置、吊装人员的分工安排、吊车人员与安装人员的协调等工作。

2）安装指挥职责：主要负责储罐的就位、储罐找正、储罐固定等工作。

3）起重指挥职责：主要负责吊车的指挥，包括吊车的停放、吊绳的安装、起吊、落吊、拆卸吊绳等工作。

4）安全监护职责：主要负责吊装现场秩序的维护、吊装安全工作的监督等工作。

5）安全监督职责：主要核查操作人员的作业资质，确保持证上岗，设置警戒区域严禁无关人员进入作业区域。

（2）工程概况

工程概况见附表1-2。

工程概况　　　　　　　　　　　　　　　　附表1-2

设备名称	外形尺寸（mm）	数量（个）	重量（t）	备注

（3）吊装作业描述（略）

（4）设备现场吊装程序

设备现场吊装程序见附图1-1。

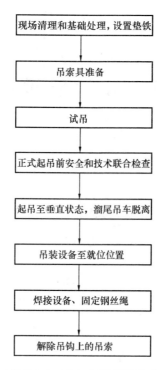

附图 1-1　设备现场吊装程序

（5）LNG 储罐吊装准备

包含：吊装参数、LNG 储罐的吊装方法、吊装计算书具体吊装操作、劳动力计划。

（6）吊装机具计划

吊装机具计划见附表 1-3。

吊装机具计划　　　　　　　　　　附表 1-3

序号	机具名称	规格型号	单位	数量	备注
1					
2					
3					
4					

（7）安全技术措施

1) 施工前确认吊装单位的吊装资质、吊车操作人员上岗资格证，吊车检验证件和车辆检验证件，并确认以上证件是否有效，并复印存档。

2) 坚决执行相关操作规程，正确使用个人防护用品和安全防护措施，进入施工现场必须戴安全帽，禁止穿拖鞋或光脚，在没有防护设施的高空、陡坡施工，必须系安全带。

3) 吊装安装前应对全体人员进行详细的安全交底和安全培训，明确施工区和生产区安全要求，车辆行驶路线和停放位置，参加施工的人员明确分工，并结合现场具体情况提出保证安全施工的要求。上下交叉作业，要做到"三不伤害"，距地面 1m 以上作业要有安全防护措施，如消防栓、路灯杆等。

4) 高空作业要系好安全带，地面作业人员要戴好安全帽，高空作业人员的手用工具袋，在高空传递时不得扔掷。

5) 吊装作业场所要有足够的吊运通道，并与附近的设备、建筑物保持一定的安全距离，在吊装前应先进行一次低位置的试吊，以验证其安全牢固性，吊装的绳索应用软材料垫好或包好，以保证构件与连接绳索不致磨损。构件起吊时吊索必须绑扎牢固，绳扣必须在吊钩内锁牢，严禁用板钩钩挂构件，构件稳定前不准上人。

6) 吊机吊装区域内，非操作人员严禁入内，拨杆垂直下方不准站人。吊装时操作人员精力要集中并服从指挥号令，严禁违章作业。起重作业应做到"十不吊"：

① 斜吊不吊；
② 超载不吊；
③ 捆扎不牢不吊；
④ 指挥信号不明不吊；
⑤ 物边缘锋利无防护措施不吊；
⑥ 吊物上站人不吊；
⑦ 六级以上强风不吊；
⑧ 安全装置不灵不吊；
⑨ 光线不明看不清物体不吊；
⑩ 埋在地下的构件不吊。

7) 参加安装的各专业工种必须服从现场统一指挥，负责人在发现违章作业时要及时劝阻，对不听劝阻继续违章操作者应立即停止其工作。

8) 吊车站位的地基应进行铺垫石块并碾压牢实，然后铺垫钢板，加大吊车支腿受力面积，确保吊车的稳定。

9) 设备吊装用的索具，使用前应进行检查，如有破损，严禁使用。

10) 大型设备吊装前应进行试吊，将设备提离地面 0.3m 时，进行全面检查，确认无问题后，方可正式起吊。

11) 吊装作业区域设警示标志，无关人员不得进入吊装现场。

12) 五级以上大风和雷雨天气严禁设备吊装。

13) 高空作业人员必须进行施工前身体检查。

14) 吊臂下严禁站人。

2. 储罐吊装方案

(1) 编制说明

为了安全进行 LNG 储罐的吊装，特以 100m³ 储罐为例编制吊装方案。

(2) 储罐的主要参数

设备直径：ϕ3520mm。

设备高度：16976mm。

设备重量：38t。

(3) 吊装设备与人员

主吊机：150t 汽车吊。

辅吊机：50t 汽车吊。

附图 1-2 是吊装设备示意图。

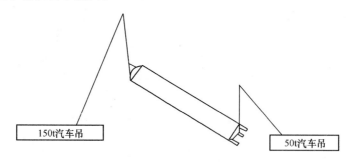

附图 1-2　吊装设备示意图

吊装人员组成：

吊装总指挥：1 人。

现场负责人：1 人。

吊装指挥：1 人。

司索人员：1 人。

配合人员：3～5 人。

安全员：1 人。

（4）设备吊装参数的选定

1）吊装参数（附表 1-4）

吊装参数　　　　　　　　　　　　　　　附表 1-4

吊机型号	工作半径	额定提升力	杆长
150t 汽车吊	8m	40t	30.8m

2）额定提升力验算：

$$W = W_1 + W_2$$

式中　W_1——设备净重，38000kg；

　　　W_2——吊装索具重量，1000kg。

$$W = 39000 \text{kg}$$

吊机额定提升力＝40000kg＞39000kg

吊机吊装参数选用符合吊装要求。

3）设备吊装点的选定

主吊机吊点选在设备顶部吊耳处，辅吊机吊点选在设备支腿部位。

4）吊装高度计算

罐长度：约 18m。

基础高度：1.5m。

吊索具长度：＜10m。

总高度：29.5m＜30.8m，符合要求。

5）储罐吊耳受力计算

详见设备制造厂家资料。

6) 钢丝绳的选择

钢丝绳受力：

吊装钢丝绳选用 $6\times37\times32-1700$，捆绑采用两侧出头，每侧两根，

每根钢丝绳受力：$T_1=39000/2/2=9750$kg

查表得知，当公称抗拉强度为 1700MPa 时，6×37-直径 32mm 钢丝绳的破断拉力总和为 856kN

钢丝绳的容许拉力：$T=P/K\times C$

式中　P——钢丝绳破断拉力总和；

　　　K——钢丝绳的安全系数，$K=6$；

　　　C——换算系数；$C=0.82$。

钢丝绳的容许拉力：$T=856/6\times0.82=116.99$kN$=11699$kg

钢丝绳实际受力：$T_1=9750$kg<11699kg

故钢丝绳选用符合安全要求。

7) 设备吊装步骤

① 先将 150t 位置站好，尽量靠近设备基础，然后把罐车移至正确位置，同时摆好 50t 吊车。

② 设备移至吊装点，吊车站位好后，按照要求绑扎钢丝绳，然后进行试吊。试吊时检查吊车的支腿站位是否稳固，吊索具受力是否均衡。

③ 设备缓缓起吊，先用两台吊车将设备抬起后，罐车开走，利用 150t 汽车吊与溜尾 50t 汽车吊配合将罐直立后，50t 吊车脱钩，过程中要统一指挥，使两台吊车均匀受力。将罐吊至安装位置上空，按照设备的安装方位缓慢下放，穿好螺栓，找正并紧固螺母。

④ 待设备固定后松钩，吊车复位，准备第二台储罐的吊装。

8) 吊车摆位与支撑

① 吊车车尾在 1 号、2 号基础中间，距离基础中心点 8m 位置（如附图 1-3 示）。

② 主吊车四支腿下面在地面上先垫枕木，枕木上铺钢板（20mm 厚钢板面积约 2m²，每支脚承受力约为 30t，按此计算地面承受力为 1.5kgf/cm²）。

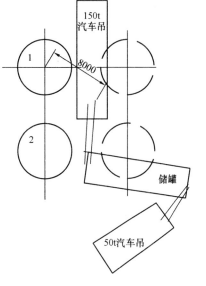

附图 1-3　吊装平面图

③ 地基处理，先将地面压实后垫上 50～60cm 厚石头，再用 20t 压路机反复压实，以保证地面承受力。

9) 车辆进退场路线

根据现场实际情况确定。

10) 吊装安全注意事项

① 检查吊装场地是否已压实；

② 移位或吊装时要听从统一指挥，不得擅自作业；
③ 作业和指挥人员必须持证上岗；
④ 吊装前检查吊索具是否完好；
⑤ 所有进入吊装现场的人员必须佩戴安全帽；
⑥ 与吊装无关的人员不得进入吊装现场。

附录2：LNG预冷方案

LNG是低温、易燃易爆介质，预冷是LNG站投入运营前的一个重要环节。在投入使用前，站内低温设施需要作好各种检验和测试工作，提前发现问题，解决存在隐患，确保投产安全。

1. 预冷目的

检验和测试低温设备和管道的低温性能，包括：

（1）检查低温设备、材料，如储罐、管道、管件、法兰、阀门、管托、仪表等的产品质量。

（2）检验焊接质量。

（3）检验管道冷缩量和管托支撑变化。

（4）检验低温阀门的密封性。

（5）使储罐达到工作状态，测试储罐真空性能，为储罐输入LNG做准备。

（6）熟悉生产工艺流程及培训生产管理和操作人员。

2. 预冷范围

包括LNG低温储罐、储罐自增压器、卸车增压器、空温式气化器及卸车区、储罐区、气化区的低温液相、气相管道、管件、法兰、阀门和仪表等。

3. 预冷人员组织架构图

预冷人员组织架构图见附图2-1。

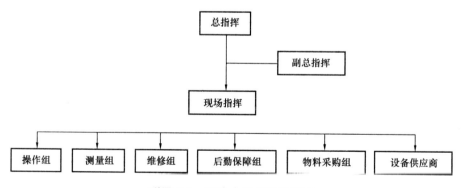

附图2-1 预冷人员组织架构图

4. 工作职责

（1）总指挥由建设单位人员担任，人员1名，工作职责为负责整个预冷和置换工程的指挥，重大事项的决策等；

（2）副总指挥由施工单位人员担任，人员1名，工作职责为配合总指挥做相关的协调、指挥工作，与现场指挥制定预冷和置换工艺流程、操作方案、紧急情况处理方案等；

（3）现场指挥由建设单位人员担任，人员1名，工作职责为与副总指挥制定预冷和置

217

换工艺流程、操作方案、紧急情况处理方案，现场指挥建设单位和施工单位的人员实施方案等；

（4）操作组由建设单位人员组成，人员数量根据操作方案的要求确认，工作职责为熟悉、掌握预冷、置换工艺流程和执行操作方案的操作步骤、要求等；

（5）测量组由建设单位和施工单位人员组成，人员数量根据操作方案的要求确认，工作职责为测量氧气浓度、LNG 储罐外壁温度、LNG 储罐溢流口露点温度、低温工艺管道保温支撑位移、LNG 储罐的垂直度和沉降，法兰连接部位、低温阀门密封部位和低温管线丝口连接部位的泄漏测量等；

（6）维修组由施工单位人员担任，人员数量根据操作方案的要求确认，工作职责为处理预冷、置换过程中的各种异常情况等；

（7）后勤保障组由建设单位人员组成，人员数量根据操作方案的要求确认，工作职责为联系当地医院，在预冷、置换过程中配合医院处理冻伤事故等；

（8）物料采购组由建设单位人员组成，人员数量根据操作方案的要求确认，工作职责为联系预冷、置换用低温液氮和各设备供应商，采购预冷、置换用仪器、劳动防护用品等，仪器主要为氧气分析仪、红外线温度探测仪等，劳动防护用品主要为低温手套、安全帽等；

（9）设备供应商工作职责为配合建设单位和施工单位进行预冷、置换工作，处理和判断预冷、置换过程中设备出现的各类异常情况等。

5. 预冷所需物资

（1）低温液氮。

（2）露点仪、便携式测温仪、便携式氧气分析仪、水平仪。

（3）铜制紧固工具、检漏用肥皂水。

（4）预冷人员所需工作服、工作鞋、安全帽、防冻手套。

（5）对讲机。

6. 预冷前准备工作

（1）LNG 站现场除保冷工程外所有工程必须全部完成，包括土建工程、安装工程、消防系统、自控系统及配电系统等。

（2）LNG 站所有设备的单项调试以及整个系统的调试已经完成，防雷、防静电等各类测试必须合格。

（3）整个工艺系统的强度试验、气密性试验和用洁净无油的压缩空气吹扫须合格。

（4）储罐和管道的安全阀、压力表须安装完成且校验合格。

（5）LNG 储罐真空度由供应商检测合格并提供记录。

（6）各设备供应商在预冷和置换期间必须到达现场。

（7）建设单位、监理单位和施工单位组织人员根据施工图纸在现场检查施工质量、施工内容，对存在问题及时整改。

（8）检查阀门，确认所有阀门处于关闭状态。

（9）确认储罐 EAG 放散系统畅通。

（10）所有安全阀根部阀，储罐降压调节阀的前后阀开启。

（11）所有压力表根部阀全部开启。储罐液位计根部阀、气液平衡阀开启。

(12) 用干燥氮气置换管道内的空气，防止预冷时阀门处有凝结水而冻住阀门。

7. 制定操作方案

建设单位、监理单位和施工单位组织人员根据预冷和置换范围，制定详细、准确、可行的预冷和置换工艺流程和操作方案。

置换要求：用低温氮气对低温储罐、管线进行吹扫，进一步去除水分并置换空气，检验标准是使用露点仪在排放口及储罐测满阀出口检测置换气体温度达到－40～－30℃时为合格。

预冷原则：预冷时储罐和管道温度要逐步降低，避免急冷，防止温度骤降对设备和管件造成损伤。根据有关的操作经验，冷却速率在50℃/h比较安全。

液氮预冷时需要通过储罐的气相管放空低温氮气，低温氮气可以通过与其他储罐相连的气相管道，对其他储罐进行预冷，以节约液氮。

预冷主要步骤：

(1) 低温氮气预冷

1) 检查卸车软管状况，管内应无雨水、垃圾等杂物。软管与槽车连接并检查连接是否牢固。

2) 将槽车压力升高，打开槽车气相阀门，检查软管连接处有无泄漏。

3) 向储罐内缓慢冲入低温氮气，待储罐压力上升至 0.2MPa 时关闭卸车台进液阀门，储罐保冷 15min 后打开储罐气相手动放空阀，排空氮气。升降压反复进行。

4) 判断储罐内部温度，通过测满阀放出气体，用温度计测定温度达到－100℃左右时气体预冷工作完成。（无法测量温度时，以阀门出口凝霜为依据）

(2) 低温液氮预冷

1) 将储罐压力放空至微正压，关闭下部进液阀。关闭液位计平衡阀，使用液位计。

2) 缓慢打开槽车液相阀至较小开度，使液氮从储罐上进液管线缓慢进入。控制卸车台阀门开度使压力保持在 0.3MPa。储罐压力升高至 0.2～0.3MPa 时要及时关闭卸车台阀门，打开储罐气相手动放空泄压。反复进行此操作。

3) 通过测满阀放出气体，测量温度达到一定温度或液位计有液位指示，可缓慢打开储罐下进液管线，采用上、下进液管线同时进液。进液过程中要密切观察记录储罐压力，防止压力升高。压力升高要及时关闭下部进液阀。用手感觉储罐外体温度，确认储罐无问题。

4) 储罐的液位计达到一定值时，进液结束。

5) 进液任务完成后，关闭槽车液相阀门，向储罐回收卸液管线。

6) 关闭槽车阀门及卸车台卸液阀门，卸下软管，注意轻拿轻放，人员要躲开。

7) 关闭储罐气相手动放空阀、储罐下部进液阀。储罐上部进液阀，待进液管道恢复常温后再关闭。

8) 利用储罐内的液氮对增压器、空温式气化器及其低温管道进行预冷。

(3) 预冷时安全注意事项

1) 在密闭空间内液氮吸收外部热量将会导致压力急剧上升，因此，在操作中要注意阀门关闭顺序，严禁出现低温液体被封闭的状况。

2) 注意检查软管连接处是否出现泄漏，人员应远离此处。

附录2：LNG预冷方案

3）注意观察管道及储罐压力上升情况。

4）注意检查安全阀后有无结霜情况。

（4）预冷时的检查内容

1）检查低温材料有没有低温开裂现象。

2）检查低温管道焊接部位有无裂纹，特别是法兰焊接部位。

3）检查管道冷缩量和管托支撑变化。

4）检查低温阀门的密封性和灵活性，检查是否冻住。

5）检查法兰连接部位是否泄漏，螺栓是否因冷缩而使预紧力减小。

6）液氮在储罐内放置2~3d。观察液位变化及压力上升情况。并检测储罐预冷前后储罐真空度的变化，对储罐性能作出评价。

（5）方案同时应包含以下方面：

1）制定低温管线、储罐增压器、空温式气化器、低温储罐的预冷和置换工艺流程。

2）制定低温管线、储罐增压器、空温式气化器、低温储罐的预冷和置换时阀门操作流程。

3）制定预冷和置换时各低温设备和阀门、测量仪表的操作规程。

4）制定常温管线和常温设备的置换工艺流程。

5）制定常温管线和常温设备时阀门操作流程。

附录 3：LNG 厂站日常巡查记录样表

见附表 3-1～附表 3-3。

日常巡查记录表　　　　　　　　　　　附表 3-1

序号	项目	检查项目	巡查情况	备注
1	储罐	液位计、压力表显示是否正常、罐体外表面有无结露现象		
2	氮气系统	压力是否正常、液氮罐外壳有无结露现象		
3	空温式气化器	压力是否正常、有无泄漏、结霜是否正常		
4	BOG 压缩机	水压、油压是否正常、机身各接口有无泄漏、有无异声		
5	现场仪表	显示是否正常、清晰		
6	安全阀	工作是否正常、根部阀是否常开状态、校验标牌铅封是否完好		
7	紧急切断阀	阀位是否正常、仪表接口是否泄漏、电磁阀是否泄漏		
8	阀门	开关是否灵活、有无怀疑内漏、有无明显外漏、指示牌是否完好		
9	流量计	运行是否正常、表头显示是否正常、有无异声		
10	加臭撬	运行是否正常、臭剂储量是否充足、有无明显泄漏		
11	调压撬	各调压器进出口压力是否正常、有无喘动等异声		
12	管路系统	有无明显变形、有无结霜、支架是否完好，法兰接口，是否泄漏		
13	仪表风系统	是否运行正常、压力是否正常，接口有无泄漏		
14	站控系统	控制柜、工控机运行是否正常		
15	天然气发电机组	燃气气压、冷却水水位是否正常，蓄电池电量是否正常		
16	柴油发电机组	柴油油位、冷却水水位是否正常，蓄电池电量是否正常		
17	消防系统	水压是否正常、运行是否正常		
18	柴油消防泵	柴油油位、冷却水水位是否正常，蓄电池电量是否正常		
19	灭火器	是否缺失、压力是否正常、软管有无老化		
20	消防栓柜	消防水带、扳手是否完整无缺失		
21	配电系统	各配电柜显示正常、工作正常		
22	照明系统	各照明设备工作正常		
23	汽车衡	秤台是否灵活，无杂物		
24	CCTV 及安防系统	各画面显示是否正常、是否处于录像状态、是否能正常布防		
25	热水炉系统	出入水口温度是否正常，控制部分设备是否处于工作状态，循环泵电机运转是否正		

日期：　　　　　　　　　　时间：　　　　　　　　巡查人员：

附录3：LNG厂站日常巡查记录样表

LNG瓶组站巡查记录表　　　　　　　　　　　　　　　　　　　附表3-2

站址：

项目		子项									
日　期											
时　间											
1号LNG钢瓶		外观									
		安全阀									
		压力									
2号LNG钢瓶		外观									
		安全阀									
		压力									
3号LNG钢瓶		外观									
		安全阀									
		压力									
4号LNG钢瓶		外观									
		安全阀									
		压力									
低温液相路		压力									
		安全阀									
BOG路		压力									
LNG气化器		外观									
		出口温度									
		出口安全阀									
BOG气化器		外观									
		出口温度									
		出口安全阀									
调压器		主路									
		BOG路									
加臭系统		状态									
出站		压力									
阀门		状态									
泄漏测量		环境									
		工艺									
消防设施											
站内设施安全											
周围环境											
巡检人员											
生产主管											
备注：		正常情况的打"√"；无或异常情况的打"×"，并在备注栏注明，汇报主管处理									

附录3：LNG厂站日常巡查记录样表

LNG汽车槽卸气记录表

附表3-3

年　月

日期	入站时间	出站时间	来货单位	车号	司承人	来货数量(t)			实收数量(t)			结算数量(t)	卸入罐号(号)	储罐液位(kPa)		回车压力(MPa)	当时气温(℃)	卸气人
						总重	皮重	净重	总重	皮重	净重			充液前	充液后			

附录4：LNG站操作运行记录样表

见附表4-1～附表4-9。

LNG站工艺参数报警数据设置　　　　　　　　　附表4-1

序号	控制参数名称	低限值	高限值	备注
1	气化器出气温度			
2	气化器回水温度			
3	1号LNG储罐压力			
4	2号LNG储罐压力			
5	1号LNG储罐液位			
6	2号LNG储罐液位			
7	混合气出站热值			
8	混合气出站压力			
9	气化器液位高限报警			
10	气化器水流中断报警			

注：1. 以上各参数报警设置数据要严格按此执行，不要随意更改。
2. 在生产操作过程中要定期检查各参数设置是否正确，如不正常，要马上纠正。
3. 生产控制参数由公司统一制定，下发执行。

附录4：LNG站操作运行记录样表

LNG站运行记录表　　　　　　　　　　　　　　　　　　附表 4-2

受控文件号：

年　月　日											早班：　　　中班：　　　夜班：									
时间	1号LNG储罐		2号LNG储罐		LNG气化器			调压系统		BOG气化器			流量计					加臭剂量	热值仪 热值	氮气系统		环境气温
	压力	液位	压力	液位	入口压力	出口温度		入口压力	出口压力	入口压力	出口压力	出口温度	总流量	标况流量	工况流量	压力	温度	出站压力		高压	低压	
	MPa	kPa	MPa	kPa	MPa	℃	MPa	MPa	MPa	MPa	MPa	℃	MPa	m³	m³/h	m³/h	MPa	℃	MPa	mg/m³ / kJ/m³	MPa	MPa	℃
8：00																							
9：00																							
10：00																							
11：00																							

225

附录4：LNG站操作运行记录样表

发电机运行记录表

附表 4-3

日期：　　　　　操作人：　　　　　开机原因：

开机前检查与准备

最近充电时间	蓄电池		油罐		润滑油位	水位	盘车	调速把手位置	发电机送电开关指向	配电房转换开关指向	配电房负载开关指向	备注
	待机电压(V)	接入发电机开关指向	储油量	油罐开关								

运行步骤与检查

开机时间	运行时间(min)	油压(MPa)	油温(℃)	水温(℃)	发电机输出电压(V)	发电机输出频率(Hz)	发电机送电开关指向	配电房输入电压(V)	配电房负载开关指向	运行状态

停机步骤与检查

发电机送电开关指向	调速把手位置	配电房负载开关指向	配电房转换开关指向	紧急停机	油罐开关	油罐储油量	润滑油位	水位	蓄电池	
									待机电压(V)	接入发电机开关指向

附录4：LNG站操作运行记录样表

LNG 站交接班记录表　　　　　　　　　　　　　　附表 4-4

年　　月　　　　　班别：　　　　　当班：　　　　　接班人：

	事项	当班人确认				接班人确认	
		合计数量		起止时段		符合	不符合
一	生产操作情况						
1	LNG 卸气	车	kg	时至	时		
2	出站压力、温度读数	MPa	℃	时止			
3	NG 供气量	m³	kg	时至	时		
4	LNG 充瓶	瓶	kg	时至	时		
5	LNG 库存	1号罐：　　kPa	kg	时止			
		2号罐：　　kPa	kg	时止			
		总库存：	kg	时止			
二	燃气设备运行情况	□　正常		□　异常			
三	消防设施情况	□　正常		□　异常			
四	电气照明设施情况	□　正常		□　异常			
五	治安防卫情况	□　正常		□　异常			
六	环境清洁情况	□　正常		□　异常			
七	工器具保管情况	□　正常		□　异常			
八	异常情况说明及处理的措施						
九	不符合情况说明						
十	其他交接事宜						

注：交接时间在上班前 10min 进行，交接人员必须双方一同到现场核对，未经双方确认签字，交班者不得擅自离站。

227

附录4：LNG站操作运行记录样表

气化站燃气系统泄漏测量记录表　　　　附表4-5

序号	区域	设备名称	密封点部位	工作介质	静密封点(个)	动密封点(个)	总密封点(个)	泄漏点数(个)	检查人	检查日期
	LNG卸车台	卸车增压系统	卸车增压器液相软管法兰	LNG						
			卸车增压器液相操作阀	LNG						
			卸车增压器液相口法兰	LNG						
			卸车增压器气相口法兰	NG						
			卸车增压器气相安全阀及根部阀（各1个）	NG						
			卸车增压器气相操作阀	NG						
			卸车增压器气相软管法兰	NG						
	LNG储罐区	LNG储罐进液总管	安全阀及根部阀（各1个）	LNG						
			手动放散阀	LNG						
			进液总管与出液总管连通阀（2个）	LNG						
		1号LNG储罐	储罐进液操作阀	LNG						
			储罐上进液根部阀	LNG						
			储罐下进液根部阀	LNG						
			储罐进液紧急切断阀	LNG						
			储罐进液管安全阀及根部阀（各2个）	LNG						
			储罐出液根部阀	LNG						
			储罐出液操作阀	LNG						
			储罐出液紧急切断阀	LNG						
			储罐出液管安全阀及根部阀（各2个）	LNG						
			储罐增压液相根部阀	LNG						
			储罐增压液相安全阀及根部阀（各1个）	LNG						
			储罐增压液相手动放散阀	LNG						
			储罐增压液相操作阀	LNG						
			储罐增压液相口法兰	LNG						
			储罐增压气相口法兰	NG						
			储罐增压自动调压阀（共2个）	NG						
			储罐增压手动操作阀	NG						
			储罐增压气相安全阀及根部阀（各1个）	NG						
			储罐增压气相根部阀	LNG						
			卸车增压器气相压力表及根部阀（各1个）	NG						
			储罐BOG根部阀	BOG						
			储罐降压自动调压阀	BOG						
			储罐降压手动操作阀	BOG						
			储罐降压出口操作阀	BOG						
	小计		—	—						

受控文件号：

气化站燃气系统泄漏测量记录表

附表 4-6

序号	区域	设备名称	密封点		静密封点（个）	动密封点（个）	总密封点（个）	泄漏点数（个）	检查人	检查日期
			密封点部位	工作介质						
		1号LNG储罐	储罐降压系统安全阀及根部阀（各1个）	BOG						
			储罐EAG根部阀	NG						
			储罐EAG安全阀（共2个）及根部三通转换阀（1个）	NG						
			储罐EAG手动放散阀	NG						
			储罐测满管检查阀	LNG						
			储罐液位计、压力表及阀门管件	LNG						
			储罐液位、压力变送器及阀门管件	LNG						
	LNG储罐区	2号LNG储罐	储罐进液操作阀	LNG						
			储罐上进液根部阀	LNG						
			储罐下进液根部阀	LNG						
			储罐进液紧急切断阀	LNG						
			储罐进液管安全阀及根部阀（各2个）	LNG						
			储罐出液根部阀	LNG						
			储罐出液操作阀	LNG						
			储罐出液紧急切断阀	LNG						
			储罐出液管安全阀及根部阀（各2个）	LNG						
			储罐增压液相根部阀	LNG						
			储罐增压液相安全阀及根部阀（各1个）	LNG						
			储罐增压液相手动放散阀	LNG						
			储罐增压液相操作阀	LNG						
			储罐增压器液相口法兰	LNG						
			储罐增压器气相口法兰	NG						
			储罐增压自动调压阀（共2个）	NG						
			储罐增压手动操作阀	NG						
			储罐增压气相安全阀及根部阀（各1个）	NG						
			储罐增压气相根部阀	LNG						
			卸车增压器气相压力表及根部阀（各1个）	NG						

附录4：LNG站操作运行记录样表

续表

序号	区域	设备名称	密封点部位	工作介质	静密封点（个）	动密封点（个）	总密封点（个）	泄漏点数（个）	检查人	检查日期
	LNG储罐区	2号LNG储罐	储罐BOG根部阀	BOG						
			储罐降压自动调压阀	BOG						
			储罐降压手动操作阀	BOG						
			储罐降压出口操作阀	BOG						
			储罐降压系统安全阀及根部阀（各1个）	BOG						
			储罐EAG根部阀	NG						
			储罐EAG安全阀（共2个）及根部三通转换阀（1个）	NG						
小计			—				—			

受控文件号：

气化站燃气系统泄漏测量记录表　　　　　　　　　　附表4-7

序号	区域	设备名称	密封点部位	工作介质	静密封点（个）	动密封点（个）	总密封点（个）	泄漏点数（个）	检查人	检查日期
	LNG储罐区	2号LNG储罐	储罐EAG手动放散阀	NG						
			储罐测满管检查阀	LNG						
			储罐液位计、压力表及阀门管件	LNG						
			储罐液位、压力变送器及阀门管件	LNG						
	LNG气化区	LNG储罐出液总管	安全阀及根部阀（各1个）	LNG						
			手动放散阀	LNG						
			出液总管供液预留阀	LNG						
		BOG气化器	BOG总管安全阀及根部阀（各1个）	BOG						
			BOG总管放散阀	BOG						
			BOG总管压力表及根部阀（各1个）	BOG						
			BOG气化器进气阀	BOG						
			BOG气化器进气口法兰	BOG						
			BOG气化器出气口法兰	NG						
			BOG气化器出口安全阀及根部阀（各1个）	NG						

附录4：LNG站操作运行记录样表

续表

序号	区域	设备名称	密封点		静密封点（个）	动密封点（个）	总密封点（个）	泄漏点数（个）	检查人	检查日期
			密封点部位	工作介质						
	LNG气化区	BOG气化器	BOG气化器出口放散阀	NG						
			BOG气化器出气阀	BOG						
			BOG气化器出口压力表及根部阀（各1个）	NG						
			BOG气化器出口温度表	NG						
		LNG气化系统	LNG气化器进液总管压力表及根部阀（各1个）	LNG						
			1号LNG气化器进液阀	LNG						
			1号LNG气化器进液口法兰及排污口法兰（各1个）	LNG						
			1号LNG气化器出气口法兰	NG						
			1号气化器出口安全阀及根部阀（各1个）	NG						
			1号气化器出口放散阀	NG						
			1号气化器出气阀	NG						
			2号LNG气化器进液阀	LNG						
			2号LNG气化器进液口法兰及排污口法兰（各1个）	LNG						
			2号LNG气化器出气口法兰	NG						
			2号气化器出口安全阀及根部阀（各1个）	NG						
			2号气化器出口放散阀	NG						
			2号气化器出气阀	NG						
			3号LNG气化器进液阀	LNG						
			3号LNG气化器进液口法兰及排污口法兰（各1个）	LNG						
			3号LNG气化器出气口法兰	NG						
	小计		—	—						

受控文件号：

气化站燃气系统泄漏测量记录表

附表 4-8

序号	区域	设备名称	密封点		工作介质	静密封点(个)	动密封点(个)	总密封点(个)	泄漏点数(个)	检查人	检查日期
			密封点部位								
		LNG气化系统	3号气化器出口安全阀及根部阀（各1个）		NG						
			3号气化器出口放散阀		NG						
			3号气化器出气阀		NG						
			LNG气化器出气总管温度计		NG						
			LNG气化器出气总管预留口盲板		NG						
	LNG气化区	NG调压系统	LNG气化器出气总管压力表及根部阀（各1个）		NG						
			BOG气化器出气总管压力表及根部阀（各1个）		NG						
			LNG气化器出气调压旁通阀		NG						
			BOG气化器出气调压旁通阀		NG						
			1号高中压调压阀进气阀		NG						
			1号高中压调压阀过滤器		NG						
			1号高中压调压阀		NG						
			1号高中压调压阀出气阀		NG						
			2号高中压调压阀进气阀		NG						
			2号高中压调压阀过滤器		NG						
			2号高中压调压阀		NG						
			2号高中压调压阀出气阀		NG						
			BOG气化器出气高中压调压阀进气阀		NG						
			BOG气化器出气高中压调压阀过滤器		NG						
			BOG气化器出气高中压调压阀		NG						
			BOG气化器出气高中压调压阀出气阀		NG						
			NG出站安全阀及根部阀（各1个）		NG						
			NG出站总管放散阀		NG						

续表

序号	区域	设备名称	密封点部位	工作介质	静密封点(个)	动密封点(个)	总密封点(个)	泄漏点数(个)	检查人	检查日期
	LNG充瓶间	LNG充瓶装置	LNG充瓶液相总阀	LNG						
			LNG充瓶液相压力表及根部阀（各1个）	LNG						
			LNG充瓶BOG总阀	NG						
			LNG充瓶BOG压力表及根部阀（各1个）	NG						
			LNG充瓶进液操作阀（共2个）	LNG						
			LNG充瓶进液管与BOG系统连通阀（共2个）	LNG						
			LNG充瓶BOG操作阀（共2个）	NG						
			LNG充瓶EAG放散阀（共2个）	NG						
	中控室	热值仪	热值仪进气管线管件	NG						
			减压阀	NG						
			压力表	NG						
	小计		—	—						

受控文件号：

气化站燃气系统泄漏测量记录表　　　　附表 4-9

序号	区域	设备名称	密封点部位	工作介质	静密封点(个)	动密封点(个)	总密封点(个)	泄漏点数(个)	检查人	检查日期
	LNG储罐区	管道及附件工艺焊接	1号LNG储罐自增压器管路焊缝	LNG						
			1号LNG储罐液位计管路焊缝	NG						
			2号LNG储罐进液管路焊缝	LNG						
			2号LNG储罐出液管路焊缝	LNG						
			2号LNG储罐BOG管路焊缝	NG						
			2号LNG储罐EAG管路焊缝	NG						
			2号LNG储罐增压液相管路焊缝	LNG						
			2号LNG储罐增压气相管路焊缝	NG						
			2号LNG储罐自增压器管路焊缝	LNG						
			2号LNG储罐液位计管路焊缝	NG						

附录4：LNG 站操作运行记录样表

续表

序号	区域	设备名称	密封点		工作介质	静密封点（个）	动密封点（个）	总密封点（个）	泄漏点数（个）	检查人	检查日期
			密封点部位								
	LNG 气化区	管道及附件工艺焊接	BOG 气化器管路焊缝		NG						
			BOG 气化器出口调压管路焊缝		NG						
			BOG 气化器出口调压旁通管路焊缝		NG						
		管道及附件工艺焊接	LNG 气化器进液管焊缝		LNG						
			1 号 LNG 气化器管路焊缝		LNG						
			2 号 LNG 气化器管路焊缝		LNG						
			3 号 LNG 气化器管路焊缝		LNG						
			LNG 气化器出气总管焊缝		NG						
			NG 调压管路及旁通管路焊缝		NG						
	LNG 卸气台	管道及附件工艺焊接	卸车增压器管路焊缝		LNG						
			卸车增压液相管路焊缝		LNG						
			卸车增压气相管路焊缝		NG						
			卸车 BOG 管路焊缝		NG						
	LNG 充瓶间	管道及附件工艺焊接	LNG 充瓶液相总管焊缝		LNG						
			LNG 充瓶 BOG 管路焊缝		NG						
	小计		—		—						
	合计		—		—						

受控文件号：

附录5：LNG站设备维护记录样表

见附表5-1~附表5-4。

保养申请单（通知单） 附表5-1

表单编号：

设备名称		设备工艺编号		规格型号	
管理单位				申报日期	
保养要求	□立即处理	□近日保养	□停机保养	□其他	
设备状况					
保养方法					
	更换备件名			数量	
预计保养时间					

申请人： 管理部门： 保养部门：

故障维修申请单（通知单） 附表5-2

表单编号：

设备名称		规格型号		设备工艺编号	
使用单位				报修日期	
维修要求	□立即处理	□保养时	□停机维修	□其他	
故障现象					
故障原因分析					
维修方法					
	更换备件名			数量	
预计维修时间					

申请人： 管理部门： 维修部门：

附录5：LNG站设备维护记录样表

保 养 记 录				附表 5-3
设备工艺编号	设备名称		设备型号	安装位置
				设备安装具体位置
设备保养原因	填写保养要求			
	巡检人员：		年 月 日	
保养内容	详细填写保养情况			
	保养人员：		年 月 日	
保养周期		下次保养日期		
验收结果	填写合格或不合格，不合格填写原因及需跟进内容			
	验收人员：		年 月 日	

维修记录表				附表 5-4
设备工艺编号	设备名称		设备型号	安装位置
				设备安装具体位置
设备故障记录	详细填写故障情况			
	巡检人员：		年 月 日	
维修措施	详细填写故障维修情况			
	维修人员：		年 月 日	
验收结果	填写合格或不合格，不合格填写原因及需跟进内容			
	验收人员：		年 月 日	

附录 6：LNG 站设备维护保养计划样表

(1) 设备维护计划（附表 6-1、附表 6-2）。

年度维护计划

附表 6-1

设备名称	1月份	2月份	3月份	4月份	5月份	6月份	7月份	8月份	9月份	10月份	11月份	12月份
常温及低温管线	保温处理	防腐处理	防腐处理					全面检查				
LNG 低温储罐			防腐处理						真空检查			
空温式气化器				全面检查								全面检查
水浴式加热器						全面检查						
天然气缓冲罐						全面检查						
掺混橇					全面检查							
调压器									全面检查		全面检查	
流量计							校验					
安全阀	校验											
压力变送器				校验						校验		全面检查
压力表				校验								
温度变送器										校验		全面检查
温度开关										全面检查		

各月份检修计划台账

附录6：LNG站设备维护保养计划样表

续表

各月份检修计划台账

设备名称	1月份	2月份	3月份	4月份	5月份	6月份	7月份	8月份	9月份	10月份	11月份	12月份
温度表											校验	
增压调节阀					全面检查							
液位变送器								全面检查				
差压变送器								全面检查				
仪表风系统及减压过滤器		全面检查										
可燃气体浓度探测器			全面检查						全面检查			
火焰探测器			全面检查						全面检查			
常温阀门					全面检查							
低温阀门		全面检查			全面检查							
柴油发电机							全面检查					
空气压缩机	防腐处理							全面检查			全面检查	
干燥机	防腐处理										全面检查	
热水锅炉	防腐处理										全面检查	
PLC系统						全面检查						
消防系统			全面检查						全面检查			全面检查
配电系统					全面检查						全面检查	
加臭系统												全面检查
热值仪										全面检查		
踏步支架	防腐处理	防腐处理	防腐处理	防腐处理								

附录6：LNG站设备维护保养计划样表

月度维护计划

附表 6-2

设备名称	第一周	第二周	第三周	第四周
铝封	运行、检测维护保养（周一~周二）			
阀门开关牌	检查、测试及维护保养（周四~周六）			
天然气漏点			泄漏点检查（周一~周二）	
远传仪表		校对数据（周一~周二）	检查、校对（周四~周五）	
仪表风系统		泄漏、压力及减压过滤器检查		
柴油发电机		运行、检查		运行、检查保养
紧急切断阀			检查（周一）	
热水锅炉系统			清洁、检查维护保养	运行、检查保养
PLC系统		检查、测试及维护保养	检查、测试及维护保养	
消防系统	检查、测试及维护保养			
配电系统				检查、测试及维护保养

注：1. 所有检修保养计划都要严格按照月度记录表上的检查要求详细及时的实行，按照要求做好检查记录和跟进检修保养记录；如遇特殊原因检查日期向后顺延；
2. 当涉及安全阀、压力表的校验时，应于月初开始进行，完成时间视相关检测部门的进度，在完成相应校验后应最迟3天内完成安装及泄漏、信号传输等检查。

附录6：LNG站设备维护保养计划样表

(2) 运行及设备维护记录。
1) 生产设备月度检查表（附表6-3～附表6-9）。

配电间电气检查记录

附表 6-3

配电间电气检查记录 DP2 配电柜

	指示灯状态		电流表状态			电压表状态		
	合闸指示	分闸指示	A相(A)	B相(A)	C相(A)	AB相(V)	BC相(V)	CA相(V)
市电电源指示								
电容补偿情况			电流表状态			电压表状态		
			A相(A)	B相(A)	C相(A)	AB相(V)	BC相(V)	CA相(V)

双刀刀开关状态

	发电	合闸指示	分闸指示
市电	合		分

DP3 配电柜

电容补偿开关状态

	手动	合闸指示	分闸指示
自动	停		

	备用	指示灯状态	
		合闸指示	分闸指示
保护开关状态	合		分

2号干燥器

电源开关状态	指示灯状态	
	合闸指示	分闸指示
合		分

1号空压机

保护开关状态	指示灯状态	
	合闸指示	分闸指示
合		分

1号干燥器

电源开关状态	指示灯状态	
合	合闸指示	分闸指示

2号空压机

保护开关状态	指示灯状态	
合	合闸指示	分闸指示

DP4 配电柜

	备用	指示灯状态	
电源开关状态		合闸指示	分闸指示
合	分		

保护开关状态	指示灯状态	
合	合闸指示	分闸指示

附录6：LNG站设备维护保养计划样表

续表

DP5配电柜

	气压给水设备									3号消防泵								
	备用				2号消防泵				消防泵控制电源				1号消防泵				备用	
电源开关状态		保护开关状态		指示灯状态		电源开关状态		保护开关状态		指示灯状态		电源开关状态		保护开关状态		指示灯状态		
合	分	合	分	合闸指示	分闸指示	合	分	合	分	合闸指示	分闸指示	合	分	合	分	合闸指示	分闸指示	

DP6配电柜

发电机组					2号燃气热水炉				
电源及保护开关状态		指示灯状态			电源开关状态		保护开关状态		指示灯状态	
合	分	合闸指示	分闸指示		合	分	合	分	合闸指示	分闸指示

241

附录6：LNG站设备维护保养计划样表

续表

DP6 配电柜

	1号燃气热水炉				备用				潜水排污泵			
电源开关状态	保护开关状态		指示灯状态		电源开关状态	保护开关状态	指示灯状态		电源开关状态	保护开关状态	指示灯状态	
			合闸指示	分闸指示			合闸指示	分闸指示			运行指示	电源指示
合	分				合	分			合	合	运行指示	电源指示

	门卫照明				本室照明				综合楼空调			
电源开关状态	保护开关状态	指示灯状态		电源开关状态	保护开关状态	指示灯状态		电源开关状态	保护开关状态	指示灯状态	
		合闸指示	分闸指示			合闸指示	分闸指示			运行指示	电源指示
合	分			合	分			合	合	运行指示	电源指示

	综合楼照明				发电间应急灯（东）			发电间应急灯（西）			消防泵房应急灯	
电源开关状态	保护开关状态	指示灯状态		主电源状态	照明灯测试		主电源状态	照明灯测试		主电源状态	照明灯测试	
		合闸指示	分闸指示	正常	正常	异常	正常	正常	异常	正常	正常	异常
合	分											

DP7 配电柜

电伴热带

	1号循环热水泵			2号屋顶风机			2号循环热水泵			备用（屋顶风机）		
电源开关状态	电源开关状态	指示灯状态		电源开关状态	指示灯状态		电源开关状态	指示灯状态		电源开关状态	指示灯状态	
		运行指示	电源指示		合闸指示	分闸指示		运行指示	电源指示		运行指示	电源指示
合	合			合			合			合		

	1号循环热水泵			2号屋顶风机		
电源开关状态	指示灯状态		电源开关状态	指示灯状态		
	运行指示	电源指示		运行指示		
合			合			

附录6：LNG站设备维护保养计划样表

续表

仪表电源						1号屋顶风机				
电源开关状态		保护开关状态		指示灯状态		电源开关状态		保护开关状态		指示灯状态
合	分	合	分	合闸指示	分闸指示	合	分	合	分	运行指示 电源指示
备用										选择开关
电源开关状态		保护开关状态		指示灯状态						自动 手动
合	分	合	分	合闸指示	分闸指示					

发电机电瓶

电压（DCV）	电解液高度		电瓶连接柱腐蚀情况	
	正常	异常	正常	异常

备注：

说明：1. 配电间电气检查频率为4次/月。 2. 设备故障时在备注栏中填写相关情况，同时在工作跟进记录中填写处理情况

现场检查人员：　　　　　检查日期：　　　　　中控室当值班长：　　　　　主管审核：

附表6-4 远传仪表校对记录

仪表编号	现场数据	远传数据	误差数值	仪表编号	现场数据	远传数据	误差数值	备注
PT1101				TT3101				
PT1102				TT3102				
PT1103				TT3103				

说明：1. 中控室当值班长与现场检查人员配合，中控室当值班长填写相应数据。 2. 发现较大差异或设备故障时在备注栏中填写好相关情况，同时在工作跟进记录中填写处理情况

现场检查人员：　　　　　中控室当值班长：　　　　　检查日期：　　　　　主管审核：

附录6：LNG站设备维护保养计划样表

附表 6-5

铅封情况维护记录

区域	设备系统	具体位置	铅封是否完好	备注
储罐区	1号储罐	储罐根部阀铅封		
		储罐安全阀根部阀铅封		
	2号储罐	储罐根部阀铅封		
		储罐安全阀根部阀铅封		
	储罐自增压系统	增压管线安全阀根部铅封		
		1号增压器安全阀根部铅封		
		2号增压器安全阀根部铅封		
		3号增压器安全阀根部铅封		
气化区	BOG气化器区	BOG气化器进口安全阀根部铅封		
		BOG气化器出口安全阀根部铅封		
	LNG气化器区	101进液总管安全阀根部铅封		
		102出液总管安全阀根部铅封		
掺混区	缓冲罐	缓冲罐顶部安全阀根部铅封		
	出站总管	出站总管控制阀旁通阀铅封		
辅助用房区	消防水泵房	手动卸压阀铅封		
		泡沫发生器控制阀旁通阀铅封		
		消防稳压罐充气阀铅封		

说明：1. 检查人员应去现场逐一查看，并在相应表格中做好记录。2. 遇到缺少的铅封应及时补上并在跟进记录中做好相应记录。3. 如遇设备检修而破坏铅封的，应在备注栏中注明，并对其进行及时跟进，等此设备检修完毕及时挂上铅封，并在跟进记录中做好记录

现场检查人员：　　　　　　　　　　　检查日期：　　　　　　　　　　　主管审核：

附录6：LNG站设备维护保养计划样表

阀门开关牌维护记录

附表6-6

区域	具体位置	开关牌是否完整	开关指示是否正确	备注
储罐区	1号储罐			
储罐区	2号储罐			
储罐区	储罐自增压系统			
气化区	BOG气化器区			
气化区	LNG气化器区			
掺混区	缓冲罐			
掺混区	掺混橇			
掺混区	水浴式加热器			
掺混区	出站总管			
掺混区	LNG卸车台			
掺混区	LNG灌装台			
辅助用房区	锅炉房			
辅助用房区	消防水泵房			
辅助用房区	空压机房			

说明：1. 检查人员应去现场逐一查看，并在相应表格中做好记录。2. 遇到缺少的开关牌应及时补上并在跟进记录中做好相应记录。3. 遇到不正确的开关指示牌应及时更改并在跟进记录中做好记录。4. 如遇设备检修而临时更改开关指示的，应在备注栏中注明，并对其进行及时跟进，等此设备检修完毕及时更换开关指示牌，并在跟进记录中做好记录。

现场检查人员：　　　　　　　　检查日期：　　　　　　　　主管审核：

245

附录6：LNG站设备维护保养计划样表

仪表风系统维护记录

附表 6-7

区域	设备系统	具体位置	泄漏点数	备注
储罐区	1号储罐	紧急切断阀空气减压过滤器前		
		紧急切断阀空气减压过滤器后		
	2号储罐	紧急切断阀空气减压过滤器前		
		紧急切断阀空气减压过滤器后		
	储罐自增压系统	增压调节阀空气减压过滤器前		
		增压调节阀空气减压过滤器后		
	储罐区—气化区仪表风总管系统			
气化区	1号气化器	紧急切断阀空气减压过滤器前		
		紧急切断阀空气减压过滤器后		
	2号气化器	紧急切断阀空气减压过滤器前		
		紧急切断阀空气减压过滤器后		
掺混区	掺混橇	调节阀空气减压过滤器前		
		掺混仪空气管线系统		
辅助用房区	热值仪房	热值仪空气管线系统		
	空压机房	室内空气管线系统		
	消防水泵房	泡沫发生器启动蝶阀仪表风系统		
	空气缓冲罐	进出口管线系统		

说明：1. 检查人员应去现场逐一查看，并在相应表格中做好记录。2. 记录好相应泄漏点的大概位置并在现场用记号笔表明漏处。3. 及时进行跟进处理，并在跟进记录中做好记录

现场检查人员： 检查日期： 主管审核：

附录6：LNG站设备维护保养计划样表

天然气漏点维护记录

附表 6-8

区域	设备系统	具体位置	泄漏点数	备注
储罐区	1号储罐	低温阀门		
		常温阀门		
		阀门法兰连接处		
		安全阀根部阀		
		仪表引压管连接部位		
	2号储罐	低温阀门		
		常温阀门		
		阀门法兰连接处		
		安全阀根部阀		
		仪表引压管连接部位		
	101~102 连通管	连通管阀门		
	储罐自增压系统	低温阀门		
		常温阀门		
		增压器进出口法兰		
		安全阀根部阀		
		进出口总管安全阀根部阀		
		仪表引压管连接部位		
气化区	1号气化器	进出口阀门		
		气化器进出口法兰		
		安全阀根部阀及法兰		
	2号气化器	进出口阀门		
		气化器进出口法兰		
		安全阀根部阀及法兰		

247

附录6：LNG站设备维护保养计划样表

续表

区域	设备系统	具体位置	泄漏点数	备注
气化区	1~8号气化器	压力表根部阀		
	1~8号气化器	远传压力表根部阀		
	BOG气化器	进出口法兰		
	EAG气化器	进出口法兰		
		安全阀部阀		
		进出口法兰		
掺混区	掺混撬	主管线上阀门		
		辅助仪表和设备		
	天然气缓冲罐	进出口阀门		
		安全阀根部及仪表连接处		
	水浴式加热器	进出口阀门		
		仪表连接处		
	出站管线	阀门及仪表连接处		
	热值仪房	热值仪天然气管线系统		
卸车区	LNG卸车区	低温阀门		
	LNG灌装台	常温阀门		
辅助用房区	锅炉房	阀门和法兰盲板		
		锅炉内天然气管线系统		
	调压箱	箱内管线系统		

说明：1. 检查人员应去现场用肥皂水逐一检漏，并在相应表格中做好记录。2. 记录好泄漏点的相应阀门或部件并在备注栏标明。3. 及时进行跟进处理，并在跟进记录中做好记录

现场检查人员：　　　　　　　　　检查日期：　　　　　　　　　主管审核：

附录6：LNG站设备维护保养计划样表

热水锅炉系统维护记录

附表 6-9

检查日期	外观质量		锅炉				循环水泵		循环水质	检查人	备注	主管审核
	锅炉	循环热水泵	水箱	能否正常启动	风机运行情况	显示屏显示情况	调节温度情况	是否能循环	压力显示	是否良好			

2) 消防设备及劳保用品定期检查表（附表6-10～附表6-18）

灭火器检查维护表

附表 6-10

位置		型号		编号	
编号		数量			
月份	检 查 维 护 记 录				
	性 能 状 况			检查人员 检查日期 整改意见	
上年12月					
1月					

备注：1. 灭火器材性能状况正常打○；
2. 灭火器材性能状况不正常打×；并标明原因及整改措施。

消防水带箱、消防栓、带架水枪定期维护记录

附表 6-11

检查日期	外观质量			消防水带箱			消防栓			消防报警开关	检查人	备注	主管审核
	消防水带箱	消防栓	带架水枪	直流水枪	开花水枪	带架水枪	扳手	消防水带	泄漏情况	阀门开关情况	玻璃是否完好			

附录6：LNG站设备维护保养计划样表

附表6-12

高倍数泡沫发生器、气动蝶阀定期检查维护记录

检查日期	外观质量			气动蝶阀	高倍数泡沫液位			气动蝶阀				固定式泡沫发生器正常产生泡沫	备注	现场检查人员	中控室当值班长	主管审核
								连锁启动		手动启动						
	固定式	移动式1	移动式2		固定式	移动式1	移动式2	气动蝶阀工作正常	电脑画面颜色显示为红色	气动蝶阀工作正常	电脑画面显示颜色为红色					

附表6-13

喷淋蝶阀定期检查维护记录

检查内容	工艺编号				备注
现场工艺编号正常					
喷蝶阀外观质量					
减压过滤器工作压力（MPa）					
压缩空气管线泄漏情况					
喷淋管线防冻阀门关闭					
喷淋蝶阀手动工作正常					
喷淋蝶阀远程手动动作前状态	按钮正常				
	电脑画面颜色显示为绿色				
喷淋蝶阀远程手动动作后状态	按钮自锁目显示红色				
	电脑画面颜色显示为红色				
	现场显示为开启				

说明：1. 中控室当值班长与现场检查人员配合，中控室当值班长填写相应数据，现场检查人员将发现问题在相应备注栏中详细说明，同时在工作限进记录中填写处理情况。2. 检查喷淋蝶阀前将消防泵和稳压泵全部放在手动状态，手动放散消防管线内的压力。3. 检查完毕后用稳压泵恢复消防管线内的压力，再将消防泵和稳压泵全部放在自动状态。

现场检查人员： 中控室当值班长： 检查日期： 主管审核：

附录6：LNG站设备维护保养计划样表

消防水泵、稳压泵定期检查维护记录

附表 6-14

消防水泵

检查日期	检查前状态									泄压阀工作压力(MPa)	消防管线压力(MPa)	备注
	1号水泵	2号水泵	3号水泵	现场手动启动前一次系统接线图中颜色显示灰色			现场手动启动后一次系统接线图中颜色显示为绿色					
				1号水泵	2号水泵	3号水泵	1号水泵	2号水泵	3号水泵			
检查日期				远程手动启动前一次系统接线图中颜色显示灰色			远程手动启动后一次系统接线图中颜色显示为绿色			泄压阀工作压力(MPa)	消防管线压力(MPa)	
	1号水泵	2号水泵	3号水泵	1号水泵	2号水泵	3号水泵	1号水泵	2号水泵	3号水泵			
检查日期				连锁自动启动前一次系统接线图中颜色显示灰色			连锁自动启动后一次系统接线图中颜色显示为绿色			泄压阀工作压力(MPa)	消防管线压力(MPa)	
	1号水泵	2号水泵	3号水泵	1号水泵	2号水泵	3号水泵	1号水泵	2号水泵	3号水泵			
检查日期				压力为0.2MPa时启动前一次系统接线图中颜色显示灰色			压力为0.2MPa时启动后一次系统接线图中颜色显示为绿色			泄压阀工作压力(MPa)	消防管线压力(MPa)	
	1号水泵	2号水泵	3号水泵	1号水泵	2号水泵	3号水泵	1号水泵	2号水泵	3号水泵			

稳压水泵

检查日期	检查前状态		现场手动启动前一次系统接线图中颜色显示灰色		压力 0.25MPa 时启动，一次系统接线图中颜色显示为绿色		压力 0.6MPa 时停止，一次系统接线图中颜色显示为灰色		消防管线压力(MPa)
	1号水泵	2号水泵	1号水泵	2号水泵	1号水泵	2号水泵	1号水泵	2号水泵	

说明：1. 中控室当值班长与现场检查人员配合，中控室当值班长填写相应数据。现场检查人员将发现问题在相应备注栏中详细说明，同时在工作跟进记录中填写处理情况。2. 现场手动启动，将消防泵和稳压泵控制柜按钮放在手动状态。可以在中控室内启动或松开消防水带箱内的报警开关。3. 远程手动启动，将中控室内消防控制柜和消防泵控制柜选择将消防泵控制柜按钮都放在自动状态。4. 连锁自动启动，将中控室内消防选择柜和消防泵控制柜按钮放在自动状态。可以短接火灾探测器报警开关或松开消防水带箱内的报警开关。5. 检查消防泵和稳压泵功率补偿前将功率方式开关。6. 检查后备注栏中进行记录。7. 每月切换消防系统和稳压系统设备的备用和工作方式，切换后在备注栏中进行记录。

现场检查人员：　　　　　　中控室当值班长：　　　　　　检查日期：　　　　　　主管审核：

附录6：LNG 站设备维护保养计划样表

可燃气体报警仪定期检查维护记录

附表 6-15

工艺编号	调整为 5%的 LEL 时			调整为 20%的 LEL 时			屋顶风机连锁开关状态	20%的LEL时2台屋顶风机现场运行正常	中控室显示屋顶风机运行正常	备注
现场工艺编号正常	现场数据	中控室数据	数字颜色为粉红色	报警声音和显示正常	现场数据	中控室数据	数字颜色为红色	报警声音和显示正常			
AT1101											
AT1102											

说明：中控室当值班长与现场检查人员配合，中控室当值班长填写相应数据。现场检查人员将发现问题在相应备注栏中详细说明，同时在工作跟进记录中填写处理情况

现场检查人员：　　　　　中控室当值班长：　　　　　检查日期：　　　　　主管审核：

火焰探测器定期检查维护记录

附表 6-16

检查内容	工艺编号							备注
现场工艺编号正常								
火焰探测器外观质量								
火焰探测器显示面板和报警声音正常	显示屏发光二极管显示红色							
	A2、A1 灯显示红色							
	REDAY、CAL 灯显示绿色							7
	FAULT、SETUP 灯显示黄色							

附录6：LNG站设备维护保养计划样表

续表

检查内容	工艺编号							备注
火焰探测器光路遮挡前状态	电流显示数值为3.8~4.2mA							
	电脑画面颜色显示为绿色							
	显示卡无报警，REDAY绿灯亮							
火焰探测器光路遮挡后状态	电流显示数值为1.8~2.2mA							
	电脑画面颜色显示为红色							
	显示卡有报警，FAULT黄灯亮							

现场报警按钮定期检查维护记录

检查内容	工艺编号							备注
	1号	2号	3号	4号	5号	6号	7号	
现场工艺编号正常								
现场火焰探测器显示器外观质量								
报警后有声、光显示								

说明：1. 中控室当值班长与现场检查人员配合，中控室当值班长填写相应数据。现场检查人员发现问题在相应备注栏中详细说明，同时在工作限进记录中填写处理情况。2. 检查火焰探测按钮外观质量。3. 在报警发出声，光显示后用中控室消防控制柜上的"复位"按钮消除声、光显示。

现场检查人员：　　　　　中控室当值班长：　　　　　检查日期：　　　　　主管审核：

附录6：LNG站设备维护保养计划样表

安防设备检查维护记录

附表 6-17

CCTV 监控

序号	对应号	探头外观	信号传输	图像质量	监控软件运行情况		
					角度调节	远近调节	侦测与录像
1	中控室Ⅰ号						
2	中控室Ⅱ号						

红外线监控

对应序号	探头外观	运行情况		人员遮挡试验
		撤防	设防	
Ⅰ号				
Ⅱ号				

备注

劳保用品检查维护记录

附表 6-18

检查日期	安全鞋		安全帽		安全带		消防战斗服		检查人员	主管审核	备注
	配备情况	完整与清洁	配备情况	完整与清洁	配备情况	完整与清洁	配备情况	完整与清洁			

说明：1. 安全帽、安全鞋、安全带在检查后发现存在安全隐患的及时与风险管理部联系进行更换。2. 消防战斗服必须存放在LNG站中控室，每次使用后消防战斗服必须清洁干净和干燥后放回原处

检查日期	低温手套		防爆应急灯		空气呼吸器				检查人员	主管审核	备注
	配备情况	完整与清洁	配备情况	完整与清洁	电池与电珠	瓶体压力	面罩部分	连接部分			

说明：1. 低温手套在检查后发现存在安全隐患的及时与风险管理部联系进行更换。2. 防爆应急灯进行充、放电试验检查电池存电情况。3. 空气呼吸器检查时按照检查指引进行

附录6：LNG站设备维护保养计划样表

3) 设备维护、检测记录汇总（附表 6-19~附表 6-25）

设备维修保养记录表

附表 6-19

日期：　年　月　日
维修保养单编号：

设备名称及编号	
设备安装位置	
维修保养人员	
设备故障现象	
设备维修内容	
设备保养内容	
设备零件更换清单	

强制检查器具汇总表

附表 6-20

登记时间：　年　月　日
登记人：

设备名称	设备编号	规格型号	检测类型	上次检测时间	检测结果	下次检测时间	检测单位	合格证编号

附录6：LNG站设备维护保养计划样表

热值仪校准记录表

附表6-21

序号	日期	高热值标准气			低热值标准气			校准记录		误差范围	校准人
		成分	浓度	理论热值	测量热值	成分	浓度	理论热值	测量热值	校准前跨距	校准后跨距		

紧急切断阀测试记录（气化区）

附表6-22

序号	编号	安装位置	现场与中控室原始状态		中控室动作				现场动作（电磁阀断电状态）				中控室恢复原始状态				备注
			开	关	输入值		现场情况		反馈情况		现场情况		输入值		反馈情况		
					开	关	开	关	开	关	开	关	开	关	开	关	
1	EV1129	1号气化器入口															
2	EV1130	2号气化器入口															

说明：1. 中控室当值班长与现场检查人员配合，中控室当值班长填写相应数据。2. 发现动作显示不正确或设备故障时在备注栏中填好相关情况，及时对设备进行检修或联系厂家派人前来处理，同时在工作跟进记录中填写相应处理情况

现场检查人员：　　　　　中控室当值班长：　　　　　检查日期：　　　　　主管审核：

256

附录6：LNG站设备维护保养计划样表

紧急切断阀测试记录（储罐区）

附表 6-23

序号	编号	安装位置	现场与中控室原始状态		中控室动作						现场动作（电磁阀断电状态）					中控室恢复原始状态					防爆选择开关动作（电磁阀断电后显示状态）					备注
					输入值		现场情况		反馈情况		现场情况		反馈情况		输入值		现场情况		反馈情况		自动手动	输入值	现场情况		反馈情况		
			开	关	开	关	开	关	开	关	开	关	开	关	开	关	开	关	开	关			开	关	开	关	
1	EV1101	1号储罐出液																									
2	EV1102	1号储罐进液																									
3	EV1103	1号储罐自增压出液																									
4	EV1104	2号储罐进液																									
5	EV1105	2号储罐出液																									
6	EV1106	2号储罐自增压出液																									

说明：1. 中控室当值班长与现场检查人员（设备处一人、防爆选择开关处一人）配合，中控室当值班长填写相应数据。2. 发现动作显示不正确或设备故障时在备注栏中填写相关情况，反则在工作跟进记录中填写相应处理情况

现场检查人员： 中控室当值班长： 检查日期： 主管审核：

257

附录6：LNG站设备维护保养计划样表

LNG气源站电气保护装置周检查表（工作状态）

附表6-24

日期：_____

检查地点	检查内容	检查情况	备注
配电楼	1. 检查各配电柜、照明柜、电容柜的工作情况		
	2. 检查各配电柜、照明柜漏电、过载保护和保险丝工作情况		
	3. 检查各配电柜、照明柜电容柜的清洁情况		
发电机房	1. 检查配电柜的工作情况		
	2. 检查配电柜、漏电过载保护和保险丝工作情况		
	3. 检查配电柜的清洁情况		
空压机房	1. 检查配电柜的工作情况		
	2. 检查配电柜、漏电过载保护和保险丝工作情况		
	3. 检查配电柜的清洁情况		
消防泵房	1. 检查配电柜的工作情况		
	2. 检查配电柜、漏电过载保护和保险丝工作情况		
	3. 检查配电柜的清洁情况		

附录6：LNG站设备维护保养计划样表

LNG气源站配电柜、用电设备电气保护装置测试表（非工作状态）

附表6-25

日期：_____

检查地点	检查内容	检查情况	备注
配电楼	1. 测试配电柜、照明柜内漏电、过载保护的工作情况		
	2. 清洁配电柜、照明柜内的灰尘		
	3. 测试配电柜、照明柜的刀开关、空气开关工作情况		
发电机房	1. 测试配电柜内漏电、过载保护的工作情况		
	2. 清洁配电柜内的灰尘		
	3. 测试配电柜的刀开关、空气开关工作情况		
空压机房	1. 测试配电柜内漏电、过载保护的工作情况		
	2. 清洁配电柜内的灰尘		
	3. 测试配电柜的刀开关、空气开关工作情况		
	4. 测试干燥机漏电、过载保护的工作情况		
	5. 测试空压机漏电、过载保护的工作情况		
消防泵房	1. 测试配电柜内漏电、过载保护的工作情况		
	2. 清洁配电柜内的灰尘		
	3. 测试配电柜的刀开关、空气开关工作情况		
热水循环泵	测试热水循环泵漏电、过载保护装置的工作情况		

备注：1. 进行配电柜、用电设备电气保护装置测试时应确保配电柜、用电设备在不工作状态。
2. 进行配电柜、用电设备电气保护装置测试时由负责人填写《电气工作许可证》。
3. 每月对配电柜、用电设备电气保护装置测试一次。

附录 7：LNG 站设备台账样表

见附表 7-1～附表 7-19。

生产用设备设施信息台账

附表 7-1

序号	设备设施名称	移动式检测仪器类				数量（具或台）	主要技术特性			备注
		固定资产编号	规格型号	生产厂家	制造日期	安装地点				

备注：

生产用设备设施信息台账

附表 7-2

设备设施类别	序号	设备设施名称	LNG 储罐类						数量（台）	容器类别	储存介质	主要技术特性					运行状态	备注（对储罐所带附件予以说明）
			固定资产编号	出厂编号	安装地点	生产厂家	制造日期	压力容器使用初次登记日期				内罐有效容积	设计温度	设计压力	日蒸发率	封结真空度	充装系数		
LNG 低温储罐																			

备注：1. 储罐使用登记管理遵照《锅炉压力容器使用登记管理办法》执行；2. 储罐定期检定遵照《固定式压力容器安全技术监察规程》TSG 21，《压力容器定期检验规则》TSG R7001 执行。

附录7：LNG站设备台账样表

生产用设备设施信息台账

附表 7-3

<table>
<tr><th rowspan="3">设备设施类别</th><th colspan="4" rowspan="2">LNG 气瓶</th><th rowspan="3">制造日期</th><th rowspan="3">压力容器使用初次登记日期</th><th rowspan="3">产品型号</th><th colspan="6">主要技术特性</th><th rowspan="3">运行状态</th><th rowspan="3">备注</th></tr>
<tr><th rowspan="2">容器类别</th><th rowspan="2">外形尺寸</th><th rowspan="2">有效容积（L）</th><th rowspan="2">最高工作压力（MPa）</th><th rowspan="2">空瓶重量（kg）</th><th rowspan="2">日蒸发率</th><th rowspan="2">充装LNG质量（kg）</th></tr>
<tr><th>固定资产编号</th><th>出厂编号</th><th>生产编号</th><th>生产厂家</th></tr>
<tr><td rowspan="6">设备设施名称</td><td colspan="14" rowspan="6">低温绝热气瓶</td></tr>
<tr></tr>
<tr></tr>
<tr></tr>
<tr></tr>
<tr></tr>
<tr><td>序号</td><td></td><td></td><td></td><td></td><td></td><td></td><td></td><td></td><td></td><td></td><td></td><td></td><td></td><td></td><td></td></tr>
</table>

备注：1. 低温绝热钢瓶登记管理遵照《特种设备使用管理规则》TSG 08 执行；2. 低温绝热钢瓶定期检验遵照《气瓶安全技术监察规程》TSG R0006、《气瓶附件安全技术监察规程》TSG RF001 执行

附录7：LNG站设备台账样表

生产用设备设施信息台账

附表 7-4

设备设施类别	安全阀类								
设备设施名称	生产厂家	制造日期	安装地点	数量（个）	主要技术特性				备注
					类型	规格型号	设计温度（℃）	公称压力（MPa）	整定压力（MPa）	
序号									
	低温安全阀								

备注：安全阀定期校验遵照《安全阀安全技术监察规程》TSG ZF001 执行

262

附录7：LNG站设备台账样表

生产用设备设施信息台账

附表 7-5

设备设施类别	阀门类									
序号	设备设施名称	生产厂家	安装地点	规格型号	数量（个）	主要技术特性				备注
						材质	适用介质	设计温度（℃）	公称压力（MPa）	调压范围（MPa）	

备注：

263

附录7：LNG站设备台账样表

生产用设备设施信息台账

附表7-6

设备设施类别					主要技术特性			
压力表类								
序号	设备设施名称	生产厂家	安装地点	规格型号	数量（个）	精度等级	适用介质	设计温度（℃）	公称压力（MPa）	量程范围（MPa）	备注

备注：压力表定期校验遵照《弹簧元件式一般压力表、压力真空表和真空表检定规程》JJG 52 执行

附录7：LNG站设备台账样表

生产用设备设施信息台账（温度计类）

附表 7-7

设备设施类别	温度计类							
序号	设备设施名称	生产厂家	安装地点	型号	数量（个）	主要技术特性				备注
						精度等级	适用介质	表盘直径（mm）	插入深度（mm）	测温范围（℃）	

备注：

265

附录7：LNG站设备台账样表

生产用设备设施信息台账（压力管道类）

附表7-8

设备设施类别	压力管道类						
设备设施名称	输送介质	安装地点	压力管道使用证登记日期	数量（m）	主要技术特性		备注
					规格尺寸	材质	设计压力（MPa）	工作温度（℃）	
序号									

备注：1. 压力管道使用登记管理遵照《特种设备使用管理规则》TSG 08 执行；2. 压力管道定期检定遵照《压力管道安全技术监察规程－工业管道》TSG D0001 执行

附表 7-9

生产用设备设施信息台账（空温式气化器类）

设备设施类别		空温式气化器类									
序号	设备设施名称	固定资产编号	生产厂家	出厂编号	安装地点	主要技术特性					制造日期
						气化能力（m^3/h·台）	设计温度（℃）	材料	设计压力（MPa）	工作压力（MPa）	
备注：											

附录7：LNG站设备台账样表

生产用设备设施信息台账（调压器类）

附表7-10

设备设施类别	设备设施名称	固定资产编号	出厂编号	生产厂家	安装地点	规格型号	主要技术特性							制造日期
							工作温度范围（℃）	最大进口压力（MPa）	进口压力范围（MPa）	出口压力范围（MPa）	超压切断压力范围（MPa）	低压切断压力范围（MPa）	最大额定流量（m³/h）	稳压精度	关闭压力级别	
调压器类																
序号																

备注：

附录7：LNG站设备台账样表

生产用设备设施信息台账（流量计类）

附表 7-11

设备设施类别	流量计类								
序号	设备设施名称	固定资产编号	生产厂家	出厂编号	安装地点	规格型号	主要技术特性				
							公称通径	流量范围（m³/h）	压力等级（MPa）	精度等级	防爆等级	防护等级
备注：												

269

附录7：LNG 站设备台账样表

附表 7-12

生产用设备设施信息台账（过滤器类）

过滤器类

设备设施类别						主要技术特性			备注
序号	设备设施名称	规格型号	生产厂家	安装地点	数量（台）	流量（m³/h）	工程压力（MPa）	过滤精度	

备注：

附录7：LNG站设备台账样表

生产用设备设施信息台账（加臭机类）

附表 7-13

加臭杆类

设备设施类别										
序号	设备设施名称	固定资产编号	规格型号	生产厂家	制造日期	安装地点	主要技术特性			备注
							流量范围 (m³/h)	防爆等级	防护等级	最大储液量 (L)	压力级别 (MPa)	

备注：

附录 7：LNG 站设备台账样表

附表 7-14

生产用设备设施信息台账（远传仪表及自控系统类）

设备设施类别													
序号	设备设施名称	固定资产编号	出厂编号	生产厂家	制造日期	安装地点	规格型号	数量（台）	远传仪表及自控系统类				
									测量介质	温度范围（℃）	压力范围（MPa）	主要技术特性	备注
												防爆等级	防护等级	控制器回路数（路）	不间断电源持续供电时间（h）	

备注：

附录7：LNG站设备台账样表

生产用设备设施信息台账（安防系统类）

附表 7-15

安防系统类

设备设施类别								主要技术特性				
序号	设备设施名称	固定资产编号	出厂编号	生产厂家	制造日期	安装地点	规格型号	数量（台）	不间断电源持续供电时间（h）			备注

备注：

273

附录7：LNG站设备台账样表

生产用设备设施信息台账（变配电类）

附表 7-16

设备设施类别					变配电类				
序号	设备设施名称	固定资产编号	规格型号	生产厂家	制造日期	安装地点	数量	主要技术特性	备注

备注：

附录7：LNG站设备台账样表

生产用设备设施信息台账（灭火设备类）

附表 7-17

设备设施类别	灭火设备类（含灭火器、泡沫灭火器、消防栓、消防水带、消防水泵结合器、消防水枪）								
序号	设备设施名称	固定资产编号	规格型号	生产厂家	制造日期	安装地点	数量（具或台）	主要技术特性	备注
								储存介质 | 最大储存量 | 灭火类型	

备注：

附录7：LNG 站设备台账样表

附表 7-18

生产用设备设施信息台账（泵类）

设备设施类别						泵类				
序号	设备设施名称	固定资产编号	规格型号	生产厂家	制造日期	安装地点	数量（具或台）	主要技术特性		备注

备注：

附录7：LNG站设备台账样表

生产用设备设施信息台账（劳保用品及工器具类）

附表 7-19

设备设施类别			劳保用品及工器具类（使用期长、价值大的共用设备设施）			
序号	设备设施名称	固定资产编号	规格型号	生产厂家	存放地点	数量（具或台）	备注

备注：

附录 8：LNG 站设备设施定期检定台账样表

见附表 8-1，附表 8-2。

定期检定跟踪台账

附表 8-1

序号	类别	LNG 储罐类				检定周期				安装投运满三年/依安全状况等级定检定周期			
	使用登记代码	安装地点	生产厂家	制造日期	容器类别	规格型号	主要技术特性		使用登记证编号	安全状况等级	本次送检日期	下次校准日期
								设计压力 (MPa)	设计温度 (℃)				
1												
2												
3												
4												
5												
6												

备注：1. LNG 储罐定期校验遵照《压力容器定期检验规则》TSG R7001，《固定式压力容器安全技术监察规程》TSG 21 执行

附录8：LNG站设备设施定期检定台账样表

附表 8-2

压力管道定期检验台账

序号	类别		压力管道类		检定周期			
	压力管道代码	压力管道类别（长输/公用/工业）	管道级别	安装地点（场站）或内部编码（市政CEA号）	新投用的GC1/2级的，首检一般不超过三年；新投用的中压燃气管道首次检验周期不超过12年；后续检验周期依据风险检验的结果确定			
					使用登记证证编号	检验结论	本次检定日期	下次检定日期
1								
2								
3								
4								
5								
6								
7								
8								
9								

备注：压力管道定期校验遵照《特种设备目录》、《特种设备使用管理规则》TSG 08、《特种设备生产和充装单位许可规则》TSG 07、《压力管道定期检验规则》TSG R7001 执行

附录9：事故报告样表

事故报告
1. 部门名称：
_____

2. 事故发生日期：
_____

3. 事故发生时间：
_____

4. 事故发生地点：
_____

5. 事故类别（附表9-1）：

事故类别　　　　　　　　　　　　　　　　　　　　　　　　　附表9-1

加上√号（可多选）	事故代码	事故类别
	E1	人身伤亡
	E2	燃气泄漏、火灾、爆炸
	E3	燃气停产或减产
	E4	燃气供应中断
	E5	化学品泄漏
	E6	交通事故
	E7	公众恐慌
	E8	破坏公司形象
	E9	工业行动
	E10	炸弹恐吓
	E11	恐怖袭击
	E12	财物损失

6. 死亡人数：
_____

7. 死者资料（附表9-2）：

死者资料　　　　　　　　　　　　　　　　　　　　　　　附表9-2

姓名	年龄	身份（员工/客户/公众）

8. 重伤人数：

9. 重伤者资料（附表9-3）：

重伤者资料　　　　　　　　　　　　　　　　　　　　　　附表9-3

姓名	年龄	身份（员工/客户/公众）

10. 轻伤人数：

11. 轻伤者资料（附表9-4）：

轻伤者资料　　　　　　　　　　　　　　　　　　　　　　附表9-4

姓名	年龄	身份（员工/客户/公众）

12. 目击者资料（附表9-5）：

目击者资料　　　　　　　　　　　　　　　　　　　　　　附表9-5

姓名	年龄	身份（员工/客户/公众）

13. 估计财物损失：

14. 牵涉设备及损毁情况：

15. 牵涉物业及损毁情况：

16. 现场环境：

17. 事发时天气情况：

附录9：事故报告样表

18. 事故经过（附表9-6）：

事故经过　　　　　　　　　　附表 9-6

日期	时间	发生事情

19. 事故现场草图：

20. 事故初步分析及原因：

21. 已采取的补救行动：

22. 建议预防措施：

23. 填报人姓名：

24. 填报人职位：

25. 填报人电话：

26. 经理签名核实：

年　月　日

事故调查报告

1. 独资公司名称：

2. 事故发生日期：

附录9：事故报告样表

3. 事故发生时间：

4. 事故发生地点：

5. 事故类别代码：

6. 最新死亡人数：

7. 新增死者资料（附表9-7）：

新增死者资料　　　　　　　　　　　　　　　　　　　　　附表 9-7

姓名	年龄	身份（员工/客户/公众）

8. 最新重伤人数：

9. 新增重伤者资料（附表9-8）：

新增重伤者资料　　　　　　　　　　　　　　　　　　　　附表 9-8

姓名	年龄	身份（员工/客户/公众）

10. 最新轻伤者人数：

11. 新增轻伤者资料（附表9-9）：

新增轻伤者资料　　　　　　　　　　　　　　　　　　　　附表 9-9

姓名	年龄	身份（员工/客户/公众）

12. 确实财物损失：

13. 事故详细经过（附表9-10）：

事故详细经过 附表 9-10

日期	时间	发生事情

14. 事故发生原因：

（1）直接原因：

（2）间接原因：

附录9：事故报告样表

15. 已采取的补救行动：

16. 将采取的补救行动：

17. 其他补充资料：

18. 填报人姓名：

19. 填报人职位：

20. 填报人电话：

21. 总经理签名核实：

参 考 文 献

[1] 伍荣璋. 燃气行业生产安全事故案例分析与预防. 北京：中国建筑工业出版社，2018
[2] 彭知军. 燃气行业有限空间安全管理实务. 北京：石油工业出版社，2017
[3] 刘倩. 工业企业燃气事故分析与安全管理. 北京：中国建筑工业出版社，2019
[4] 苏琪. 燃气行业动火作业安全管理实务. 北京：中国建筑工业出版社，2020
[5] 马强. 国内外LNG工程建设事故案例[R]. 大连：中国石油大连液化天然气有限公司，2010
[6] 孙晓平. 国内外LNG罐区燃爆事故分析及防控措施建议[J]. 天然气工业. 2013.33.5：126-131
[7] 梅永春，吴洪松. LNG事故案例及安全防范措施. 煤气与热力. 第36卷第10期，2016年10
[8] 王军. LNG汽车和加气站的探讨[J]. 煤气与热力. 2006.26(3)：4-5
[9] 林文胜，顾安忠，李品友. 液化天然气的分层与涡旋进展[J]. 真空与低温，2000.6(3)：125-132
[10] 蔡建国，杨万枫，阚安康. 液化天然气的翻滚现象及防止措施[J]. 航海技术. 2007，(增刊)：20-21
[11] 王泓. 快速相变—在LNG储存中应注意的问题[J]. 上海煤气，2006.(4)：20-22
[12] 刘勇. 液化天然气的危险性与安全防护[J]. 天然气工业. 2004(7)：105-107
[13] 史文文. LNG站的风险评价及预警系统的构建[D]. 哈尔滨工业大学，2010
[14] 张成伟，吕国锋，庄芳 LNG储罐中液化气翻滚原因及预防. 石油工程建设. 2011年12月第37卷第6期 66-68(1)
[15] 刘新领. 液化天然气站的建设[J]. 煤气与热力，2002，22(1)：35-36

参考标准及规范

《城镇燃气设计规范》GB 50028—2006；
《液化天然气（LNG）生产、储存和装运》GB/T 20368—2012；
《石油天然气工程设计防火规范》GB 50183—2015；
《建筑设计防火规范》GB 50016—2014（2018年版）；
《工业企业总平面设计规范》GB 50187—2012；
《工业企业设计卫生标准》GBZ 1—2010；
《砌体结构设计规范》GB 50003—2011；
《建筑工程抗震设防分类标准》GB 50223—2008；
《建筑抗震设计规范》GB 50011—2010；
《构筑物抗震设计规范》GB 50191—2012；
《声环境质量标准》GB 3096—2008；
《工业企业噪声控制设计规范》GB/T 50087—2013；
《爆炸危险环境电力装置设计规范》GB 50058—2014；
《建筑物防雷设计规范》GB 50057—2000；
《供配电系统设计规范》GB 50052—2009；
《低压配电设计规范》GB 50054—2011；
《电力装置的继电保护和自动装置设计规范》GB/T 50062—2008；
《建筑给水排水设计规范》GB 50015—2019；
《建筑灭火器配置设计规范》GB 50140—2005；
《固定消防炮灭火系统设计规范》GB 50338—2003；
《泡沫灭火系统设计规范》GB 50151—2010；
《建设项目（工程）劳动安全卫生监察规定》劳动部3号令；
《建设项目环境保护管理条例》国务院253号令；
《大气污染物排放限值》DB44/27—2001；
《水污染物排放限值》DB44/26—2001；
《输送流体用无缝钢管》GB/T 8163—2018；
《工业金属管道工程质量验收规范》GB 50184—2011；
《工业金属管道工程施工规范》GB 50235—2010；
《现场设备、工业管道焊接工程施工规范》GB 50236—2011；
《焊缝无损检测 射线检测 第1部分：X和伽玛射线的胶片技术》GB/T 3323.1—2019；
《无损检测 钢制管道环向焊缝对接接头超声检测方法》GB/T 15830—2008；
《城镇燃气输配工程施工及验收规范》CJJ 33—2005；

参考标准及规范

《城镇燃气设施运行、维护和抢修安全技术规程》CJJ 51—2016；
《自动喷水灭火系统施工及验收规范》GB 50261—2017；
《特种设备安全监察条例》国务院令第 373 号；
《压力管道安全管理与监察规定》劳部发［1996］140 号；
《特种设备作业人员监督管理办法》国家质检总局令第 70 号；
《工程测量规范》GB 50026—2007；
《建筑地基基础工程施工质量验收标准》GB 50202—2018
《混凝土结构工程施工质量验收规范》GB 50204—2015；
《混凝土强度检验评定标准》GB/T 50107—2010；
《液化天然气（LNG）车辆燃料加注系统规范》GB/T 26980—2011；
《液化天然气（LNG）储罐用防腐涂料》HG/T 5060—2016；
《液化天然气（LNG）汽车加气站技术规范》NB/T 1001—2011；
《液化天然气接收站工程设计规范》GB 51156—2015；
《液化天然气接收站技术规范》SY/T 6711—2014；
《液化天然气的一般特性》GB/T 19204—2003；
《冷冻轻烃流体 液化天然气的取样 连续法》GB/T 20603—2006；
《液化天然气汽车专用装置安装要求》GB/T 20734—2006；
《液化天然气密度计算模型规范》GB/T 21068—2007；
《液化天然气设备与安装 陆上装置设计》GB/T 22724—2008；
《液化天然气设备与安装 船岸界面》GB/T 24963—2019；
《冷冻轻烃流体 液化天然气运输船上货物量的测量》GB/T 24964—2019；
《汽车用液化天然气加注装置》GB/T 25986—2010；
《现场组装立式圆筒平底钢质液化天然气储罐的设计与建造 第 1 部分：总则》GB/T 26978.1—2011；
《现场组装立式圆筒平底钢质液化天然气储罐的设计与建造 第 2 部分：金属构件》GB/T 26978.2—2011；
《现场组装立式圆筒平底钢质液化天然气储罐的设计与建造 第 3 部分：混凝土构件》GB/T 26978.3—2011；
《现场组装立式圆筒平底钢质液化天然气储罐的设计与建造 第 4 部分：绝热构件》GB/T 26978.4—2011；
《现场组装立式圆筒平底钢质液化天然气储罐的设计与建造 第 5 部分：试验、干燥、置换及冷却》GB/T 26978.5—2011；
《液化天然气码头设计规范》JTS 165-5—2016；
《液化天然气项目申请报告编制指南》SY/T 6807—2010；
《液化天然气接收站技术规范》SY/T 6711—2014；
《天然气液化工厂设计标准》GB 51261—2019；
《内河液化天然气加注码头设计规范》JT S196-11—2016。